Aljoscha Neubauer

Intelligenz und Geschwindigkeit der Informationsverarbeitung

SpringerWienNewYork

Univ.-Doz. Dr. Aljoscha Neubauer
Institut für Psychologie
Karl-Franzens-Universität Graz
Graz, Österreich

Gedruckt mit Unterstützung
des Fonds zur Förderung der wissenschaftlichen Forschung

Gedruckt auf säurefreiem, chlorfrei gebleichtem Papier – TCF

Mit 19 Abbildungen

Die Deutsche Bibliothek – CIP-Einheitsaufnahme

Neubauer, Aljoscha:
Intelligenz und Geschwindigkeit der Informationsverarbeitung
Aljoscha Neubauer. – Wien ; New York : Springer, 1995
ISBN-13: 978-3-211-82735-2 e-ISBN-13: 978-3-7091-9432-4
DOI: 10.1007/978-3-7091-9432-4

Für
Eva Maria, Alissa und Tatjana

Vorwort

An traditionellen Intelligenztests wird häufig deren Bildungs- und Kulturabhängigkeit kritisiert. Das vorliegende Buch beschäftigt sich mit einem neueren Ansatz der Intelligenzforschung, der die Entwicklung neuartiger, weitestgehend kulturunabhängiger Intelligenztests in Aussicht stellt. Dieser „Mental-speed"-Ansatz der Intelligenz nimmt eine zentralnervös bedingte Informationsverarbeitungsgeschwindigkeit als Grundlage individueller Unterschiede in der menschlichen Intelligenz an. Die Informationsverarbeitungsgeschwindigkeit soll dabei über die Reaktionszeiten in diversen einfachen und leicht verständlichen elementar-kognitiven Aufgaben erfaßt werden und aus diesen sollen individuelle Unterschiede in psychometrischer Intelligenz vorhergesagt werden. Dieser Ansatz hat in den vergangenen 15 Jahren jedoch nicht nur eine intensive Forschungstätigkeit stimuliert (in der vielfach gezeigt wurde, daß kurze Reaktionszeiten mit hoher psychometrischer Intelligenz einhergehen), sondern auch sehr kontroverse Diskussionen und Kritik hervorgerufen. Gerade mit den kritischen Einwänden und alternativen Erklärungsansätzen habe ich mich in den vergangenen Jahren in einer Reihe empirischer Untersuchungen beschäftigt.

Im vorliegenden Buch, das eine geringfügig überarbeitete Fassung meiner Habilitationsschrift ist, versuchte ich, beiden Aspekten Rechnung zu tragen: einerseits soll eine verständliche Einführung in Theorie und Empirie dieses Ansatzes gegeben werden, andererseits soll das Buch auch den kritischen Einwänden und meinen eigenen einschlägigen Forschungsarbeiten einen entsprechenden Platz einräumen. Schließlich habe ich den Versuch unternommen, den aktuellen Stand der Forschung zu resümieren und darauf basierend ein integrierendes Erklärungsmodell vorzulegen.

Mein besonderer Dank gilt Prof. Dr. Dietrich Albert und Prof. Dr. Erich Mittenecker für wertvolle Diskussionen, Anregungen und Rückmeldungen zu früheren Versionen dieser Arbeit; vor allem aber für die angenehme und fördernde Zusammenarbeit in den vergangenen Jahren. Dietrich Albert möchte ich im speziellen für seine Ermutigung, dieses Buch zu verfassen, danken. Insbesonders er, aber auch meine anderen Kolleginnen und Kollegen des Grazer Instituts für Psychologie haben mich während der Arbeit an diesem Buch großzügig entlastet. Ihnen allen schulde ich auch Dank für wertvolle Diskussionen und Anregungen zu meiner Forschungstätigkeit in den vergangenen Jahren. Außer den schon namentlich erwähnten möchte ich hier vor allem meine Kollegen Günter Schulter, Walter Nährer und Heribert Harald Freudenthaler nennen. Letzterem danke ich auch für die engagierte Mitarbeit bei meiner Forschungstätigkeit in den Jahren 1991 bis 1993.

Zur besseren Verständlichkeit des Textes hat durch aufmerksames und kritisches Lesen Evelyn Knorr beigetragen.

Nicht unerwähnt soll bleiben, daß Teile meiner Forschungsarbeiten, die in diesem Buch referiert werden, im Rahmen eines vom österreichischen Fonds zur Förderung der wissenschaftlichen Forschung (FWF) geförderten Forschungsprojektes durchgeführt wurden. Zudem wurde die Publikation dieses Buches mit einem Druckkostenzuschuß des FWF gefördert.

Einem anonymen Gutachter danke ich für den Hinweis, daß ein Verzeichnis der verwendeten Abkürzungen das Lesen des Buches deutlich erleichtern würde. Ein solches Verzeichnis folgt dem Inhaltsverzeichnis.

Von Herzen danke ich meiner Frau Eva Maria für ihre Geduld und Rücksichtnahme während des Entstehens dieses Textes. Bei ihr und meinen Töchtern Alissa und Tatjana fand ich den notwendigen Ausgleich für das zeitweilig extrem aufmerksamkeitsbeanspruchende Verfassen des vorliegenden Buches.

Graz, im Mai 1995 Aljoscha Neubauer

Inhaltsverzeichnis

Abkürzungsverzeichnis

APM	Advanced Progressive Matrices
a-Reaktion	einfache Reaktionszeit
b-Reaktion	Wahl-Reaktionszeit
BIP	Basic Period of Information Processing
BIS	Berliner Intelligenz-Struktur-Modell
BNCV	Brain Nerve Conduction Velocity
BZ	Bewegungszeit
c-Reaktion	diskriminative Reaktionszeit
EAS	Employee Aptitude Survey
ECT	elementary cognitive task = elementar-kognitive Aufgabe
EP	evoziertes Potential
g	general intelligence = allgemeine Intelligenz
g_c	crystallized intelligence = kristallisierte Intelligenz
g_f	fluid intelligence = flüssige Intelligenz
GMR	Glukose-Metabolismus-Rate
I-S-T 70	Intelligenz-Struktur-Test 70
ISI	Inter-Stimulus-Intervall
IT	Inspection Time
KAI	Kurztest für Allgemeine Intelligenz
MAB	Multidimensional Aptitude Battery
N	Stichprobenumfang
NA	Neural Adaptability
NCV	Nerve Conduction Velocity
NI	Name-identity-Bedingung im Posner-Paradigma
OMO	Odd-Man-Out
PET	Positron Emission Tomography
PI	Physical-identity-Bedingung im Posner-Paradigma
PNCV	periphere Nerve Conduction Velocity
R	multiple Korrelation

r	Produkt-Moment-Korrelation
RCBF	regional cerebral blood flow = regionale zerebrale Durchblutung
Rho	Spearman-Rangkorrelation
RT	Reaction Time
RZ	Reaktionszeit
SD	Standard Deviation
SOA	Stimulus-Onset-Asynchrony
SPM	Standard Progressive Matrices
SVT	Satz-Verifikations-Test
WAIS	Wechsler Adult Intelligence Scale
WISC	Wechsler Intelligence Scale for Children
Z-V-T	Zahlen-Verbindungs-Test

Einleitung und Überblick

„Wahrscheinlich gibt es kein Thema der modernen Psychologie, das so bekannt ist – und so häufig mißverstanden wird – wie das Thema Intelligenz und Intelligenzmessung“ (Kail und Pellegrino, 1988, S. 9). Im Vorwort ihres Einführungswerkes in die „menschliche Intelligenz“ sprechen Kail und Pellegrino den kontroversiellen Charakter des Begriffes „Intelligenz“ an. Auf der einen Seite verwenden Menschen zur Beschreibung anderer (oder auch von sich selbst) häufig solche Begriffe wie „intelligent“, „schlau“, „begabt“ (oder deren Antonyme), was eine große Bedeutung dieses Merkmals für die Beschreibung anderer Menschen (zumindest in vielen Kulturkreisen) widerspiegelt. Andererseits ist vielen die wissenschaftliche Beschäftigung mit menschlicher Intelligenz suspekt. Die große gesellschaftliche Bedeutung des Merkmals Intelligenz einerseits und die (vermeintlichen?) Schwächen der verwendeten Intelligenztests andererseits führen bei vielen Menschen gerade bei Intelligenztestungen zu einer erhöhten Testangst und daraus resultierend zu schlechteren Testergebnissen (Spielberger und Sydeman, 1993). Dies führt häufig zu einer Ablehnung der Anwendung von Intelligenztests bzw. der daraus abgeleiteten Beschreibungen von Personen. Sowohl Laien als auch Experten machen hierfür – neben anderen Gründen – die Abhängigkeit gängiger Intelligenztestverfahren von erlerntem, erworbenem Wissen, von Erziehung und Bildung, oder ganz allgemein von kulturellen Einflüssen verantwortlich. Die Entwicklung von sogenannten „kulturfreien“ oder zumindest „kulturfairen“ Intelligenztests kann daher nach wie vor als eines der Hauptziele der modernen Intelligenzforschung angesehen werden. Derartige kulturfaire Tests sollten in der Lage sein, die „eigentliche“ (biologische?) Intelligenz von Menschen zu erfassen, wobei erworbene Fähigkeiten oder Fertigkeiten, erlerntes Wissen oder allgemeiner die Sozialisationsbedingungen das Testergebnis sowenig wie möglich beinflussen sollten.

Um derartige kulturfaire Tests entwickeln zu können, ist es jedoch notwendig, eine – allen Menschen gemeinsame – Grundlage intelligenten Verhaltens zu isolieren und diese meßbar zu machen. Der hier vorzustellende, neue Ansatz der Intelligenzforschung nimmt als eine solche universelle Grundlage menschlicher Intelligenz eine Eigenschaft des zentralen Nervensystems, Informationen schnell und fehlerfrei verarbeiten zu können, an. Diese Annahme versucht man über die Erforschung korrelativer Zusammenhänge zwischen Leistungen in psychometrischen Intelligenztests und Reaktionszeiten in einfachen Reaktionszeittests (sogenannten elementaren kognitiven Aufgaben) nachzuweisen. Tatsächlich konnten in den vergangenen 15 Jahren in einer Vielzahl derartiger Untersuchungen bedeutsame negative Zusammenhänge zwischen psychometrischer Intelligenz und Reaktionszeiten beobachtet werden, d. h., höhere Intelligenz geht einher mit kürzeren Reaktionszeiten und vice versa.

Derartige Zusammenhänge werden heute von Vertretern dieses sogenannten „Mental-speed"-Ansatzes* auf der Grundlage von Eigenschaften des biologischen Substrats so erklärt, daß die zentralnervöse Geschwindigkeit, mit der Informationen wahrgenommen und verarbeitet werden können, eine grundlegende Komponente intelligenten Verhaltens, wie sie auch mit herkömmlichen Intelligenztests erfaßt wird, darstellt. Bei sonst gleichen Bedingungen kann der „schnelle Informationsverarbeiter" mehr Informationen pro Zeiteinheit aufnehmen. Summiert über Monate und Jahre der Interaktion eines Menschen mit seiner Umwelt, ergeben sich so interindividuelle Unterschiede im Wissen und in Fähigkeiten, wie sie auch mittels traditioneller Intelligenztests erfaßt werden.

Der Mental-speed-Ansatz der Intelligenzforschung stellt daher auch eine Annäherung an das Ideal kulturfairer Tests in Aussicht. Läßt sich mit der Messung der Informationsverarbeitungsgeschwindigkeit tatsächlich eine universell gültige Basis menschlicher Intelli-

* Der Begriff Informationsverarbeitungsgeschwindigkeit wird im anglo-amerikanischen Raum entweder als „speed of information processing" oder als „mental speed" bezeichnet. Da sich der letztere Ausdruck in jüngerer Zeit als Bezeichnung für diesen Ansatz der Intelligenzforschung durchsetzt, soll er – auch aufgrund der „Überlänge" der deutschen Bezeichnung – hier vor allem dort Verwendung finden, wo der allgemeine Ansatz („Intelligenz und Geschwindigkeit der Informationsverarbeitung") bezeichnet werden soll.

genz erfassen, so wäre erstmalig eine wirklich kulturunabhängige Diagnostik menschlicher Intelligenz möglich.

Das vorliegende Buch verfolgt zwei Ziele: 1. Zunächst soll der Stand der Forschung zum Mental-speed-Ansatz ausführlich vorgestellt und einer eingehenden Analyse unterzogen werden. Nach einer Vorstellung der bisherigen empirischen Befunde werden die theoretischen Modelle, sowie alternative Erklärungsansätze dargelegt und diskutiert. 2. Auf der Grundlage dieser kritischen Würdigung der bestehenden Forschungsliteratur wird ein neuer Ansatz zur Erklärung der vielfach beobachteten Zusammenhänge zwischen der Informationsverarbeitungsgeschwindigkeit in elementaren kognitiven Aufgaben und psychometrisch erfaßter Intelligenz entwickelt.

Zum Aufbau dieses Buches: Nach einem Rückblick auf die historischen Wurzeln dieses Forschungsansatzes (Kap. 1) sollen zunächst die wesentlichen Ergebnisse auf Basis einer einführenden Darstellung der verwendeten elementaren kognitiven Tests dargestellt werden (Kap. 2). Die zentrale Grundannahme des Mental-speed-Ansatzes ist die eines biologischen Substrats der menschlichen Intelligenz, wobei auf eine Reihe von Forschungsergebnissen zu Zusammenhängen zwischen gehirnphysiologischen Prozessen und psychometrischer Intelligenz zurückgegriffen wird; diese werden in Kap. 3 behandelt. Wird in Kap. 2 die „chronometrische" und in Kap. 3 die physiologische Seite des Mental-speed-Ansatzes dargelegt, so erfolgt in Kap. 4 eine Anbindung an die „psychometrische" Seite, d. h. an bereits bekannte Intelligenztheorien. Auf Basis der Beschreibung chronometrischer, physiologischer und psychometrischer Grundlagen der Mental-speed-Forschung werden in Kap. 5 die diesem Ansatz zugrundeliegenden theoretischen Modellannahmen dargestellt. Der Mental-speed-Ansatz hat allerdings auch beträchtliche Kritik hervorgerufen. Alternative Erklärungsansätze widersprechen der angenommenen physiologischen Fundierung dieses Ansatzes und vermuten höhere kognitive Prozesse als Vermittler von Zusammenhängen zwischen Intelligenz und Reaktionszeiten. Diese alternativen Erklärungen stimulierten eine Reihe von Forschungsbemühungen (auch seitens des Verfassers) zur Überprüfung der Frage, inwieweit beobachtete Zusammenhänge zwischen psychometrisch erfaßter Intelligenz und Reaktionszeiten in elementaren kognitiven Aufgaben tatsächlich den Schluß auf eine der menschlichen Intelligenz zugrundeliegende Informationsverarbeitungsgeschwindigkeit zulassen. Die alternativen

Erklärungen sowie die diesbezügliche empirische Evidenz sind Gegenstand von Kap. 6.

Auf Basis der in den vorangegangen Kapiteln entwickelten theoretischen wie empirischen Argumente wird im abschließenden Kap. 7 geschlossen, daß keine schlüssigen Hinweise darauf vorliegen, der Zusammenhang zwischen Informationsverarbeitungsgeschwindigkeit und Intelligenz sei nur ein – durch höhere kognitive Prozesse vermitteltes – Artefakt. Auf dem Wege einer theoretischen Integration (auch eigener) empirischer Evidenz wird schließlich der Versuch unternommen, Antworten auf bislang ungeklärte Fragen der Mental-speed-Forschung zu geben: 1. Ist der Zusammenhang zwischen Mental speed und Intelligenz nur auf einen oder auf mehrere elementare kognitive Prozesse, wie Stimulus-Diskrimination, Abrufzeit aus dem Kurz- oder Langzeitgedächtnis zurückzuführen? 2. Welche Bedeutung kommt den verschiedenen, aus den elementaren kognitiven Aufgaben gewonnenen Reaktionszeitparametern (wie mittlere Reaktionszeit, individuelle Schwankung der Reaktionszeit u. a.) zu?

1 Historischer Rückblick

Die Idee, menschliche Intelligenz sei eine angeborene Eigenschaft interindividuell unterschiedlicher neuronaler Effizienz des zentralen Nervensystems und könne daher mittels einfacher sensorischer und sensomotorischer Aufgaben gemessen werden, kann auf Francis Galton zurückgeführt werden. Um eine so definierte Intelligenz zu „messen", entwickelte Galton (1883, 1908) eine Reihe von Tests, mit denen er ab Mitte der 80er Jahre des vorigen Jahrhunderts einige tausend Personen testete, die neugierig genug waren, sich für „three pence" in seinem „Anthropometrischen Laboratorium" testen zu lassen. Die Ergebnisse waren jedoch enttäuschend: Einfache Reaktionszeiten (RZ) oder sensorische Fähigkeiten zeigten keine Zusammenhänge mit anderen, unabhängigen Anzeichen von Begabung oder Bildung.

Nachdem Galtons Ideen von Forschern verschiedener Länder zunächst enthusiastisch aufgenommen worden waren, zeigte sich immer deutlicher, daß diese „mental tests" (J. McK. Cattell, 1890) die in sie gesetzten Erwartungen nicht erfüllen konnten. Mit der Untersuchung von Cattells Schüler, Clark Wissler (1901), in der überhaupt keinerlei substantielle Korrelation zwischen den verschiedenen „mental tests" und dem Studienerfolg von 300 Studenten gefunden wurde, war das vorläufige Ende dieses Ansatzes besiegelt, was, von wenigen Ausnahmen abgesehen, bis in die späten 70er Jahre des 20. Jahrhunderts galt. Nach Wisslers Untersuchung nahm bekanntlich die Intelligenzforschung mit Alfred Binets völlig unterschiedlichem Zugang zur Intelligenzmessung eine ganz andere Entwicklung.

Bis zur Mitte des 20. Jahrhunderts sind überhaupt nur drei Untersuchungen zu Zusammenhängen zwischen den mittlerweile entwickelten psychometrischen Intelligenztests und RZ-Tests bekannt: Peak und Boring (1926) berichteten zwar erstaunlich hohe Zusammenhänge (zwischen 0,90 und 1.00), die zeigten, daß hohe Intelligenz mit hoher Reaktionsgeschwindigkeit in einem RZ-Test einhergeht; die Stichprobe dieser Untersuchung umfaßte jedoch nur fünf Personen. Viel geringere Zusammenhänge (bis 0,25), die aber in dieselbe Richtung wiesen, wurden von Lemmon (1927) berichtet, allerdings für eine Stichprobe, die hinsichtlich der Größe auch heutigen Ansprüchen genügt (zwischen 88 und 113 Personen). Interessant ist auch, daß in dieser Studie die einfache RZ deutlich geringer mit Intelligenz assoziiert war ($r = 0{,}08$) als Wahl-RZen. In einer dritten Untersuchung (Farnsworth et al., 1927) konnten niedrige bis moderate Zusammenhänge (0,14 bis 0,53) von Intelligenz mit einer seriellen RZ-Aufgabe beobachtet werden (für eine Stichprobe von 34 Personen). Diese Untersuchungen blieben in der Folge aber weitgehend unbeachtet und konnten kein Wiederaufleben dieses Ansatzes bewirken, wenn auch vereinzelt die Bedeutsamkeit der Informationsverarbeitungsgeschwindigkeit für Intelligenztestleistungen betont wurde (z. B. Thurstone, 1937).

Für das erneute Aufleben dieses „mental speed"-Ansatzes waren vor allem zwei Untersuchungen von Bedeutung: Hick (1952) beobachtete als erster einen systematischen Zusammenhang der Dauer der

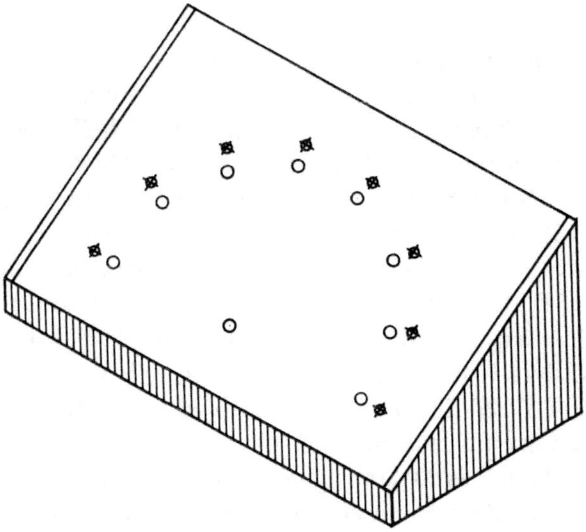

Abb. 1. Jensens Reaktionszeit-/Bewegungszeit-Apparatur zur Vorgabe des Hick-Versuchs (Jensen, 1982, Abb. 2)

RZ auf visuelle Reize mit der Anzahl der Reiz-Alternativen, zwischen denen eine Entscheidung getroffen werden muß. Diese sogenannten Wahlreaktionszeiten werden heutzutage meist mit einer Apparatur, wie sie in Abb. 1 dargestellt ist, gemessen.

Zu Beginn eines RZ-Trials hält die Person den mittleren Knopf („Startknopf") mit dem Zeigefinger (der bevorzugten Hand) gedrückt. Nach einem (zumeist akustisch dargebotenen) Vorwarnreiz leuchtet eines der halbkreisförmig angeordneten Lämpchen auf, und die Person muß so schnell wie möglich den Startknopf loslassen und die, zum Lämpchen zugehörende, Zieltaste drücken.

Die Manipulation der Anzahl der Wahlalternativen, zwischen denen entschieden werden muß, wird üblicherweise dadurch realisiert, daß ein Teil der gezeigten Apparatur abgedeckt wird (durch entsprechende Schablonen). Im Falle der einfachen RZ sind alle Lämpchen/Tasten bis auf eine abgedeckt. In diesem Fall muß auf jedes Aufleuchten immer desselben Lichtreizes die immer gleiche Reaktion (Knopfdruck) durchgeführt werden. Sind nur die beiden mittleren Lämpchen/Tasten sichtbar, so liegt eine Zweifach-Wahl-RZ vor, und so weiter bis zur Achtfach-Wahl-RZ (also bei Verwendung aller möglichen Reize). In seiner Untersuchung konnte Hick (1952) zeigen, daß die RZ zwar mit der Anzahl der Wahlalternativen ansteigt; dieser Anstieg ist jedoch nicht linearer, sondern logarithmischer Natur. Eine lineare Beziehung resultiert erst dann, wenn man die Anzahl der Antwortalternativen (zur Basis 2) logarithmiert. Aufgrund informationstheoretischer Überlegungen (Shannon und Weaver, 1949; vgl.

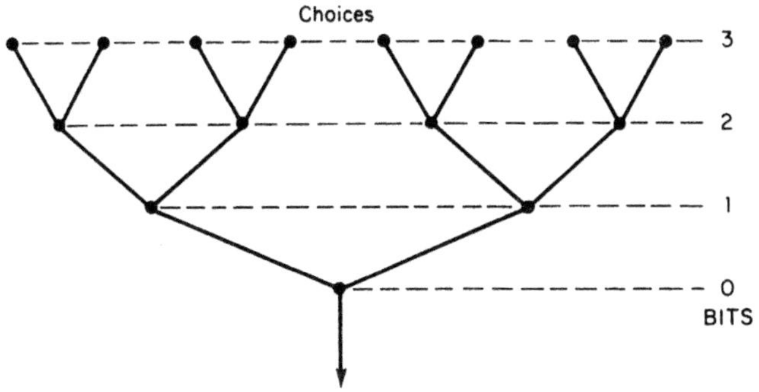

Abb. 2. Hierarchischer binärer Entscheidungsbaum für das Hicksche Gesetz (Jensen, 1982, Abb. 24)

auch Mittenecker und Raab, 1973) kam Hick zu dem Schluß, daß nicht die Anzahl der Wahlalternativen die RZ determiniert, sondern der Informationsgehalt: Der Entscheidungsbaum in Abb. 2 zeigt, daß bei einer Wahlsituation zwischen zwei Alternativen eine binäre Entscheidung notwendig ist, dementsprechend beträgt der Informationsgehalt 1 bit; bei vier Alternativen sind zwei binäre Entscheidungen erforderlich (= 2 bit) und bei der Achtfach-Wahl müssen drei binäre Entscheidungen durchlaufen werden (= 3 bit), um zu einer Reaktion (dargestellt durch die Pfeilspitze unten in Abb. 2) zu gelangen.

Die so beschriebene Gesetzmäßigkeit läßt sich in Form einer einfachen linearen Regressionsgleichung darstellen (vgl. Abb. 3):

$$RZ = a + b \times \log_2 n,$$

wobei a = Schnittpunkt („Intercept") der Regressionsgeraden mit der Ordinate (entspricht der einfachen RZ = 0 bit); b = Anstieg („Slope") der Regressionsgeraden = Anstieg der RZ pro bit Informationsgehalt = Tangens des Abszissenwinkels α; $\log_2$ = Logarithmus zur Basis 2; n = Anzahl der Wahlalternativen.

Diese, heute als Hicksches Gesetz bekannte, Beziehung diente als ein Ausgangspunkt für die Arbeit von Roth (1964) in Erlangen, der als erster mittels eines Wahlreaktionszeitversuchs den Zusammenhang der Hick-Parameter *Schnittpunkt* und *Anstieg* mit psychometrischer Intelligenz untersuchte. Roth ging dabei von der Annahme aus, daß der Anstieg b (= Slope), nicht aber der Schnittpunkt, ein Indikator für die Geschwindigkeit der Informationsverarbeitung sei: Je größer der Anstieg, desto mehr wächst die RZ mit steigendem Informationsgehalt,

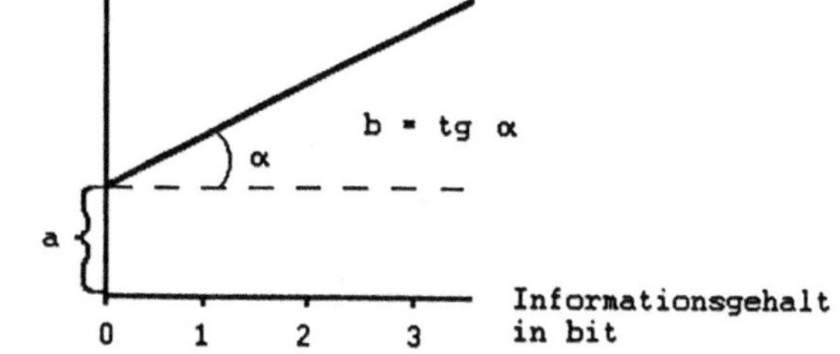

Abb. 3. Mittlere Reaktionszeit als Funktion des Informationsgehalts

desto mehr Zeit wird also für die Verarbeitung pro bit Information benötigt. Im Einklang mit seinen Hypothesen konnte Roth zeigen, daß der RZ-Anstieg mit dem Intelligenz-Struktur-Test (nach Amthauer) zu –0,39 korreliert, aber keinen Zusammenhang mit einem Geschwindigkeitstest (Pauli-Test) aufweist. Ebenfalls hypothesenkonform wies der Schnittpunkt (der der einfachen RZ entspricht) keinerlei Zusammenhang mit Intelligenz auf.

2 Intelligenz und Informationsverarbeitungsgeschwindigkeit in elementaren kognitiven Aufgaben

Die Untersuchung von Roth sowie das allgemeine Aufkommen der Informationsverarbeitungsansätze in der kognitiven Psychologie der 70er Jahre schafften ein Klima, das zu einer neuerlichen (und in dieser Intensität noch nie dagewesenen) Beschäftigung mit diesen sogenannten „chronometrischen Analysen der Intelligenz" führte. Die diesbezügliche Forschung blieb zunächst auf den deutschen Sprachraum beschränkt (Oswald, 1971; Oswald und Roth, 1974). Erst in den späten 70er Jahren wurde Roths Idee auch im angloamerikanischen Raum aufgegriffen. Jensen und Munro (1979) versuchten eine Replikation des Roth-Experiments unter Verwendung einer Apparatur, wie sie in Abb. 1 dargestellt ist (die auch in der Mehrzahl der nachfolgenden Arbeiten zum sogenannten Hick-Paradigma verwendet wurde). Dabei konnte die – von Roth berichtete – Korrelation zwischen dem individuellen RZ-Anstieg und psychometrischer Intelligenz zumindest tendenziell bestätigt werden ($r = -0{,}30$, $p = 0{,}06$). Für die RZ-Mittelwerte unter den einzelnen Bedingungen unterschiedlichen Informationsgehalts (0, 1, 2, 2,58 und 3 bit) werden z. T. noch höhere Zusammenhänge (bis –0,49 für die mittlere RZ bei 2,58 bit) mit dem hier verwendeten Intelligenztest (Standard Progressive Matrices, SPM; Raven, 1960) berichtet. Darüber hinaus wies auch die intraindividuelle RZ-Variabilität (Standardabweichung der RZ) einen bedeutsamen Zusammenhang mit Intelligenz auf ($r = -0{,}31$, $p < 0{,}05$).

Es war im wesentlich diese Studie von Jensen und Munro, die in der Folge eine Vielzahl von Untersuchungen zu Zusammenhängen zwischen Intelligenz und RZen in verschiedenen Ländern stimulierte: Diese Studien wurden in den Vereinigten Staaten hauptsächlich durch den Proponenten dieser Forschungsrichtung A. R. Jensen und dessen Schüler P. A. Vernon durchgeführt; in Australien durch die Forschergruppe um Nettelbeck; in Großbritannien durch den zweiten wesentlichen Proponenten dieses Ansatzes H. J. Eysenck und seine Mitarbeiter sowie durch Brand und Deary; und in Deutschland durch die Forschergruppe um Lehrl und Fischer in Erlangen. Einen Überblick über die Arbeiten dieser Forschergruppen bis 1987 kann der interessierte Leser bei Vernon (1987a) gewinnen (vgl. auch Neubauer, 1993).

Diese Arbeiten beschränkten sich allerdings nicht nur auf das Hick-Paradigma; es wurde auch eine Reihe anderer sogenannter elementarer kognitiver Aufgaben („elementary cognitive tasks", ECTs), die zum überwiegenden Teil aus dem „Fundus" der Allgemeinen experimentellen Psychologie stammen, eingesetzt, und die mit ihnen erhobenen Parameter für Verarbeitungsgeschwindigkeit und -effizienz wurden mit psychometrisch erfaßter Intelligenz in Beziehung gesetzt. Im folgenden sollen (nach einer detaillierteren Beschreibung der Befunde zum Hick-Paradigma) auch die am häufigsten verwendeten anderen RZ-Tests und die mit ihnen erzielten Ergebnisse dargestellt werden.

2.1 Das Hick-Paradigma

Der Großteil der Arbeiten zum Hick-Paradigma (das auch „Jensen-Paradigma" genannt wird), verwendet die in Abb. 1 dargestellte Apparatur. Üblicherweise werden vier Bedingungen unterschiedlichen Informationsgehalts realisiert: Die einfache RZ (0 bit Informationsgehalt), Zweifach-Wahl (1 bit), Vierfach-Wahl (2 bit) und Achtfach-Wahl (3 bit). Auf jeder Stufe werden (nach einigen Übungsdurchgängen) zumeist zwischen 15 und 30 Durchgänge vorgegeben (Jensen, 1987a) und daraus zumeist die Median-RZ (wegen der Schiefe der RZ-Verteilung), die Standardabweichung (als Parameter für die intraindividuelle Variabilität der RZ = Standard-Deviation der RZ; abgekürzt SDRZ) und die Parameter Schnittpunkt und Anstieg des Hickschen Gesetzes (s. o.) berechnet und mit psychometrischer Intelligenz in Beziehung gesetzt. Die Messung der RZ erfolgt dabei vom Zeitpunkt des Beginns der Darbietung des Stimulus bis zum Loslassen der Starttaste (die die Person zu Beginn jedes Durchgangs gedrückt hält). Die Zeit zwischen dem Verlassen der Starttaste und dem Drücken der entsprechenden Zieltaste (Bewegungszeit, BZ) wird ebenfalls mitregistriert; auch hier wird der Median (und gelegentlich die SD) pro bit-Bedingung berechnet. Jensen (1987a) gibt einen Überblick über 33 bis dato erschienene Untersuchungen zum Hick-Paradigma (Gesamt-$N = 2317$ Personen) und berechnet aus diesen Mittelwerte für die typischen Größenordnungen der wesentlichen Hick-Parameter (mit Ausnahme der Bewegungszeit-Variabilität, die nur in wenigen Studien berichtet wurde). Diese Ergebnisse sind in Tabelle 1 dargestellt.

Während die Median-RZen für verschiedene Stufen des Informationsgehalts eine sehr gute Übereinstimmung mit dem Hickschen Gesetz aufweisen (mittlere Korrelation zwischen bit und Median-RZ: $r = 0{,}995$; Jensen, 1987a), zeigt die intraindividuelle RZ-Variabilität, SDRZ, zwar auch einen Anstieg mit dem Informationsgehalt, die Übereinstimmung mit dem Hickschen Gesetz ist allerdings nicht so gut ($r = 0{,}943$). Eine eindeutigere lineare Beziehung ergibt sich nach Jensen (1987a), wenn man die SDRZ nicht gegen den Informationsgehalt (bit), sondern gegen die Anzahl der Antwortalternativen abträgt ($r = 0{,}991$). Demzufolge scheint die RZ-Variabilität mit der Anzahl möglicher Stimuli, nicht mit deren Informationsgehalt zu steigen. Im Gegensatz zu den RZ-Parametern sind die Bewegungszeiten in allen Bedingungen nahezu gleich groß; sie weisen nur eine schwache Beziehung zum Informationsgehalt auf ($r = 0{,}351$; Jensen, 1987a).

Werden diese RZ- und BZ-Parameter aus dem Hick-Paradigma korrelativ mit psychometrischer Intelligenz in Beziehung gesetzt, so sind nur selten Zusammenhänge über –0,40 zu beobachten; in der Mehrzahl der Studien liegen sie überhaupt nur zwischen –0,10 und –0,30. Hierbei ist allerdings zu berücksichtigen, daß in den meisten Fällen relativ homogene Stichproben überdurchschnittlich begabter Personen (vor allem Studenten) untersucht wurden. In Jensens Über-

Tabelle 1. Mittelwerte von RZ- und BZ-Parametern im Hick-Paradigma

	Informationsgehalt (bit)				Schnitt-punkt	Anstieg
	0	1	2	3		
Median RZ	335	373	401	439	337	34
SDRZ	46	47	58	84	39	5
Median BZ	251	240	253	257	249	2

Für diese Tabelle wurden die mit dem Stichprobenumfang gewichteten Mittelwerte aus Jensen (1987a) herangezogen

Tabelle 2. Mittlere Korrelationen von RZ- und BZ-Parametern im Hick-Paradigma mit psychometrischer Intelligenz

	Informationsgehalt (bit)				Schnitt-punkt	Anstieg
	0	1	2	3		
Median RZ	–0,18	–0,19	–0,22	–0,23	–0,12	–0,12
SDRZ	–0,26	–0,21	–0,28	–0,25	–	–
Median BZ	–0,17	–0,17	–0,15	–0,14	–	–

Für diese Tabelle wurden die mit dem Stichprobenumfang gewichteten Mittelwerte aus Jensen (1987a) herangezogen

blick (1987a) über bis dato publizierte Untersuchungen mit dem Hick-Paradigma ergeben sich die in Tabelle 2 dargestellten mittleren Korrelationskoeffizienten.

Die Überblickstabelle zeigt einige interessante, z.T auch paradoxe Befunde, die im folgenden diskutiert werden sollen. Im Einklang mit einigen frühen Untersuchungen (Lemmon, 1927; Roth, 1964; s. o.) steigen die Korrelationen der Median-RZen mit dem Informationsgehalt, was von Jensen (1987a) unter Rückgriff auf Spearmans Modell der allgemeinen Intelligenz (1927) erklärt wird: Einen der wesentlichen Aspekte von Spearmans „general intelligence" (*g*) stellt die Aufgabenkomplexität dar; je komplexer ein bestimmter Fähigkeitstest, desto besser kann mit diesem *g* erfaßt werden. Wenn – wie hier für das Hick-Paradigma – gezeigt werden kann, daß RZ-Intelligenz-Zusammenhänge mit der Aufgabenkomplexität (Informationsgehalt) steigen, so sei dies als Hinweis darauf zu werten, daß mit Tests für Informationsverarbeitungsgeschwindigkeit vorwiegend eine wesentliche Grundlage der „general intelligence" erfaßt wird (für eine ausführlichere Darstellung und Diskussion dieser Thematik siehe Kap. 4).

Das erste von zwei nicht hypothesenkonformen Ergebnissen in Tabelle 2 ist der unerwartet niedrige Zusammenhang des RZ-Anstiegs mit Intelligenz ($r = -0{,}12$). Dieser Parameter sollte auf Basis der zugrundeliegenden Theorie der Informationsverarbeitung eigentlich bedeutsam (wenn nicht am höchsten) mit Intelligenz korrelieren (vgl. auch Roth, 1964); tatsächlich weist er den niedrigsten Zusammenhang auf. Die Gründe hierfür sind nach Jensen (1987a) in den schlechten psychometrischen Eigenschaften dieses Parameters zu suchen; Studien, in denen die Stabilität bzw. Retest-Reliabilität des RZ-

Anstieges untersucht wurde, ergaben im Mittel nur ein *r* von 0,39. Neben dieser Erklärung muß aber auch die allgemeine Gültigkeit des Hickschen Gesetzes für (nahezu) alle Personen in Frage gestellt werden (zumindest in der Jensen-Variante des Hick-Paradigmas). Barrett et al. (1986) beobachteten bei circa 20 % ihrer Versuchspersonen eine mangelhafte Anpassung an das Hicksche Gesetz (der sogenannte „Fit“, d. h. die quadrierte Korrelation des Informationsgehalts mit der mittleren RZ, lag unter 0,6 bzw. 0,7) und vermuteten als Ursache eine mangelhafte Aufmerksamkeit dieser Personen im Hickschen RZ-Versuch. Ein Ausschluß dieser Personen bewirkte zwar eine Erhöhung der Zusammenhänge psychometrischer Intelligenz mit mittleren RZen und deren Variabilitäten, der RZ-Anstieg korrelierte jedoch nach wie vor nicht mit Intelligenz (vgl. auch Frearson und Eysenck, 1986). Außerdem konnte in diesen Untersuchungen (und einigen anderen) keine Bestätigung von Jensens Annahme bzw. Ergebnissen gefunden werden, die einen Anstieg der RZ-Intelligenz-Korrelation mit zunehmendem Informationsgehalt postulieren.

Aus Tabelle 2 ist außerdem ersichtlich, daß die intraindividuellen Reaktionszeitvariabilitäten SDRZ im Mittel die höchsten Zusammen-

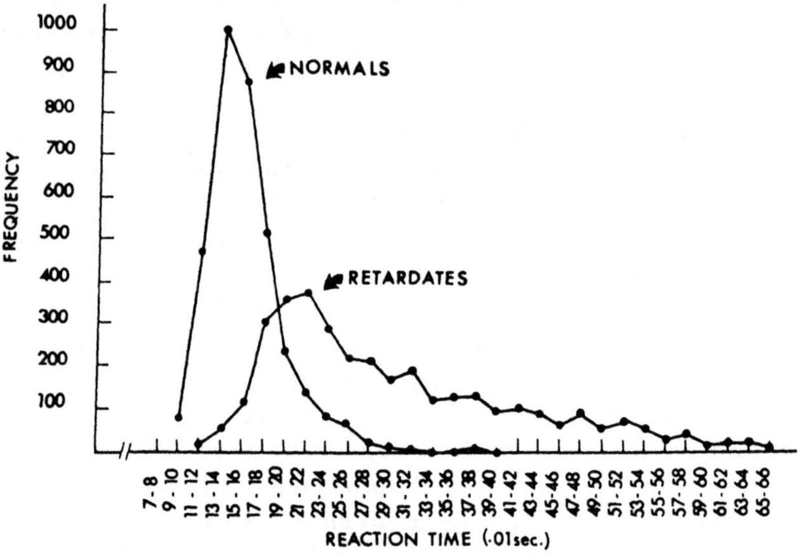

Abb. 4. Häufigkeitsverteilung der einfachen RZen aus 600 Durchgängen von sechs normal-intelligenten und sechs retardierten Personen (Baumeister und Kellas, 1968, Abb. 1)

hänge mit psychometrischer Intelligenz aufweisen. Dieses – auch in der Folge von Jensens Überblick – vielfach replizierte Phänomen wird von Jensen (1987a) selbst so interpretiert: Es ist bekannt, daß die kürzestmögliche RZ einer Person einer physiologischen Grenze unterworfen ist, hinsichtlich der nur geringe interindividuelle Unterschiede bestehen. Die doch beträchtliche *interindividuelle* Streuung von RZ-Mittelwerten kann demnach nur durch die *intraindividuelle* Verteilung der RZen oberhalb dieser Grenze bedingt sein. Tatsächlich beobachteten bereits Baumeister und Kellas (1968), daß sich retardierte und normal-intelligente Personen kaum in ihren schnellsten RZen, sehr deutlich aber in ihren langsamsten RZen unterscheiden (s. Abb. 4). Die wesentliche Quelle interindividueller RZ-Unterschiede sei daher nach Jensen (1987a) nicht in einer – vermutlich zentralnervös bedingten – Verarbeitungsgeschwindigkeit, sondern in der „moment-to-moment probability of occurrence of certain processes" (S. 134) zu suchen. In seinem Erklärungsansatz zur RZ-Intelligenz-Beziehung nimmt Jensen (1982) eine interindividuell unterschiedliche Oszillation sowohl einzelner Neuronen als auch neuronaler Verbände an, und diese bestimme im wesentlichen die intraindividuelle Variabilität der RZen in einer Serie von Durchgängen (eine ausführliche Darstellung von Jensens Ansatz folgt in Abschn. 5.2).

Jensens Hypothese bzw. die Beobachtung von Baumeister und Kellas an Retardierten vs. Normalpersonen wurden von Larson und Alderton (1990) mittels eines interessanten Zugangs auch an einer – hinsichtlich der Intelligenzverteilung – repräsentativen Stichprobe untersucht ($N = 332$ Navy-Rekruten). Die Hypothese, daß die langsamsten RZ-Trials mehr über die Intelligenz einer Person aussagen als andere Punkte der intraindividuellen RZ-Verteilung, wurde mittels der sogenannten „Worst Performance"-Analyse überprüft: Dabei wurden die 82 RZen einer Person (aus einem speziellen Wahl-RZ-Test) in eine Rangreihe (von der kürzesten bis zur längsten) gebracht. Anschließend wurden sogenannte RZ-Bänder definiert, d. h., nach Eliminierung der schnellsten und langsamsten RZ wurden die 5 schnellsten RZen zusammengefaßt und gemittelt usw. bis hin zu den 5 langsamsten RZen. Für die insgesamt 80 RZ-Trials ergaben sich so 16 RZ-Bänder, deren Mittelwerte mit den Leistungen in verschiedenen Intelligenztests korreliert wurden. Der Hypothese entsprechend nahmen die Korrelationen mit psychometrischer Intelligenz vom langsamsten RZ-Band (–0,37) bis zum schnellsten (–0,20) monoton ab (um einer möglichen Konfundierung durch unterschiedliche Streuungen der RZ-Bänder entgegenzuwirken, wurden Rang-Korrelationen berechnet). Diese systematische Beziehung konnte von den Autoren auch statistisch belegt werden: Bei Berechnung einer Rang-Korrelation über die 16 RZ-Bänder zwischen der mittleren RZ der RZ-Bänder und der Höhe der (negativen) RZ-Intelligenz-Korrelation ergab sich ein nahezu perfekter Zusammenhang (*Rho* = –0,99, $p < 0{,}01$). Daß die Korrelation zwischen RZ-Variabilität und Intelligenz ($r = -0{,}36$, $p < 0{,}01$) nahezu vollständig durch die langsamsten RZen bedingt ist, konnte dadurch nachgewiesen werden, daß dieser Zusammenhang nach Auspartialisierung des langsamsten Bandes auf einen nicht-signifikanten Wert von –0,04 sank. Eine erfolgreiche Replikation dieser Befunde wird von Kranzler (1992a) berichtet, in dessen Studie zudem die diskriminante Validität der „Worst Performance Rule" aufgezeigt werden konnte: In Versuchen zur einfachen und Wahl-RZ und zum Odd-Man-Out-Paradigma (s. Abschn. 2.2.1) folgten nur die RZen, nicht aber die Bewegungszeiten dieser Gesetzmäßigkeit.

Die Beobachtungen von Baumeister und Kellas (vgl. Abb. 4) sowie die Bestätigungen der „Worst Performance Rule" lassen vermuten, daß sich Zusammenhänge zwischen Intelligenz und intraindividueller Variabilität letztlich auf interindividuelle Unterschiede in der Schiefe der intraindividuellen RZ-Verteilung zurückführen lassen. Weniger intelligente Personen sollten demnach durch stärker rechtsschiefe RZ-Verteilungen charakterisiert sein als intelligente. Eine Bestätigung dieser Hypothese wird von Juhel (1993) berichtet: Die Korrelation der intraindividuellen Schiefe der RZ-Verteilung mit Intelligenz war nicht nur signifikant negativ ($r = -0{,}40$, d. h. positive bzw. Rechts-Schiefe ist mit niedriger Intelligenz assoziiert), sondern übertraf auch die Zusammenhänge der anderen RZ-Variablen mit Intelligenz (–0,20 für Median-RZ und –0,33 für SDRZ). Dieses Ergebnis widerspricht nicht nur dem unerklärlichen Befund von Kranzler (1992b), der an derselben Stichprobe, an der er die „Worst Performance Rule" bestätigen konnte (1992a), keinen derartigen Zusammenhang fand, sondern legt darüber hinaus nahe, die Schiefe der RZ-Verteilung in zukünftigen RZ-Intelligenz-Studien grundsätzlich als Parameter zu berücksichtigen.

Gerade die Tatsache, daß Kennwerte für die RZ-Variabilität (nicht nur im Hick-Paradigma, sondern auch in anderen ECTs) vielfach höhere Zusammenhänge mit Intelligenz gezeigt haben als mittlere RZen (trotz im allgemeinen niedrigerer Reliabilität dieses Parameters;

Jensen, 1987a), führt zu einer wesentlichen Frage: Sind die Korrelationen der mittleren RZen mit Intelligenz letztlich nur ein „Nebenprodukt" des Zusammenhangs von RZ-Variabilität mit Intelligenz? In diesem Fall müßte man annehmen, daß mittlere RZ und RZ-Variabilität letztlich nur Indikatoren ein und desselben (zentralnervösen) Prozesses sind. Oder sind Geschwindigkeit (RZ) und Konsistenz (RZ-Variabilität) der Informationsverarbeitung zwar korrelierte, aber doch eigenständige Indikatoren für unterschiedliche zentralnervöse Prozesse? Die Beantwortung dieser Fragen erfordert eine eingehendere Kenntnis sowohl der theoretischen Erklärungsmodelle der Mental-speed-Forschung als auch der alternativen Erklärungsansätze und soll daher im abschließenden Kapitel versucht werden.

Zurückgehend auf Tabelle 2 bleibt vorerst die Erklärung des zweiten nicht hypothesenkonformen Ergebnisses offen. Die Zusammenhänge der Bewegungszeiten mit Intelligenz sind zwar geringer als für mittlere RZen und RZ-Variabilitäten; da aber angenommen wird, daß die Prozesse der Stimulusidentifikation und Antwortwahl eigentlich mit dem Loslassen der Starttaste abgeschlossen sein sollten, müßte die BZ eigentlich nur rein motorische Prozesse widerspiegeln und dementsprechend überhaupt nicht mit psychometrischer Intelligenz korrelieren. Die Höhe der bereits gemittelten BZ-Intelligenz-Korrelationen läßt aber bereits vermuten, daß doch in einigen Originalarbeiten beträchtliche Zusammenhänge gefunden wurden. Diese Vermutung erfährt bei eingehenderem Studium von Jensens Überblickstabellen auch ihre Bestätigung (siehe Jensen, 1987a, Tabelle 27). Eine mögliche Erklärung aufgrund vermuteter RZ/BZ-Strategien soll im nächsten Abschnitt (Kritik am Hick-Paradigma) dargelegt werden.

Kritik an Jensens Version des Hick-Paradigmas

Die im vorigen Abschnitt berichteten widersprüchlichen Ergebnisse haben auch Kritik – vor allem an der von Jensen und anderen Wissenschaftlern verwendeten Apparatur und Prozedur zur Vorgabe des Hick-Paradigmas – provoziert. Als die sicherlich elaborierteste Kritik ist jene von Longstreth (1984) zu nennen, der vier wesentliche Mängel bzw. Fehlerquellen in der Standardprozedur des Hick-Paradigmas beschreibt:

1. Reihenfolgeeffekte: Dadurch, daß die einzelnen bit-Stufen (zumeist 0, 1, 2 und 3 bit) immer in ansteigender Reihenfolge vorgege-

ben werden, können sich Lerneffekte mit zunehmendem Informationsgehalt (bit) akkumulieren und es kann eine Unterschätzung des RZ-Anstiegs („Slope") resultieren. Problematischer ist aber, daß eine positive Kovariation zwischen diesen Lerneffekten im RZ-Versuch und der Intelligenz angenommen werden kann (Welford, 1986). Wenn intelligentere Personen mehr von der akkumulierten Übung profitieren, kann eine Unterschätzung des Slope für diese Personen und damit eine Überschätzung des Zusammenhanges zwischen Slope und Intelligenz resultieren. Zu diesem Kritikpunkt muß jedoch angemerkt werden, daß er eigentlich ins Leere zielt. Wenn im Mittel der Slope sowieso die geringsten Zusammenhänge mit Intelligenz aufweist (s. o., Jensen, 1987a), dann kann offensichtlich eine Unterschätzung des Slope intelligenterer Personen nicht ein so gravierendes Problem darstellen. Diese Anmerkung gilt auch für die beiden folgenden Kritikpunkte, die ebenfalls mit dem Problem der Reihenfolgeeffekte zusammenhängen.

2. Visuelle Aufmerksamkeitseffekte: Bei Jensens Apparatur sind acht Antwortknöpfe mit den dazugehörigen Lichtsignalen (LEDs) halbkreisförmig um einen Startknopf angeordnet (s. Abb. 1). Zu Beginn eines Trials hält der Proband den Startknopf gedrückt und muß dann, bei Aufleuchten einer der Signallampen, so schnell wie möglich den dazugehörigen Antwortknopf drücken. Dadurch, daß bei der einfachen RZ (0 bit) immer nur ein Signal bzw. Antwortknopf, bei Zweifach-Wahl (1 bit) nur die beiden mittleren, bei Vierfach-Wahl (2 bit) die vier mittleren und nur bei Achtfach-Wahl (3 bit) alle Signale verwendet werden, kovariiert die Größe des visuellen Feldes, das „überwacht" werden muß, mit dem Informationsgehalt (bit-Stufe). Es ist bekannt, daß retinal peripher abgebildete Reize langsamer beantwortet werden als solche, die foveal abgebildet werden (Poffenberger, 1912). Die Folge ist eine Konfundierung dieses visuellen Aufmerksamkeitseffekts mit dem Informationsgehalt, die wiederum einen Einfluß auf die Schätzung des Slope haben kann.

3. Reaktions-Übungs-Effekte: Aufgrund der soeben beschriebenen Prozedur, für 0 bit immer dieselbe eine Taste, für 1 bit dieselben zwei Tasten zu verwenden etc., sind – bei einer stets gleichen Vorgabe nach ansteigendem Informationsgehalt – diese Reaktionen bei Vorgabe der „informationsreicheren" Stufen besser geübt und können daher schneller ausgeführt werden, was wiederum eine fehlerbehaftete Schätzung des Slope zur Folge haben kann.

4. Interpretation von Reaktionszeit und Bewegungszeit: Longstreth hinterfragt hier Jensens Annahme, daß die BZ nur rein motorische Prozesse widerspiegelt. Vielmehr seien interindividuelle Unterschiede in Strategien bei der Bearbeitung des Hick-Paradigmas dahingehend anzunehmen, daß einzelne Personen versuchen, die RZ auf Kosten der BZ zu minimieren, indem sie die Starttaste bereits zu einem Zeitpunkt loslassen, zu dem gerade das Aufleuchten eines Stimulus wahrgenommen, aber die entsprechende ballistische Reaktion noch nicht „programmiert" wurde (vgl. Smith und Stanley, 1983).

Zusammenfassend muß hier sicher anerkannt werden, daß Longstreth die bislang umfassendste Kritik an der Erforschung der Zusammenhänge zwischen Hick-RZen und Intelligenz vorgelegt hat; andererseits waren Longstreths eigene Experimente aufgrund der mangelnden Vergleichbarkeit mit Jensens Hick-Paradigma nicht geeignet, seine Kritikpunkte eindeutig zu untermauern. Der interessierte Leser sei hier auf die Replik von Jensen und Vernon (1986) und deren Kommentierung durch Longstreth (1986), sowie auf Kommentare anderer Autoren verwiesen (Larson und Saccuzzo, 1986a; Welford, 1986). Diese Kontroverse hat in der Folge auch eine Reihe empirischer Arbeiten stimuliert, die allerdings mehrheitlich Longstreths Einwände 1 bis 3 nicht unterstützen: Larson und Saccuzzo (1986a) und Kranzler et al. (1988) fanden keine Hinweise auf Reihenfolgeeffekte im Hick-Paradigma, lediglich Widaman und Carlson (1989) beobachteten solche übungsbedingten Reihenfolgeeffekte und zogen daraus den Schluß, daß beobachtete Slope-Intelligenz-Korrelationen zumindest teilweise dadurch zu erklären seien. In allen diesen Studien wurden allerdings keine bedeutsamen visuellen Aufmerksamkeitseffekte gefunden. Die unter 3 erwähnten Reaktions-Übungs-Effekte wurden nur von Widaman und Carlson (1989) untersucht und als wenig bedeutsam interpretiert. Mit Ausnahme der letztgenannten Untersuchung wurden in diesen Studien jedoch nur RZ-Parameter untersucht, ohne die Auswirkungen auf die RZ-Intelligenz-Beziehung zu erheben. Gerade diese Frage ist jedoch im Hinblick auf die Interpretation der RZ-Intelligenz-Zusammenhänge am bedeutsamsten. Kontrolliert man die beschriebenen Fehlerquellen, so sollten sich nach Longstreth die Zusammenhänge vermindern. Nimmt man dagegen an, daß eine Vermeidung der Fehlereinflüsse zu einer weniger fehlerbehafteten, daher reliableren Messung der Informationsverarbeitungsgeschwindigkeit führt, so müßten höhere RZ-Intelligenz-Zusammenhänge resultieren (Jensen und Vernon, 1986).

Zwei Versuche in diese Richtung wurden im Labor des Verfassers unternommen: Neubauer (1990a) untersuchte 81 Studenten mit sogenannten diskriminativen RZ-Tests (oder *c*-Reaktionen in Donders' Terminologie, 1868/1969), bei denen nur auf einen aus einer Reihe von Reizen mit einer immer gleichförmigen Antwort zu reagieren ist (aus einer gewissen Anzahl von Ziffern war immer nur auf eine bestimmte Ziffer, die auf einer einstelligen LED-Anzeige dargeboten wurde, zu reagieren). Durch diese Vorgangsweise können sowohl visuelle Aufmerksamkeitseffekte als auch Antwort-Übungseffekte vermieden werden. RZen und Intelligenz (gemessen mit Advanced Progressive Matrices, APM; Raven, 1958) korrelierten in dieser Studie nur bis zu –0,23, allerdings waren offensichtlich die auch von Longstreth angesprochenen RZ/BZ-Strategien für diese niedrigen Zusammenhänge verantwortlich. BZen wiesen nämlich deutlich höhere Zusammenhänge mit Intelligenz (bis –0,34) auf. Im Lichte des Ergebnisses, daß die RZ/BZ-Strategie hier noch dazu mit Intelligenz korreliert war (die weniger Intelligenten versuchten vermehrt die RZ auf Kosten der BZ zu minimieren, vgl. auch Nettelbeck und Kirby, 1983) erscheint das Ergebnis höherer Zusammenhänge von Intelligenz mit BZen als mit RZen leicht erklärbar.

In einem zweiten Versuch des Verfassers an 60 Studenten (Neubauer, 1991) wurde das Hick-Paradigma soweit modifiziert, daß alle oben von Longstreth hervorgehobenen Fehlerquellen (1 bis 4) kontrolliert wurden (vgl. auch Amelang, 1980): Die Reihenfolge der bit-Bedingungen wurde ausbalanciert, visuelle Aufmerksamkeitseffekte wurden durch eine deutliche Verkleinerung der Apparatur minimiert, und Reaktions-Übungs-Effekte wurden dadurch eliminiert, daß unter jeder bit-Bedingung jede spezifische Reaktion gleich häufig realisiert wurde. Etwaigen RZ/BZ-Strategien sollte dadurch vorgebeugt werden, daß der Reaktionsreiz mit dem Loslassen des Startknopfes ausgeblendet wurde, so daß eine Initiierung der Antwortbewegung vor einer Identifikation des Stimulus verhindert wurde. Die Tatsache, daß für dieses modifizierte Hick-Paradigma z. T. deutlich höhere Zusammenhänge von RZen mit Intelligenz (ebenfalls APM) resultierten (s. Tabelle 3), als sie für das traditionelle Hick-Paradigma üblicherweise berichtet werden, wird vom Verfasser dahingehend interpretiert, daß die Vermeidung der Fehlerquellen (nach Longstreth) im Sinne der Vermutung von Jensen und Vernon (1986) eine genauere, weil weniger fehlerbehaftete Schätzung der Informationsverarbeitungsgeschwindigkeit ermöglicht. Darüber hinaus konnten RZ/BZ-Strategien durch die oben beschriebene Prozedur offensichtlich erfolgreich vermieden werden, da keiner der BZ-Parameter bedeutsame Zusammenhänge mit Intelligenz aufwies.

Auch bezüglich des oben erwähnten Problems der „non-fitters" (d. h. Personen mit einer mangelhaften Anpassung an das Hicksche Gesetz) zeigte das modifizierte Hick-Paradigma eine Verbesserung gegenüber dem traditionellen Hick-Paradigma. Die Slope-Intelligenz-Korrelation war zwar auch hier nicht signifikant (–0,20), stieg aber nach Eliminierung der „non-fitters" auf –0,43 ($p < 0{,}01$, einseitig).

Zusammenfassend läßt sich zur Longstrethschen Kritik am Hick-Paradigma feststellen, daß die Hinweise auf eine artifizielle Erhöhung der RZ-Intelligenz-Korrelationen durch die Fehlerquellen rar sind, eher dürfte das Gegenteil, nämlich eine Substantiierung der Speed-Ability-Beziehung durch Vermeidung der Fehlerquellen, zutreffen. Lediglich die RZ/BZ-Strategien lassen sich als wirklich bedeutsame Fehlerquelle erachten, diese sind aber durch entsprechende Prozeduren (s. o.) oder überhaupt durch einen Verzicht auf die Unterscheidung zwischen RZen und BZen vermeidbar. So empfiehlt beispielsweise Smith (1989), den Wahl-RZ-Versuch so zu gestalten, daß die Finger der Person während des Versuchs bereits auf den Zieltasten ruhen (eine Vorgangsweise, die bereits von Smith und Stanley, 1983, realisiert wurde).

Eine Relativierung von Longstreths Kritik am Hick/Jensen-Paradigma läßt sich nicht zuletzt auch daraus ablesen, daß für viele andere

Tabelle 3. RZ-Intelligenz-Korrelationen aus Neubauer (1991)

	Informationsgehalt (bit)		
	0	1	2
Median RZ	–0,26*	–0,31**	–0,39**
SDRZ	–0,24*	–0,14	–0,46**
Median BZ	–0,20	–0,13	–0,07
SDBZ	0,01	0,10	–0,07

*$p < 0{,}05$, **$p < 0{,}01$ (einseitig)

„elementary cognitive tasks“ (ECTs), die überwiegend keine derartigen Fehlerquellen aufweisen, zwischenzeitlich bedeutsame negative RZ-Intelligenz-Zusammenhänge nachgewiesen wurden. Zu den dabei verwendeten ECTs gehören das „Odd-Man-Out-Paradigma“, das Inspection-Time-Paradigma, Sternbergs „short-term memory scanning“, Posners „letter matching“-Paradigma und der Satz-Verifikations-Test. Diese ECTs sollen im folgenden beschrieben werden.

2.2 Sensorische Diskriminationsaufgaben

2.2.1 Das „Odd-Man-Out“-Paradigma (OMO)

Wie der Name bereits sagt, geht es bei dieser ECT darum, einen einzelnen Reiz (den „odd man“) quasi „auszuschalten“, indem man auf ihn mit einem Tastendruck antwortet. Auf der konventionellen Hick-Apparatur (Abb. 1) werden in einem Trial nicht nur ein, sondern mehrere Reize gleichzeitig dargeboten, indem – nach einem Warnton – drei der acht Lämpchen gleichzeitig eingeschaltet werden. Zwei der dargebotenen Reize (eingeschalteten LEDs) liegen näher beieinander als ein dritter; dieser – räumlich von dem Lämpchen-„Paar“ getrennte – dritte Reiz stellt den sogenannten „odd man“ dar, auf den die Person durch Drücken der dazugehörigen Taste reagieren muß. Dieser RZ-Test wurde von Frearson und Eysenck (1986) mit dem Ziel entwickelt, unter Verwendung der bekannten Hick-Apparatur eine höhere Aufgabenkomplexität zu erzielen (und damit höhere Zusammenhänge mit psychometrischer Intelligenz), ohne dabei höhere kognitive Prozesse, wie semantische Enkodierung oder Bilderkennung anzusprechen (wie dies bei den meisten anderen ECTs der Fall ist, s. u.). Tatsächlich liegen OMO-RZen üblicherweise beträchtlich über denen des Hick-Paradigmas: Während die Personen in Frearson und Eysencks Studie im Schnitt nur 365 ms für die Entscheidung zwischen acht Wahlalternativen (3 bit) im Hick-Paradigma benötigten, lag die mittlere OMO-RZ bei 597 ms. Auch die Korrelationen mit psychometrischer Intelligenz wiesen in die erwartete Richtung: Während Hick-RZen nur bis zu –0,36 mit Ravens APM korrelierten, waren für das OMO-Paradigma Zusammenhänge zwischen –0,38 und –0,64 zu beobachten.

Zwischenzeitlich wurde das OMO-Paradigma in einigen anderen RZ-Intelligenz-Studien eingesetzt, dabei ließen sich die höhere Komplexität des OMO und in Folge höhere RZ-Intelligenz-Zusammenhänge mehrfach replizieren (vgl. Buckhalt und Jensen, 1989; Frearson et al., 1988; Jensen und Reed, 1990; Kranzler, 1991; Reed und Jensen, 1993).

2.2.2 Das Inspection-Time-Paradigma

Die Ermittlung der „inspection time" (IT) stellt – neben dem Hick-Paradigma – den zweiten wesentlichen Zugang zur Messung der Informationsverarbeitungsgeschwindigkeit dar. Vickers' Modell (1970, 1979) für vergleichende Urteile (z. B. über die Gleichheit oder Ungleichheit zweier Figuren) geht von einer diskontinuierlichen sensorischen Informationsaufnahme aus. Um zu einer derartigen wahrnehmungsbezogenen Entscheidung zu gelangen, muß der sensorische Input in eine Reihe von Wahrnehmungsstichproben bzw. „Inspektionen" zerlegt werden. Jede dieser Inspektionen benötigt eine bestimmte (konstante) Zeit (eben die IT). Vickers „accumulator model" nimmt an, daß sich die für die diskriminative Entscheidung notwendige sensorische Information mit jeder durchgeführten Inspektion akkumuliert. Information, die für die eine Entscheidung spricht (Gleichheit der Figuren) wird quasi in einem Speicher aufsummiert; Information, die für die alternative Entscheidung spricht, in einem zweiten Speicher. Außerdem steht diese akkumulierte Information in einem Wettlauf mit „neuronalem Rauschen". Eine (vermeintlich) korrekte Diskrimination ist erst dann möglich, wenn die akkumulierte Information für die gewählte Alternative (gleich oder ungleich) 1. das Rauschen und 2. die akkumulierte Information für die nicht gewählte Alternative übersteigt. Das Ausmaß, um das die akkumulierte Information der gewählten Alternative die der nicht gewählten übertreffen muß, ist allerdings nicht konstant, sondern von der Einstellung der Person hinsichtlich der Vorsichtigkeit ihrer Entscheidung abhängig. Die Gesamtzeit für eine Entscheidung variiert demzufolge in Abhängigkeit von der individuellen IT sowie von der Gesamtzahl der Inspektionen (die wiederum von der Vorsichtigkeitseinstellung der Person abhängt):

$$L = (N \times IT) + t,$$

wobei L = Latenz, N = Gesamtzahl der Inspektionen, IT = „inspection time", und t = residuale Zeit durch entscheidungsirrelevante sensorische und motorische Prozesse.

Vickers et al. (1972) haben auf der Basis dieser Grundannahmen eine einfache Prozedur entwickelt, um die IT zu messen. Ist die Diskrimination nämlich so einfach, daß nur eine einzelne Inspektion notwendig ist, so sollte sich daraus die IT schätzen lassen (vorausgesetzt die Antwort ist richtig und t kann minimiert werden). Eine derartige Aufgabe besteht in der Darbietung zweier vertikaler Linien verschiedener Länge (s. Abb. 5a). Durch Variation der Darbietungszeit in einem bestimmten Bereich (8 bis 80 ms bzw. 12 bis 120 ms in zwei Experimenten von Vickers et al., 1972) ändert sich die Häufigkeit einer richtigen Antwort, so daß sich mittels verschiedener Prozeduren (s. u.) für eine Person die minimale Zeit ermitteln läßt, bei der sie eine praktisch fehlerfreie Entscheidung darüber, welche der beiden Linien länger ist (die linke oder die rechte; Abb. 5a), erzielen kann. Diese Prozedur hat vor allem den Vorteil, daß Einstellungseffekte, wie Motivation oder Vorsichtigkeit der Person, weitestgehend ausgeschlossen werden können. Um eine Einspeicherung des Reizes ins Kurzzeitgedächtnis zumindest zu erschweren, wird der dargebotene Reiz darüber hinaus „maskiert", d. h., unmittelbar nach der Darbietung werden die beiden Linien von zwei gleichlangen Linien „überblendet" (Abb. 5b).

Da für die exakte Bestimmung der IT eine sehr hohe Anzahl an Stimulusdarbietungen mit verschiedenen „Stimulus-Onset-Asynchronies" (SOA, Zeit zwischen Beginn der Reizdarbietung und Beginn der Maskierung) notwendig wäre, haben Vickers et al. (1972) eine Prozedur entwickelt, bei der eine Schätzung (Lambda) definiert wird als jene Zeit, bei der eine 97,5%ige Trefferquote erzielt wird. Wenn notwendig, kann dieser Punkt durch Interpolation aus der Funktion, die den Zusammenhang zwischen Stimulusdarbietungszeit und Fehlerrate beschreibt (Abb. 6), gewonnen werden. Für die hier dargestellte

a b

Abb. 5. Die IT-Aufgabe mit zwei Linien: **a** Zielreiz, **b** Maskierung

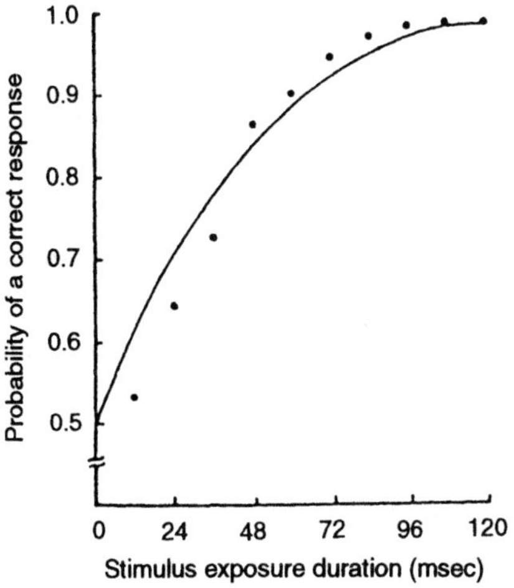

Abb. 6. Wahrscheinlichkeit einer korrekten Antwort als Funktion der SOA (Nettelbeck, 1987, Abb. 1, nach Vickers et al., 1972)

Funktionskurve einer Person ergab sich ein Lambda von 99 ms; in der von Vickers et al. (1972) untersuchten Stichprobe waren Lambda-Werte zwischen 55 und 169 ms zu beobachten (Mittelwert = 106, Standardabweichung = 30).

Die beschriebene Prozedur von Vickers et al. ist nur eine – allerdings die am häufigsten verwendete – von vielen zur Bestimmung der IT. In der Folge wurde eine Vielzahl von Diskriminationsaufgaben in verschiedenen Sinnesmodalitäten, mit verschiedenen Maskierungsprozeduren, unterschiedlichen Genauigkeitskriterien und Antwortmodi entwickelt und verwendet, um die IT zu messen: In der visuellen Modalität wurden beispielsweise Diskriminationsaufgaben mit verschiedenen Lichtsignalen, mit Linien unterschiedlicher räumlicher Ausrichtung, mit Symbolen und mit Buchstaben des Alphabets vorgegeben (vgl. die Überblicksarbeiten von Kranzler und Jensen, 1989, und Nettelbeck, 1987); in anderen Sinnesmodalitäten waren Diskriminationen der zeitlichen Abfolge zweier Töne mit unterschiedlicher Frequenz durchzuführen (Brand und Deary, 1982; Deary et al., 1989a; Deary et al., 1989b; Edwards, 1984, zitiert nach Nettelbeck, 1987; Raz et al., 1983); auch im taktilen Bereich hat man versucht, die zeitliche Abfolge zweier Vibrationen, appliziert an verschiedene Finger, diskriminieren zu lassen (Edwards, 1984, zitiert nach Nettelbeck, 1987; Nettelbeck und Kirby, 1983), allerdings mit geringerem Erfolg, da sich bei den Versuchsteilnehmern nach kurzer Zeit ein Gefühl der Taubheit der Finger einstellte.

Hinsichtlich der Vorgabe der Reize mit verschiedenen SOAs haben sich nahezu alle Untersuchungen zur IT einer von zwei klassischen psychophysischen Prozeduren bedient: Bei der Methode konstanter Stimuli wird eine fixe Anzahl von Stimuli mit verschiedenen SOAs (die alle in einem Bereich um die erwartete IT streuen) in einer Zufallsreihenfolge dargeboten. Die Grenzwertmethode („method of limits") erfordert aufgrund ihrer adaptiven Vorgangsweise eine computerunterstützte Darbietung: Begonnen wird mit einer eher langen SOA und nachfolgende Reizdarbietungen erfolgen – in Abhängigkeit von der Antwortgenauigkeit der Person – mit kürzeren oder längeren SOAs, solange bis die vorher definierte Antwortgenauigkeit von der Person erreicht wird. Bei beiden Methoden ergibt diejenige SOA, bei der die definierte Diskriminationsgenauigkeit erzielt wird, die IT der Person. Bei der Grenzwertmethode wird – zur weiteren Absicherung des Ergebnisses, auch gegen übungsbedingte Einflüsse – noch eine Reihe von Stimuli mit der SOA vorgegeben, die der mittleren IT entspricht.

Untersuchungen zu Zusammenhängen zwischen Maßen der Intelligenz und IT erbrachten – wie erwartet – überwiegend negative Korrelationen, d. h., hohe Intelligenz geht mit kurzen ITs einher und vice versa. Die Ergebnisse streuen allerdings stark zwischen den verschiedenen Untersuchungen (einen Überblick gibt Nettelbeck, 1987): Dies trifft vor allem für Zusammenhänge zwischen verbaler Intelligenz und IT zu; hier liegen die Korrelationen zwischen +0,20 und –0,88 (für 12 von Nettelbeck analysierte Studien). Für Studien zum „Handlungsteil" der Wechsler-Skala sind die Zusammenhänge zur IT homogener, aber auch hier gibt es Studien, die keinerlei signifikante Zusammenhänge beobachten konnten; für neun reanalysierte Studien gibt Nettelbeck mittlere IT-IQ-Zusammenhänge von –0,33 für nichtretardierte und –0,45 für retardierte Personenstichproben an (höhere Zusammenhänge bei Retardierten sind ein übliches Ergebnis im Bereich der Mental-speed-Forschung).

Ähnliche Ergebnisse wurden auch für solche Intelligenztests gefunden, die bekanntermaßen hoch auf Spearmans *g*-Faktor laden. Hier liegen die Korrelationen (in 17 von Nettelbeck erfaßten Studien) zwischen +0,10 und –0,61; die mittlere Korrelation beträgt –0,31 (der Median –0,39). Insgesamt schätzt Nettelbeck den Zusammenhang zwischen Intelligenz und IT – nach Korrektur im Hinblick auf eingeschränkte Stichprobenvarianz – auf –0,50.

Zu ähnlichen Ergebnissen gelangten Kranzler und Jensen (1989) in ihrer Meta-Analyse bis dato publizierter Untersuchungen zum Zusammenhang zwischen IT und Intelligenz. Auch sie unterschieden zwischen Studien, in denen die IT zu Verbal-IQ, Handlungs-IQ und allgemeiner Intelligenz in Beziehung gesetzt wurde. Eine zweite Unterscheidung betrifft Stichprobencharakteristika (Erwachsene vs. Kinder). Zusätzlich wurden nicht nur die originalen Korrelationen gemittelt, sondern auch – im Hinblick auf Stichprobenfehler, Attenuation und eingeschränkte Varianz – korrigierte Koeffizienten. Tabelle 4 zeigt die Ergebnisse der oben zitierten Meta-Analyse.

Wie in Nettelbecks Reanalyse sind auch hier für verbale Intelligenz die geringsten Zusammenhänge mit IT zu beobachten. Für allgemeine Intelligenz (Gesamt-IQ) sind die Korrelationen deutlich höher; die höchsten IT-IQ-Zusammenhänge sind jedoch für den Handlungs-IQ zu beobachten. Gerade diese Tatsache stellt jedoch auch ein Problem für die Mental-speed-Forschung dar. Diese geht – wie später zu zeigen sein wird – in der Erklärung der RZ-Intelligenz-Zusammenhänge zumeist von Spearmans (1927) Modell der allgemeinen Intelligenz (general intelligence = *g*) aus und beobachtet für die meisten ECTs tatsächlich die höchsten Zusammenhänge mit solchen psycho-

Tabelle 4. Ergebnisse der Meta-Analyse der IT-IQ-Studien von Kranzler und Jensen (1989, Table 2)

IQ-Test Stichprobe	*N*	*K*	Korrelation mit IT	
			Unkorrigiert	Korrigiert
Gesamt-IQ				
Erwachsene	633	17	–0,31	–0,56
Kinder	242	8	–0,37	–0,59
Handlungs-IQ				
Erwachsene	88	4	–0,49	–0,74
Kinder	230	7	–0,32	–0,47[a]
Verbal-IQ				
Erwachsene	218	7	–0,26	–0,38
Kinder	248	8	–0,29	–0,41

K Anzahl der Untersuchungen
[a] Keine Korrektur für eingeschränkte Varianz

metrischen Tests, die bekannterweise gute *g*-Indikatoren sind. Die Tatsache, daß IT höher mit der handlungsbezogenen Intelligenz korreliert, läßt vermuten, daß mit dieser Aufgabe auch Prozesse der Wahrnehmungsorganisation miterfaßt werden (Kranzler und Jensen, 1989).

Nichtsdestoweniger gelangen Kranzler und Jensen auf der Basis ihrer Meta-Analyse zu dem Schluß, daß für Erwachsene der mittlere Zusammenhang zwischen allgemeiner Intelligenz und IT –0,54 beträgt. Diese Schätzung ist allerdings eine dreifach korrigierte (s. o.); der unkorrigierte mittlere Zusammenhang beträgt nur –0,29. Insgesamt läßt sich aber aus den Ergebnissen der berichteten Reanalysen doch ablesen, daß ein negativer Zusammenhang moderater Höhe zwischen psychometrischer Intelligenz und ITs als gut gesichert gelten kann. Einzelne Autoren betonen zudem die Überlegenheit dieses Paradigmas gegenüber anderen ECTs, da bei der IT motorische Reaktionskomponenten ebenso wie höhere kognitive Prozesse (Metaprozesse) ausgeschlossen seien. IT sei demnach der „reinste" Index für mentale Geschwindigkeit, der nur von der Schnelligkeit, mit der sensorische Informationen für die weitere Verabeitung aufgenommen werden können, abhänge.

Kritik am IT-Paradigma

Die Sichtweise, das IT-Paradigma schließe höhere kognitive Prozesse, und damit unterschiedliche Strategien bei den Versuchspersonen aus, blieb jedoch nicht unwidersprochen. In einigen Studien (Überblick bei Nettelbeck, 1987) konnten Hinweise auf eine sogenannte „apparent movement strategy" gefunden werden, d. h., einige Personen sind in der Lage, aus der unmittelbaren Abfolge von Reiz und Maske eine Bewegung („apparent movement") dort zu erkennen, wo die kürzere Linie überblendet wird, und können allein aus dieser Information zu ihrem Diskriminationsurteil gelangen. Mackenzie und Bingham (1985), die dieses Phänomen erstmalig berichteten, fanden diese Strategie bei 16 von 29 untersuchten Personen. „Benützer" dieser Strategie erzielten nicht nur kürzere ITs, sondern wiesen im Gegensatz zu den „Nicht-Benützern" keinen bedeutsamen IT-Intelligenz-Zusammenhang auf. Studien, in denen die „Benützer" dieser Strategie nicht identifiziert wurden bzw. werden, führ(t)en daher nach Nettelbeck (1987) zwangsläufig zu einer Unterschätzung des IT-IQ-Zusammenhangs (zumal die Verwendung dieser Strategie nicht mit Intelligenz zusammenhängt; Mackenzie und Bingham, 1985). Nettelbeck und Vita (1992) konnten darüber hinaus Lerneffekte in bezug auf diese Strategie nachweisen, die zu einer Abnahme der IT-IQ-Zusammenhänge mit zunehmender Übung der IT-Aufgabe führten. Diese Empfindlichkeit der IT-IQ-Beziehung gegenüber derartigen strategiebedingten Übungseffekten stellt nach Nettelbeck und Vita die Adäquatheit der IT als Index für Informationsverarbeitungsgeschwindigkeit in Frage. In jüngster Zeit durchgeführte Versuche, durch Modifikationen der IT-Prozedur derartige „apparent movement"-Strategien zu verhindern, sind durchaus erfolgreich: Egan und Deary (1992) konnten diese Strategien durch Vorgabe einer konkurrierenden, aufmerksamkeitsbeanspruchenden Aufgabe weitestgehend ausschalten; das gleiche gelang Evans und Nettelbeck (1993) durch Verwendung einer neuartigen Maskierungsprozedur.

Ein weiteres Problem im Bereich der IT-Forschung ist die große Anzahl unterschiedlicher experimenteller Prozeduren. Die verwendeten SOAs, Stimulusarten, die Anzahl der Trials und die Methoden der Schätzung der IT variieren z. T. beträchtlich und müssen daher zumindest teilweise als mitverantwortlich für die heterogenen Ergebnisse angesehen werden (Levy, 1992).

Abschließend muß das IT-Paradigma – trotz dieser und anderer potentieller Fehlerquellen in der Messung der IT (vgl. Nettelbeck, 1987) – doch als eine der vielversprechendsten ECTs im Bereich der Mental-speed-Forschung angesehen werden. Gerade die Tatsache, daß das IT-Paradigma unter allen verwendeten ECTs wahrscheinlich eine der – hinsichtlich der kognitiven Anforderungen – einfachsten ist und trotzdem substantiell mit Intelligenz korreliert, läßt die Einbeziehung dieser Aufgabe in zukünftige Mental-speed-Studien sinnvoll erscheinen.

2.2.3 Andere sensorische Diskriminationsaufgaben

Eine enge Verwandschaft zu den IT-Studien zeigen auch Untersuchungen, die sensorische Fähigkeiten zur Intelligenz in Beziehung setzen. Derartige Versuche sind bislang rar. Raz et al. (1987) untersuchten die Fähigkeit, Töne unterschiedlicher Frequenz zu diskriminieren: Die individuelle Frequenzunterschiedsschwelle korrelierte dabei zwischen –0,42 und –0,54 mit Cattells Culture-Fair-Intelligenztest (vgl. auch Raz et al., 1990), d. h., intelligentere Personen können geringere Tonhöhenunterschiede wahrnehmen. Deary et al. (1989b) untersuchten, ob Zusammenhänge zwischen auditorischer IT und Intelligenz auf interindividuelle Unterschiede in der Fähigkeit, Töne unterschiedlicher Frequenz zu diskriminieren, zurückzuführen sind. Diese Frage mußte jedoch verneint werden, da sie – im Gegensatz zu Raz et al. (1987) – kaum bedeutsame Zusammenhänge dieser Fähigkeit mit Intelligenz beobachteten. Lynn et al. (1989) gaben ihren Versuchspersonen einfache musikalische Tests zur Analyse von Akkorden, zur Tonhöhendiskrimination und zum Gedächtnis für Töne vor. Die positiven Zusammenhänge der Leistungen in diesen Tests mit Ravens SPM (zwischen 0,27 und 0,40) wurden dahingehend interpretiert, daß intelligentere Personen zu einer effizienteren Verarbeitung akustischen Materials in der Lage sind. Auf diesem Gebiet können nur weitere Forschungsbemühungen helfen, die Frage nach dem Zusammenhang sensorischer Fähigkeiten mit Intelligenz zu klären.

2.3 Elementare Gedächtnisaufgaben

Neben dem Hick-Paradigma bediente man sich in der Mental-speed-Forschung auch anderer bekannter RZ-Paradigmen aus dem Fundus der kognitiven Psychologie, um festzustellen, ob andere elementare kognitive Prozesse in der Lage sind, weitere Varianzanteile psychometrischer Intelligenz aufzuklären (Vernon, 1983). Zu den bekanntesten und auf diesem Gebiet am häufigsten verwendeten gehören das „short-term memory scanning" nach Saul Sternberg (1966) und Posners „letter matching"-Paradigma (Posner und Mitchell, 1967); beide wurden ursprünglich entwickelt, um die Zugriffsgeschwindigkeit auf das Kurzzeit- bzw. Langzeitgedächtnis zu erfassen (Hunt, 1980; Hunt et al., 1981). Diese – und noch einige andere – elementare kognitive Aufgaben sollen im folgenden behandelt werden.

2.3.1 Das Sternberg-Paradigma

Saul Sternberg entwickelte im Jahre 1966 ein RZ-Paradigma, mit dem die Zugriffszeit auf das Kurzzeitgedächtnis erfaßt werden sollte (s. auch Sternberg, 1969). Das „short-term memory scanning" basiert auf der Grundannahme, daß die Zeit für das Absuchen des Kurzzeitgedächtnisses in Abhängigkeit von der Anzahl der im Kurzzeitgedächtnis zu behaltenden Elemente variiert. Um die Zeit für den Abruf eines einzelnen Elements aus dem Kurzzeitgedächtnis zu bestimmen, wird eine (von mehreren existierenden) Varianten des Sternberg-Paradigmas gewählt, die in ihrem Grundaufbau aber immer nachstehender Prozedur folgt: Der Person werden Zufallsreihen von Ziffern dargeboten, die in der Länge üblicherweise zwischen 1 und 6 Ziffern variieren (jede Ziffer wird für einen Zeitraum von 1 bis 2 Sekunden dargeboten). Nach einer kurzen Pause (üblicherweise auch zwischen 1 und 2 Sekunden) und einem Warnton wird eine einzelne Ziffer (Zielreiz) dargeboten, und die Person muß entscheiden, ob diese Ziffer in der vorher dargebotenen Ziffernfolge (der positiven Antwortgruppe) enthalten war oder nicht. Die Antwort wird über eine RZ-Tastatur mit zwei Tasten für die beiden Antwortalternativen gegeben, und die Zeit zwischen der Zielreiz-Darbietung und der Antwort wird aufgezeichnet. Die Aufgaben sind so gewählt, daß jeweils in der Hälfte der Durchgänge eine bejahende bzw. verneinende Antwort zu geben ist. Für jede Größe der positiven Antwortgruppe wird eine bestimmte Anzahl von Durchgängen realisiert; die Vorgabe von unterschiedlich großen positiven Antwortgruppen erfolgt entweder in einer Zufallsreihenfolge („varied set"-Prozedur) oder blockweise („fixed set"-Prozedur). Sternberg (1966) konnte für beide Versuchsanordnungen einen linearen Zusammenhang zwischen der Größe der positiven Antwortgruppe und der RZ nachweisen (s. Abb. 7). Wie beim Hick-Paradigma läßt sich auch hier mittels linearer Regression über die Ermittlung des RZ-Anstiegs die Zeit für den Abruf und Vergleich eines einzelnen Elements der positiven Antwortgruppe mit dem Zielreiz ermitteln. Aus derselben Regressionsrechnung läßt sich durch Berechnung des RZ-Schnittpunkts die Dauer der Prozesse, die allen Bedingungen (mit unterschiedlich großen positiven Antwortgruppen) gemeinsam sind (Stimulus-Enkodierung, Entscheidung und motorische Reaktion), feststellen.

In den ersten Versuchen, das Sternberg-Paradigma mit psychometrischer Intelligenz in Beziehung zu setzen, wurden zumeist Gruppen, für die unterschiedliche Niveaus hinsichtlich der intellektuellen Leistungsfähigkeit angenommen wurden, hinsichtlich der RZ-Schnittpunkte bzw. RZ-Anstiege im Sternberg-Paradigma verglichen. Dugas und Kellas (1974) sowie Harris und Fleer (1974) beobachteten steilere RZ-Anstiege für retardierte vs. durchschnittlich intelligente Personen, was auf eine geringere Zugriffsgeschwindigkeit auf das Kurzzeitgedächtnis bei den Retardierten hinweist. Die beiden Gruppen unter-

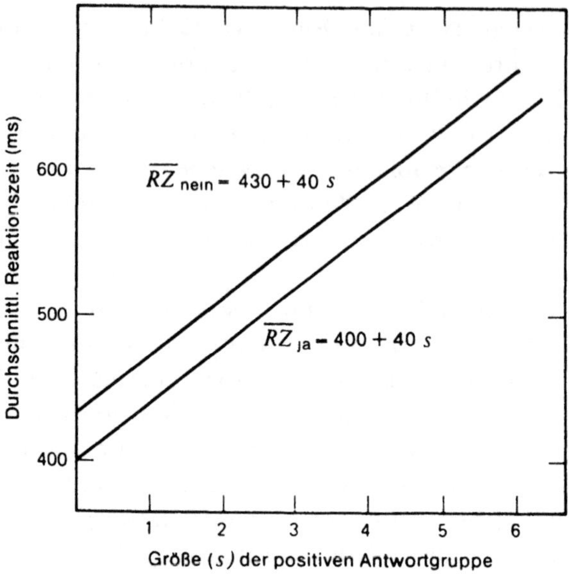

Abb. 7. Mittlere RZ als Funktion der Anzahl der Elemente im Kurzzeitgedächtnis („Größe der positiven Antwortgruppe") (Kintsch, 1982, Abb. 4.13)

schieden sich aber auch im RZ-Schnittpunkt, woraus die Autoren schließen, daß auch einer oder mehrere der o. a. Prozesse wie Stimulus-Enkodierung, Entscheidung und motorische Reaktion bei Retardierten verlangsamt sind.

Vergleiche im „Normalbereich" intellektueller Leistungsfähigkeit (d. h. ohne Berücksichtigung retardierter Personen) bestätigen die Befunde zum RZ-Anstieg (McCauley et al., 1976; Keating und Bobbitt, 1978): Hoch intelligente Probanden weisen einen geringeren RZ-Anstieg auf als (knapp) durchschnittliche Personen. Die Unterschiede im RZ-Schnittpunkt waren aber in diesen beiden Studien nur tendenzieller Natur.

Eine Übersicht über korrelative Studien mit dem Sternberg-Paradigma gibt Tabelle 5. Aus dieser Darstellung ist bereits ersichtlich, daß in den meisten Studien nur Informationen über Korrelationen einzelner Sternberg-Parameter mit psychometrischer Intelligenz gegeben wurden. Dabei weisen vor allem die Median-RZen, die intraindividuellen RZ-Streuungen (SDRZ) und der RZ-Schnittpunkt bedeutsame Zusammenhänge mit psychometrischer Intelligenz auf, die im Mittel auch etwas höher als für das Hick-Paradigma ausfallen

Tabelle 5. Übersicht über Studien zu Zusammenhängen zwischen dem Sternberg-Paradigma und psychometrischer Intelligenz

Studie	Stichprobe/ Intelligenztest	Korrelationen mit Intelligenz			
		mittl. RZ	SDRZ	RZ-Anstieg	Schnittp.
Lunneborg, 1977	64 Schüler/ EAS			–0,14[b]	–0,32[b]
Jenkinson, 1983	60 Kinder/ SPM	–0,36[c] (1025/0,94)[a]		0,06 (54/–)	–0,33 (913/–)
McGue et al., 1984	105 Zwillinge/ WAIS			–0,26[d] (83/0,90)	–0,27[d] (505/0,94)
Cohn et al., 1985	60 begabte Schüler 70 n-beg. Schüler/ SPM	–0,42 –0,14			
Vernon et al., 1985	81 Studenten/ MAB			–0,05[d]	
Vernon und Kantor, 1986	113 Studenten/ MAB	–0,40[e] (706/–)			
Jensen, 1987b	48 Studenten/ APM	–0,30 (527/*0,92*)	–0,37 (131/–)	–0,06 (25/*0,86*)	–0,32 (430/*0,86*)
Kranzler, 1991	101 Studenten/ APM + MAB	–0,23 (–/0,44, *0,65*)	–0,34		
Deary et al., 1992	100 Hypoglykämie-Patienten/ WAIS	–0,33 (900/–)			
Miller und Vernon, 1992	170 Studenten/ MAB	–0,11[f] (622/–)			
Mittl. Korrelation		–0,29	–0,36	–0,09	–0,31
Mittl. Korrelation (N-gewichtet)		–0,27	–0,35	–0,11	–0,30
Mittelwert		756	131	54	616
Mittelwert (N-gewichtet)		738	131	62	603
Mittl. Split-half-Reliabilität/ Konsistenz (N-gewichtet)		0,63	–	0,90	0,94
Mittl. Retest-Reliabilität (N-gew.)		0,74	–	0,86	0,86

APM Advanced Progressive Matrices, *EAS* Employee Aptitude Survey, *MAB* Multidimensional Aptitude Battery, *SPM* Standard Progressive Matrices, *WAIS* Wechsler Adult Intelligence Scale
Alle Korrelationsmittelungen via Fisher-Z-Transformation

[a] Soweit in den Originalarbeiten angegeben, sind in Klammern unter den Korrelationen die jeweiligen RZ-Mittelwerte/Reliabilitäten angeführt. Bei den Reliabilitäten handelt es sich entweder um Split-half-/Konsistenzkoeffizienten (Normalschrift) oder um Retest-Reliabilitäten (Kursivschrift)

[b] Gemittelt aus den Korrelationen mit 8 Intelligenz-(Sub-)Tests

[c] Gemittelt über drei Set-Sizes

[d] Gemittelt aus Korrelationen für positive und negative Items im Sternberg-Test

[e] Gemittelt über zwei Gruppen

[f] Gemittelt aus Korrelationen mit 10 Intelligenz-(Sub-)Tests

(vgl. Abschn. 2.1), allerdings immer noch vergleichsweise niedrig erscheinen, was aber sicher auch mit der Homogenität der untersuchten Stichproben zu tun haben dürfte.

Nicht hypothesenkonform sind allerdings die fast durchwegs sehr niedrigen Korrelationen für den RZ-Anstieg, dem eigentlichen Maß für die Abrufzeit aus dem Kurzzeitgedächtnis. Wie auch beim Hick-Paradigma liegt eine wichtige Ursache hierfür wohl auch in der geringen Reliabilität dieser Variable. So berichten Roznowksi und Smith (1993) nur Retest-Reliabilitäten zwischen 0,05 und 0,33 für RZ-Anstiege aus verschiedenen Varianten des Sternberg-Paradigmas (Test-Retest-Intervall: 1 Woche). Deutlich bessere, aber immer noch vergleichsweise niedrige Stabilitätskoeffizienten lassen sich für den RZ-Schnittpunkt beobachten (zwischen 0,42 und 0,66). Mit dem Phänomen niedriger Korrelationen zwischen RZ-Anstiegen und psychometrischer Intelligenz wollen wir uns im Schlußkapitel näher auseinandersetzen.

In diese Übersicht wurden allerdings nur Studien aufgenommen, die Korrelationen nullter Ordnung zwischen Parametern des Sternberg-Paradigmas mit psychometrischer Intelligenz berichteten. Aus diesem Grund soll auch noch kurz auf einige andere Untersuchungen eingegangen werden, die aus verschiedenen Gründen für diese Übersicht nicht berücksichtigt wurden:

Snow et al. (1976, zitiert nach Vernon, 1985) berichteten lediglich multiple Korrelationen einer Intelligenztestbatterie mit Parametern aus dem Sternberg-Paradigma. Die beobachteten Zusammenhänge zwischen 0,33 und 0,56 entstammen allerdings einer hinsichtlich intellektueller Varianz stark eingeschränkten Stichprobe von Studenten der renommierten Stanford-Universität (die Zusammenhänge sind hier positiv, da multiple Korrelationen bekanntlich immer ein positives Vorzeichen liefern). Ein ähnliches Ergebnis ($R = 0{,}43$, bereits schrumpfungskorrigiert) berichtete Vernon (1983) für eine ähnlich homogene Stichprobe.

Eine vielzitierte Untersuchung zum Sternberg-Paradigma ist auch jene von Chiang und Atkinson (1976). Diese ist allerdings methodisch nicht unproblematisch, da aus dem Vergleich der Korrelationen von jeweils nur 15 männlichen und 15 weiblichen Versuchsteilnehmern bedeutsame Geschlechtsunterschiede in Korrelationen zwischen Intelligenz und Sternberg-Paradigma geschlossen werden. Bei eingehender Betrachtung des Scatterplots für weibliche Probanden wird allerdings ersichtlich, daß deren nicht hypothesenkonformes Ergebnis (positive Korrelation zwischen Intelligenz und RZ-Anstieg im Sternberg-Paradigma) letztlich nur auf einen einzigen Ausreißer zurückzuführen ist.

Nicht berücksichtigt sind hier auch einige neuere Studien, in denen das Sternberg-Paradigma als Teil einer ganzen Batterie von ECTs eingesetzt wurde. In diesen Studien werden zumeist nur Korrelationen bereits aggregierter Daten aus der ECT-Batterie (via Faktorenanalyse oder multipler Regression) mit psychometrischer Intelligenz berichtet. Diese werden in Abschn. 2.7 vorgestellt.

2.3.2 Das Posner-Paradigma

Posners „letter matching"-Paradigma (Posner und Mitchell, 1967; Posner et al., 1969) zielt darauf ab, die Zugriffszeit auf das Langzeitgedächtnis zu ermitteln. Hierzu werden der Person in zwei Bedingungen jeweils zwei Buchstaben pro Trial dargeboten, die physikalisch gleich (z. B. „AA"), physikalisch verschieden, aber semantisch gleich („Aa") oder physikalisch und semantisch verschieden („Ab") sind. In einer Bedingung (PI = „physical identity"-Test) muß die Person beurteilen, ob die beiden Reize physikalisch gleich sind; in der anderen Bedingung (NI = „name identity"-Test) soll festgestellt werden, ob die beiden Reize den gleichen Namen haben, also semantisch gleich sind. In der PI-Bedingung ist nur eine einfache wahrnehmungsbezogene Diskrimination von der Person gefordert, die nach Posner und Mitchells Ergebnissen ca. 428 bzw. 464 ms bei gleichen bzw. verschiedenen Buchstaben dauert. In der NI-Bedingung ist hingegen zusätzlich zur sensorischen Diskrimination ein Zugriff auf überlerntes Material (die Buchstaben des Alphabets) und damit auf das Langzeitgedächtnis notwendig. Aus der Differenz der mittleren RZen in der NI-Bedingung und der PI-Bedingung (NI – PI) läßt sich demzufolge die Zugriffszeit auf das Langzeitgedächtnis ermitteln (Hunt, 1980). Wie Posner und Mitchell (1967) demonstrieren, gibt es allerdings verschiedene Arten, diese Differenz zu berechnen (je nach Beschränkung auf bestimmte Trialarten); für die wohl „sauberste" Methode (NI – PI für Trials mit verschiedenen Buchstaben) resultiert in einer studentischen Stichprobe – bei mittleren RZen um 500 ms – eine mittlere Differenz von 92 ms.

Die ersten Untersuchungen, die Kennwerte aus dem Posner-Paradigma mit Intelligenz in Beziehung setzten, vermuteten in der Zugriffsgeschwindigkeit auf das Langzeitgedächtnis eine wesentliche Grundlage der verbalen Fähigkeit des Menschen, daher wurden auch ausschließlich psychometrische Tests für verbale Intelligenz eingesetzt; Maße für allgemeine Intelligenz wurden nicht erhoben. Hunt et al. (1973) berichteten eine erste Studie an allerdings nur 16 Personen, in der Personen mit hoher verbaler Intelligenz tendenziell geringere NI-PI-Differenzen aufwiesen (und damit eine geringere Zugriffszeit auf das Langzeitgedächtnis) als Personen mit niedriger verbaler Fähigkeit. Eine (nun signifikante) Replikation dieses Ergebnisses gelang Hunt et al. (1975) an einer größeren Stichprobe von 40 Personen. Ähnliche Ergebnisse, wie sie Hunt für Erwachsenen-Stichproben berichtet, fanden Keating und Bobbitt (1978) auch bei Heranwachsenden im Alter von 9 bis 17 Jahren.

Goldberg et al. (1977) modifizierten das Posner-Paradigma, indem sie ihre Versuchspersonen (537 Studenten) jeweils zwei Wörter hinsichtlich Gleichheit versus Ungleichheit in drei Bedingungen beurteilen ließen. Signifikante Unterschiede zwischen Personen hoher versus niedriger Verbalfähigkeiten ergaben sich nur in den beiden komplexeren Bedingungen: Bei der Beurteilung der „Homophonie" (Gleichheit der Aussprache) und der „Taxonomie" (Zugehörigkeit zur gleichen linguistischen Klasse) zweier Wörter waren verbal Hochbegabte schneller als weniger fähige Personen. Der Unterschied in der einfachsten Bedingung (physikalische Gleichheit) wies in die gleiche Richtung, verfehlte aber knapp die Signifikanz ($p < 0{,}06$). Größtenteils neuere Untersuchungen mit dem Posner-Paradigma, die einen korrelativen Zugang wählten, werden in Tabelle 6 zusammengefaßt.

Wie schon bei der Übersicht zum Sternberg-Paradigma, besteht auch hier das Problem, daß in der Mehrzahl der Studien nur einzelne Maße aus dem Posner-Paradigma für die Ermittlung des Zusammenhangs mit psychometrischer Intelligenz herangezogen wurden. Die niedrigsten Zusammenhänge sind – wie erwartet – im Mittel für die PI-RZ zu beobachten, bei der nur eine physikalische Reizdiskrimination erforderlich ist. Sowohl die NI-RZ, wie auch die NI-PI-Differenz (das eigentliche Maß für die Zugriffszeiten auf das Langzeitgedächtnis) korrelieren moderat, aber doch bedeutsam mit psychometrischer Intelligenz. Daß doch nur Zusammenhänge um –0,3 resultieren, kann zu einem beträchtlichen Teil – wie schon beim Hick- und Sternberg-Paradigma – der Homogenität der untersuchten Stichproben zugeschrieben werden.

Tabelle 6. Übersicht über Studien zu Zusammenhängen zwischen dem Posner-Paradigma und psychometrischer Intelligenz

Studie	Stichprobe/ Intelligenztest	Korrelationen mit Intelligenz		
		PI-RZ	NI-RZ	NI – PI
Warren, 1978 (zit. n. Hunt, 1980)	Kinder (N = ?)/ WISC-Verbal IQ			–0,34[b]
Jackson und McClelland, 1979	52 Studenten/ School und College Aptitude Test	–0,22[c] (492/–)[a]	–0,36[c] (587/–)	
Hunt et al., 1981	69 Studenten/ Nelson-Denny Test			–0,25[b] (121/0,81)
Lansman et al., 1982	91 Studenten/ diverse			–0,35[d] (96/0,83)
McGue et al., 1984	105 Zwillinge WAIS	–0,27 (606/0,81)	–0,44 (688/0,97)	–0,12 (83/0,98)
Cohn et al., 1985	60 begabte Schüler	–0,25	–0,52	
	70 n-beg. Schüler/ SPM	–0,25	–0,25	
Vernon et al., 1985	81 Studenten/ MAB			–0,39[e]
Vernon und Kantor, 1986	113 Studenten/ MAB	–0,30 (875/–)	–0,50 (1047/–)	
Kranzler, 1991	101 Studenten/ APM + MAB	–0,18 (–/0,88, *0,40*)	–0,21 (–/0,85, *0,50*)	
Miller und Vernon, 1992	170 Studenten/ MAB	–0,17[f] (288[g]/–)	–0,22[f] (964/–)	
Vernon und Weese, 1993	152 Studenten/ MAB		–0,27 (1033/–)	
Mittl. Korrelation		–0,23	–0,35	–0,29
Mittl. Korrelation (N-gewichtet)		–0,23	–0,33	–0,27
Mittelwert		741	933	100
Mittelwert (N-gewichtet)		697	916	97
Mittl. Split-half-Reliabilität/ Konsistenz (N-gewichtet)		0,84	0,91	0,88
Mittl. Retest-Reliabilität (N-gew.)		0,40	0,50	–

APM Advanced Progressive Matrices, *MAB* Multidimensional Aptitude Battery, *WAIS* Wechsler Adult Intelligence Scale, *WISC* Wechsler Intelligence Scale for Children

Alle Korrelationsmittelungen via Fisher-Z-Transformation

[a] Soweit in den Originalarbeiten angegeben, sind in Klammern unter den Korrelationen die jeweiligen RZ-Mittelwerte/Reliabilitäten angeführt. Bei den Reliabilitäten handelt es sich entweder um Split-half-/Konsistenzkoeffizienten (Normalschrift) oder um Retest-Reliabilitäten (Kursivschrift)

[b] Korrelationen mit verbalen Intelligenzmaßen

[c] Gemittelte Korrelationen mit Verbal-IQ und Rechen-IQ

[d] Korrelation mit faktorenanalytisch abgeleiteter „kristallisierter Intelligenz"

[e] Gemittelt aus Verbal- und Handlungs-IQ und zwei Personenstichproben

[f] Gemittelt aus den Korrelationen mit 10 Intelligenz-(Sub-)Tests

[g] Nach Vergleich dieses RZ-Mittelwertes mit anderen Vernon-Studien mit demselben Posner-Test kann es sich hierbei nur um einen Druckfehler in der Originalarbeit handeln. Dieser Wert wurde daher für die Mittelung nicht berücksichtigt

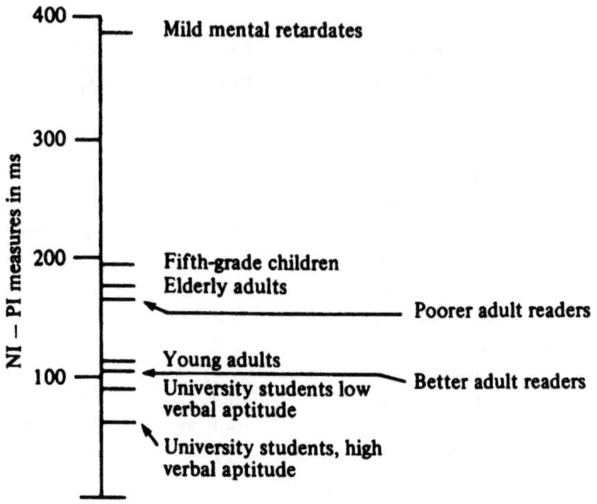

Abb. 8. Mittlere NI-PI-Differenz für Gruppen unterschiedlicher intellektueller Leistungsfähigkeit (Hunt, 1980, Abb. 2)

Ein weitaus „dramatischeres" Bild liefern nach Hunt (1980) Vergleiche von Gruppen, die das gesamte Kontinuum menschlicher Intelligenz umfassen (s. Abb. 8). Die hier dargestellten Werte für das (NI –PI)-Maß reichen von ca. 60 ms bei Studenten mit hohen verbalen Fähigkeiten bis zu knapp 400 ms für schwach retardierte Personen.

Wie schon bei der Übersicht zum Sternberg-Paradigma, ließen sich auch hier einige Studien nicht in das Übersichtsschema (Tabelle 6) übernehmen, da keine Original-Korrelationen berichtet werden. So findet beispielsweise Vernon (1983) multiple Korrelationen mit psychometrischer Intelligenz von 0,41 für verschiedene PI-Maße (mittlere Reaktions- und Bewegungszeiten und deren Streuungen); der multiple Zusammenhang für NI-Maße fällt wider Erwarten niedriger aus (0,38), was aber im Hinblick auf die Übersichtsergebnisse wohl eher als statistischer „Ausreißer" zu interpretieren sein dürfte. Weitere Studien, in denen Varianten des Posner-Paradigmas zusammen mit anderen ECTs verwendet und nur aggregierte Daten aus der ECT-Batterie mit Intelligenz korreliert wurden, sollen nach der nun folgenden Vorstellung weiterer elementarer kognitiver Aufgaben referiert werden (s. Abschn. 2.7).

2.4 Der Satz-Verifikations-Test

Zurückgehend auf einen kurzen Papier-Bleistift-Test von Baddeley (1968) entwickelten Clark und Chase (1972) den Satz-Verifikations-Test (SVT), um die Geschwindigkeit, mit der einfache Sätze verstanden und verifiziert werden können, zu messen. In der originalen Form wird der Versuchsperson zunächst ein einfacher Satz dargeboten, der eine räumliche Relation zweier Symbole beschreibt (z. B. „Der Stern ist über dem Kreuz"), wobei es durch die zwei möglichen Reihenfolgen (Stern-Kreuz, Kreuz-Stern), die zwei möglichen räumlichen Relationen (über vs. unter) und durch affirmative vs. negative Sätze (z. B. „Das Kreuz ist nicht unter dem Stern") insgesamt acht verschiedene Sätze gibt. Anschließend wird ein Bild dargeboten, das einen Stern über einem Kreuz oder die umgekehrte Konstellation darstellt. Aus den acht möglichen Sätzen kombiniert mit den zwei Bildern ergeben sich somit 16 mögliche Satz-Bild-Kombinationen. Ein linguistisches Modell für derartige Satz-Bild-Vergleiche wurde von Carpenter und Just (1975) entwickelt. Dieses sogenannte „Constituent Comparison Model" soll im folgenden beschrieben werden.

Damit ein Satz mit einem Bild verglichen werden kann, müssen beide in eine einheitliche Form der mentalen Repräsentation umgewandelt werden. Diese mentalen Repräsentationen enthalten nach Carpenter und Just die Namen für die Objekte, die ihrerseits mit präpositionalen Eigenschaften kombiniert werden. So wird der affirmative Satz „Der Stern ist über dem Kreuz" als [AFF(Stern,oben)] und seine Negation („Der Stern ist nicht über dem Kreuz") als {NEG[AFF (Stern, oben)]} im Kurzzeitgedächtnis gespeichert (vgl. Tabelle 7).

Anschließend muß auch das Bild repräsentiert werden, wobei Carpenter und Just annehmen, daß die Repräsentation von Bildern stets affirmativer Natur ist. So wird das Bild, bei dem der Stern über dem Kreuz ist, als [AFF,(Stern,oben)] repräsentiert. Nach der Repräsentation von Satz und Bild beginnt der Vergleich, indem korrespondierende Komponenten gesucht und auf ihre Übereinstimmung verglichen werden, wobei nach Carpenter und Just in der zeitlichen Reihenfolge von den inneren zu den äußeren Präpositionen vorgegangen wird. Wird nach den ersten beiden Vergleichen eine Übereinstimmung festgestellt (im Falle wahrer affirmativer Sätze, „true affirmative", TA; siehe „+" in Tabelle 7), so kann sofort eine Antwort gegeben werden. Bei Nicht-Übereinstimmung zweier korrespondierender Kom-

Tabelle 7. Das „Constituent Comparison“-Modell

	TA	FA
Satz	Stern über Kreuz	Stern über Kreuz
Bild	*	+
	+	*
Satz Repräsentation	[AFF,(Stern,oben)]	[AFF,(Stern,oben)]
Bild Repräsentation	[AFF,(Stern,oben)]	[AFF,(Kreuz,oben)]
Vgl.-Operationen	+ +	–
	Antwort = „wahr“	+ +
	K Operationen (K = 2)	Antwort = „falsch“
		K + 1 Operationen
	TN	FN
Satz	Stern nicht über Kreuz	Stern nicht über Kreuz
Bild	+	*
	*	+
Satz Repräsentation	{NEG, [AFF,(Stern,oben)]}	{NEG, [AFF,(Stern,oben)]}
Bild Repräsentation	[AFF,(Kreuz,oben)]	[AFF,(Stern,oben)]
Vgl.-Operationen	–	– + +
	– + +	+ + +
	+ + +	Antwort = „falsch“
	Antwort = „wahr“	K + 4 Operationen
	K + 5 Operationen	

ponenten („–“ in Tabelle 7) wird der „Such- und Vergleichsprozeß“ abgebrochen; die nicht-übereinstimmenden Komponenten werden derart etikettiert, daß sie bei einem nachfolgenden Vergleich zu einer Übereinstimmung führen: So wird z. B. bei falschen affirmativen (FA) Sätzen [AFF,(Stern,oben)] in [AFF,(Kreuz,oben)] umgewandelt, gleichzeitig wird ein Ergebnisindex, der zu Beginn des Vergleichprozesses auf „wahr“ steht, in sein Gegenteil („falsch“) umgewandelt. Nach dieser „Umetikettierung“ und Veränderung des Ergebnisindex wird die Vergleichsprozedur neuerlich gestartet (in Tabelle 7 durch einen Zeilenwechsel angezeigt) und führt nun zu zwei Übereinstimmungen, weshalb im Vergleich zum ersten Trialtyp (true affirmative) bei den „false affirmatives“ (FA) eine zusätzliche Vergleichsoperation (K + 1) angenommen wird.

Bei falschen Negationen („false negatives“, FN) werden zunächst zwei Übereinstimmungen entdeckt (da zuerst die inneren Präpositionen verglichen werden), die Nicht-Übereinstimmung („–") führt zu einer Änderung des Ergebnisindex; der neuerlich gestartete Vergleichsprozeß (Zeilenwechsel in Tabelle 7) ergibt drei Übereinstimmungen; insgesamt werden also K + 4 Operationen durchgeführt. Im komplexesten Fall wahrer Negationen („true negatives", TN) stößt die Versuchsperson schon beim ersten Vergleich auf eine Nicht-Übereinstimmung (und muß daher umetikettieren und den Ergebnisindex ändern); nach zwei weiteren Vergleichen mit positivem Ausgang wird eine zweite Nicht-Übereinstimmung entdeckt, weshalb der Ergebnisindex wieder auf „wahr" zurückgesetzt wird, und nun ergeben alle drei Vergleiche eine Übereinstimmung. Auf diese Weise resultieren K + 5 Operationen.

Carpenter und Justs Annahme, daß es sich bei den verschiedenen Vergleichsoperationen immer um ein und denselben mentalen Prozeß handelt, leitet sich aus einer früheren empirischen Beobachtung ab: Die „Falsifikationszeit" (= zusätzlich benötigte Zeit, wenn die inneren Präpositionen nicht übereinstimmen) ist stets ein ganzzahliges Vielfaches der „Negationszeit" (= zusätzlich benötigte Zeit, wenn die äußeren Präpositionen nicht übereinstimmen). Die Annahme eines einzigen mentalen Vergleichsprozesses führt zu dem Schluß, daß die unterschiedlichen RZen für verschiedene Trialtypen durch die unterschiedliche Häufigkeit, mit der diese Operation zur Aufgabenlösung eingesetzt werden muß, determiniert sein sollten. Tatsächlich konnten die Autoren zeigen, daß die empirisch für diese vier Trialtypen erhobenen RZen gut mit den Modellannahmen übereinstimmen (s. Abb. 9, Anstieg pro Vergleichsoperation = 174 ms).

Der SVT sollte – aufgrund seiner linguistischen Natur – überwiegend verbale Fähigkeiten erfassen, weshalb in den früheren Untersuchungen auch zumeist nur derartige Zusammenhänge untersucht wurden. Baddeley (1968) verwendete eine Papier-Bleistift-Version des SVT, bei der nicht RZen, sondern die Anzahl der richtig bearbeiteten Aufgaben innerhalb einer definierten Zeitspanne gemessen wurden. Dieser Kennwert korrelierte zu 0,59 mit einem verbalen Intelligenztest. Auch Hunt und MacLeod (1978) zitieren zwei Untersuchungen, in denen derartige Zusammenhänge zwischen 0,35 und 0,70 lagen.

Umso überraschender war dann der vielfach zitierte Befund von MacLeod et al. (1978), die ebenso hohe Korrelationen mit räumlichen Fähigkeiten berichteten, was auf der Basis des linguistischen Modells nicht vorhersagbar war. Bei eingehenderer Analyse ihrer

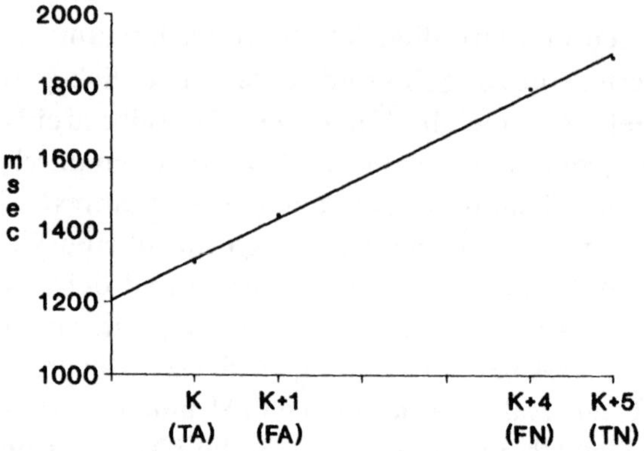

Abb. 9. Mittlere RZ als Funktion der Vergleichsoperationen („Constituent Comparisons") (nach Carpenter und Just, 1975, Tabelle 4; Daten aus Experiment 1 von Clark und Chase, 1972)

Daten konnten MacLeod et al. dieses überraschende Ergebnis durch interindividuell unterschiedliche Strategien erklären. Während ein Teil der Personen die nach Carpenter und Just hypothetisch angenommene linguistische Strategie verwendete (s. Tabelle 7 und Abb. 10, linguistic model), brachten andere Personen vermutlich eine räumlich-bildhafte Strategie zur Anwendung: MacLeod et al. nehmen an, daß diese Personen den Satz in ein Bild umwandeln und anschließend die zwei Bildrepräsentationen miteinander vergleichen (s. Abb. 10, pictorial model). Während die RZen in der Gruppe mit einer linguistischen Strategie nur mit verbaler Intelligenz bedeutsam korrelierten, ergaben sich in der Gruppe mit visuell-bildhafter Strategie nur signifikante Korrelationen mit räumlicher Intelligenz.

Die kritische Variable in bezug auf diese widersprüchlichen Ergebnisse scheint der Darbietungsmodus des SVT zu sein (Tversky, 1975): Bei simultaner Darbietung von Satz und Bild wird eine linguistische Strategie angewandt; wird hingegen der Satz für eine genügend lange Zeitdauer (5 s) dargeboten und soll nur möglichst schnell auf die anschließende Darbietung des Bildes reagiert werden, dann wird eine räumliche Strategie gewählt. MacLeod et al. (1978) verwendeten tatsächlich eine sukzessive Darbietungsform, allerdings war in ihrer Studie die Darbietung des Satzes von der Person selbstgesteuert, mit der Instruktion, auch diese Zeit zu minimieren (und nicht nur die Verifikationszeit bei der Darbietung des Bildes). Diese Prozedur führte offensichtlich zu mehr Freiheit in der Wahl einer Strategie für die

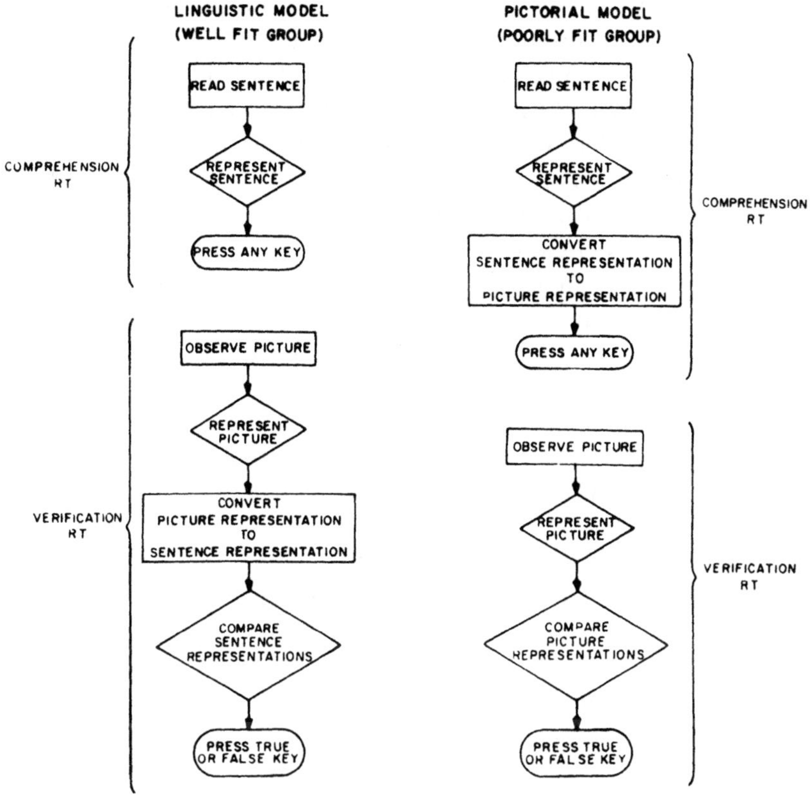

Abb. 10. Linguistische vs. bildhafte Strategie im SVT (MacLeod et al., 1978, Abb. 3)

Bearbeitung von Satz-Bild-Verifikationen: Während die einen eher versuchten, die Satzdarbietungszeit (Comprehension RT, s. Abb. 10) auf Kosten der Verifikationszeit (Verification RT) zu minimieren (was am besten durch eine linguistische Strategie möglich ist), versuchten andere, die Verifikationszeit zu minimieren, was am leichtesten durch eine vorherige Umwandlung des Satzes in ein Bild erreicht werden kann (räumliche Strategie).

Die Mehrzahl der jüngeren Untersuchungen zum SVT und zu dessen Zusammenhängen mit Intelligenz beschäftigte sich jedoch nicht mehr mit derartigen Strategieeffekten, sondern suchten auch dieses Paradigma im Rahmen des Mental-speed-Ansatzes auf seine Zusammenhänge mit allgemeiner Intelligenz zu studieren. Jenkinson (1983) verwendete – neben anderen ECTs – die originale Form des

SVT (mit gleichzeitiger Darbietung von Satz und Bild), um den Zusammenhang mit Intelligenz (Ravens Standard Progressive Matrices und Mill-Hill Vocabulary Scale) zu erheben. Für beide Intelligenztests ergaben sich dabei Zusammenhänge mit dem SVT in der Höhe, wie sie auch mit anderen ECTs zumeist erzielt wurden (um –0,3). Zwei Studien aus Jensens Labor (Jensen et al., 1988, 1989) verwendeten eine komplexere Variante des SVT (durch Verwendung von drei Reizen): In ihrem „Semantic Verification Test" wird in einem – 3 Sekunden lang dargebotenen – Statement die Position eines Buchstabens in einer nachfolgenden Kombination aus drei Buchstaben beschrieben (z. B. „B nicht vor A und C"). Nach einem kurzen Intervall wird eine solche Kombination (z. B. „ACB") dargeboten und ist von der Person zu verifizieren oder zu falsifizieren (durch Drücken einer von zwei Antworttasten). Die SVT-RZen (im Mittel ca. 1 Sekunde) korrelierten tatsächlich substantiell mit allgemeiner Intelligenz (Ravens SPM und APM sowie ASVAB, Armed Services Vocational Aptitude Battery); die Zusammenhänge lagen dabei sogar über jenen, wie sie üblicherweise für andere ECTs berichtet werden (im Bereich von –0,4 bis –0,6).

Zusammenfassend lassen diese hohen Zusammenhänge den SVT (bzw. Varianten dieses Paradigmas) als eine der vielversprechendsten ECTs für die zukünftige Mental-speed-Forschung erscheinen. Trotz der interpretatorischen Probleme durch die Annahme individueller Strategien (MacLeod et al., 1978), die unlängst im Labor des Verfassers repliziert werden konnten (Neubauer und Freudenthaler, 1994), wurden in der letztgenannten Untersuchung auch für die Satz-Bild-Version des SVT (mit sukzessiver Darbietung) unabhängig von der gewählten Strategie bedeutsame Zusammenhänge (bis –0,46) mit allgemeiner Intelligenz (APM) nachgewiesen. Diese Ergebnisse können als zusätzlicher Hinweis auf die Robustheit von Korrelationen zwischen allgemeiner Intelligenz und RZen im SVT – unabhängig von prozeduralen Variationen – gewertet werden.

2.5 Die „Basic Period of Information Processing"

Das neben dem Hick-Paradigma am direktesten informationstheoretisch begründete Konzept stellt die „Basic Period of Information Processing" (BIP; Lehrl und Fischer, 1988, 1990) dar. Unter der Annahme einer sequentiellen Informationsverarbeitung des Menschen wird die BIP als minimale Zeit (in Millisekunden) definiert, die eine Person benötigt, um 1 bit Information zu verarbeiten. Lehrl und Fischer messen diese BIP mittels einfacher Leseaufgaben, bei denen Zufallsreihenfolgen von Buchstaben oder Zahlen laut oder stumm zu lesen sind. Da das Alphabet aus 26 Buchstaben besteht, hat ein einzelner Buchstabe einen Informationsgehalt von 4,7 bit ($26 = 2^{4,7}$). Das Lesen eines Buchstabens benötigt demnach circa 5 binäre Entscheidungen. Dividiert man den Informationsgehalt einer Buchstabenreihe (z. B. 20 Buchstaben = 100 bit) durch die Zeit (in Sekunden), die eine Person zum Lesen benötigt, so erhält man die Anzahl von bit pro Sekunde, die eine Person verarbeiten kann. Diese wird auch als „Zuflußkapazität zum Kurzzeitspeicher (C_K)" bezeichnet. Die BIP errechnet sich dann, indem 1000 (Millisekunden) durch die C_K dividiert werden. Lehrl und Fischer (1990) konnten zeigen, daß die BIP in verschiedenen Studien zwischen –0,29 und –0,80 mit dem IQ korreliert (mittlere Korrelation: –0,60). Zusätzlich zur so erfaßten Informationsverarbeitungsgeschwindigkeit wird die Gedächtnisspanne als zweite wesentliche Ursache für individuelle Unterschiede in psychometrischer Intelligenz angesehen (Lehrl und Fischer, 1988; Lehrl et al., 1992).

Aus der deutschen informationstheoretisch orientierten Intelligenzforschung sind auch die ersten, einfach administrierbaren Papier-Bleistift-Tests zur Messung des Konstrukts „Informationsverarbeitungsgeschwindigkeit" hervorgegangen: Der Kurztest für Allgemeine Intelligenz, KAI (Lehrl et al., 1992), der direkt auf der Basis des BIP-Konzepts der „Erlanger Schule" entwickelt wurde, sowie der Zahlen-Verbindungs-Test Z-V-T (Oswald und Roth, 1987; s. Abschn. 2.6).

Der KAI besteht aus zwei Teilaufgaben. In der ersten Aufgabe (Buchstaben-Lesen) muß der Proband vier verschiedene Reihen, die jeweils aus einer Zufallsreihenfolge von 20 Buchstaben bestehen, laut vorlesen. Aus der hierfür benötigten Zeit (die vom Testadministrator mittels Stoppuhr für jede Reihe getrennt ermittelt wird) kann nach dem oben beschriebenen Rationale die Kapazität des Informationszuflusses zum Bewußtsein festgestellt werden (in bit pro Sekunde).

Mit der zweiten Aufgabe (Zeichen-Nachsprechen) soll die Gedächtnisspanne (auch Gegenwartsdauer genannt) gemessen werden, d. h., es wird festgestellt, wieviele Zeichen ein Proband unmittelbar nach der Darbietung fehlerfrei reproduzieren kann. Hierzu werden dem Probanden Zufallsreihen von Zahlen und Buchstaben, die zwischen 1 und 9 Zeichen lang sind, laut vorgelesen und die Aufgabe des

Probanden ist es, diese Reihe unmittelbar anschließend zu reproduzieren. Der Versuch wird abgebrochen, sobald der Proband (bei einer bestimmten Anzahl von Elementen) nicht mehr in der Lage ist, die Reihe korrekt zu reproduzieren. Aus der Kombination beider Kennwerte (Informationszuflußkapazität und Gedächtnisspanne, vgl. Abschn. 5.4) läßt sich schließlich der IQ der Person bestimmen.

Für den KAI stehen eindeutige Gültigkeitsnachweise jedoch noch aus: Validierungen des KAI gründen sich – obwohl er „flüssige" Intelligenz messen soll – bisher hauptsächlich auf Korrelationen mit Wortschatztests (Lehrl et al. 1992). Die psychometrische Qualität des Subtests „Buchstabenlesen" erscheint zudem etwas fragwürdig, da vor allem bei Personen mit unterdurchschnittlichen Lesezeiten (unter 6 Sekunden) eine erhöhte Fehlervarianz aufgrund der (Schwankung der) Reaktionszeit des Testadministrators nicht ganz ausgeschlossen werden kann. Ein weiteres Problem ist darin zu sehen, daß für diesen Subtest eine Konfundierung der Lesegeschwindigkeit (als Indikator für Informationsverarbeitungsgeschwindigkeit) mit der Sprechgeschwindigkeit nicht auszuschließen ist.

2.6 Weitere Tests für Informationsverarbeitungsgeschwindigkeit

So wie der zuletzt besprochene KAI ist auch der Zahlen-Verbindungs-Test (Z-V-T; Oswald und Roth, 1987) ein informationstheoretisch konzipiertes Papier-Bleistift-Testverfahren zur Erfassung der kognitiven Leistungsgeschwindigkeit, von der eine hohe Korrelation mit allgemeiner Intelligenz angenommen wird. Nach dem Vorbild des „Trail Making Test" entwickelt, besteht der Z-V-T aus vier Zahlen-Matrizen, die jeweils 90 unterschiedlich angeordnete Zahlen enthalten, welche – so schnell und fehlerfrei wie möglich – von 1 bis 90 durch Striche verbunden werden müssen (s. Abb. 11). Ausgehend von Untersuchungen, die Zusammenhänge zwischen Wahlreaktionszeiten und Intelligenz nachgewiesen haben (s. Kap. 1 und 2.1), wird angenommen, daß beim Verbinden der Zahlen der Informationsbetrag der Wahlhandlungen mit jedem Strich abnimmt, da für den Bearbeiter nur die jeweils noch nicht bearbeiteten Zahlen zur Wahl stehen. Der Informationsbetrag H für jede einzelne Wahlhandlung läßt sich binär über das Shannonsche Informationsmaß $H = \log_2 n$ kodieren (vgl. Kap. 1 sowie Mittenecker und Raab, 1973), so daß sich der Informationsbetrag für die gesamte Matrize aus der Summe der Informationsbeträge für die einzelnen Wahlhandlungen ergibt. Da sich die jeweils nächste korrekte Wahlalternative immer in unmittelbarer Nachbarschaft zur zuletzt bearbeiteten Zahl befindet (s. Abb. 11), weist eine Matrize mit 90 Zahlen einen Informationsbetrag von rund 136 bit auf. Aus der Gesamtzeit für die Bearbeitung einer derartigen Matrize läßt sich dementsprechend leicht die Informationsverarbeitungsgeschwindigkeit (in bit/s) berechnen.

Im Vergleich zum KAI sind Validitätsnachweise für den Z-V-T besser gesichert. Es ist zwar noch nicht eindeutig geklärt, ob damit – wie von den Autoren postuliert – allgemeine Intelligenz oder eher spezifische Fähigkeiten, wie Konzentration oder Tempomotivation, erfaßt werden (Gaußmann et al., 1978; Neubauer und Höller, 1990); jüngste Untersuchungen konnten aber bedeutsame Zusammenhänge (bis –0,71) mit allgemeiner Intelligenz nachweisen (Vernon, 1993a) und die konvergente Validität im Hinblick auf andere Tests für Informationsverarbeitungsgeschwindigkeit (ECTs) demonstrieren: Vernon

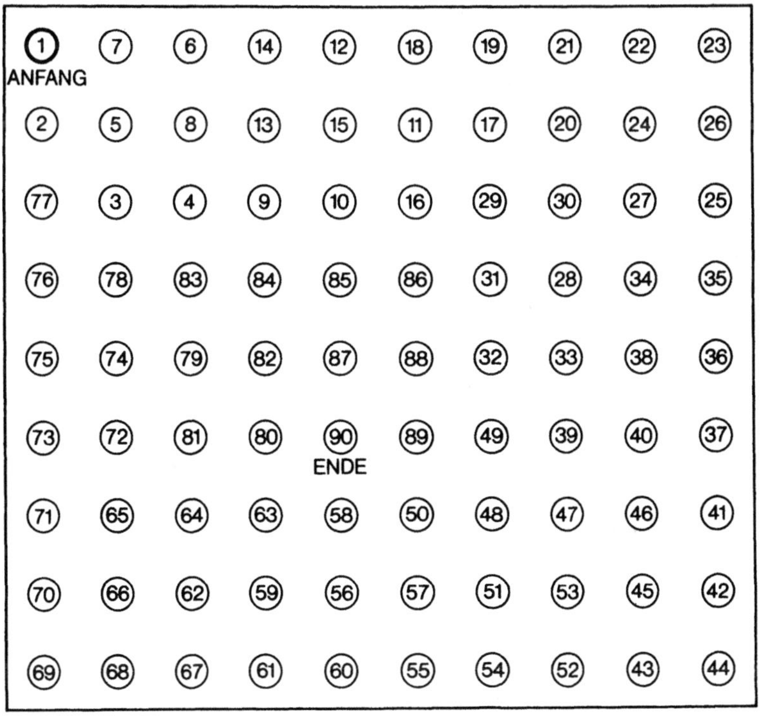

Abb. 11. Zahlen-Matrize des Z-V-T (Oswald und Roth, 1987)

und Weese (1993) unterwarfen die Interkorrelationen einer Batterie von „Mental-speed tests“ einer Faktorenanalyse. Dabei ergab sich ein varianzstarker, erster Generalfaktor (37,7 % aufgeklärte Varianz), auf dem die ZVT-Variablen zu den am höchsten ladenden zählten. Wurden die Einzeltests der Mental-speed-Batterie mit psychometrischer Intelligenz korreliert (einzeln und kombiniert mittels multipler Regression), so gehörte der ZVT auch zu den Verfahren mit dem höchsten Anteil an der Varianzaufklärung.

Auch außerhalb des deutschen Sprachraums wurden Versuche unternommen, Informationsverarbeitungsgeschwindigkeit mittels einfacher Papier-Bleistift-Verfahren zu messen. Lindley et al. (1988) entwickelten den sogenannten Kodierungs-Test, bei dem den Versuchspersonen Zufallsreihen von Buchstaben und Ziffern vorgegeben werden, die in drei Bedingungen zu bearbeiten sind. In der ersten Bedingung sind die vorgegebenen alphanumerischen Symbole einfach zu kopieren („COPY“), in der zweiten Bedingung ist jedes alphanumerische Symbol in den nachfolgenden Buchstaben (C für B) bzw. die nachfolgende Ziffer (4 für 3) umzukodieren („CODE FORWARD“) und in der dritten Bedingung muß in den jeweils vorhergehenden Buchstaben (A für B) bzw. die vorhergehende Ziffer (2 für 3) umkodiert werden („CODE BACKWARD“). In einer zweiten Variante werden neun Buchstaben-Ziffern-Paare vorgegeben, und die Aufgabe der Person ist es, auf vorgegebene Buchstaben mit der richtigen Ziffer zu reagieren (vgl. den Zahlen-Symbol-Test im HAWIE). Die Ergebnisse zeigten geringe, aber signifikante Zusammenhänge zwischen der Kodierungsgeschwindigkeit und psychometrischer Intelligenz, die geringfügig (auf Werte bis –0,36) stiegen, wenn die reine Schreibgeschwindigkeit (COPY) rechnerisch aus den Kodierungswerten eliminiert wurde.

Buckhalt (1991) untersuchte, wie Ergebnisse aus diesem Kodierungs-Test mit Wahl-RZen und RZen im Odd-Man-Out-Paradigma zusammenhängen. Zwar waren diese Korrelationen überwiegend signifikant, im Sinne der Forderung nach konvergenter Validität in ihrer absoluten Höhe aber doch eher enttäuschend (überwiegend im Bereich von 0,3 bis 0,5). Zusammenhänge in dieser Höhe lassen kaum den Schluß zu, daß beide Tests das gleiche Konstrukt, nämlich Informationsverarbeitungsgeschwindigkeit, erfassen. Andererseits beobachtete Buckhalt ähnliche Zusammenhänge zwischen psychometrischer Intelligenz und RZen einerseits (bis –0,54) und dem Kodierungs-Test andererseits (bis –0,69). Die Tatsache, daß diese Zusammenhänge im Mittel für den Kodierungs-Test höher sind als für die RZ-Tests, dürfte wohl hauptsächlich mit der größeren Ähnlichkeit der Testform (Papier-Bleistift-Tests) und daher einer größeren gemeinsamen methodenspezifischen Varianz zu erklären sein.

Eine Papier-Bleistift-Variante des Posner-Paradigmas (s. Abschn. 2.3.2) wurde von Carver (1992) vorgestellt. Bei seinem „Speed of Thinking Test" (STT) sind Kombinationen aus zwei Buchstaben (jeweils ein Groß-, ein Kleinbuchstabe) auf ihre semantische Gleichheit zu überprüfen. In einer zeitlich begrenzten Vorgabe (zwei Minuten) sind 180 derartige Items zu bearbeiten, wobei die Antwort durch Ankreuzen einer von zwei Antwortalternativen („gleich" oder „verschieden") erfolgt. Carver hat seine Untersuchung jedoch nicht auf der Basis der Mental-speed-Hypothese initiiert, weshalb auch keine Intelligenztests, sondern nur Tests für Leseverständnis, Lesegeschwindigkeit und Wortschatz vorgegeben wurden. Mit den beiden ersteren konnten signifikante Zusammenhänge gefunden werden, hingegen korrelierte der Wortschatztest nicht bedeutsam mit dem STT. Da die Entwicklung von Papier-Bleistift-Tests für Informationsverarbeitungsgeschwindigkeit sicherlich ein wünschenswertes Ziel darstellt (vor allem im Hinblick auf die Durchführbarkeit derartiger Verfahren im Gruppenversuch), ist zu hoffen, daß derartige Versuche einer Übertragung einer bekannten ECT in ein Papier-Bleistift-Verfahren auch für andere ECTs zukünftig in Angriff genommen werden.

Aber auch im Bereich computergestützter ECTs gibt es noch eine Vielzahl weiterer Versuche, psychometrische Intelligenz zu RZen in Beziehung zu setzen. Da diese – überwiegend von einzelnen Forschergruppen entwickelten – ECTs nur in vereinzelten Studien eingesetzt wurden, würde eine detaillierte Darstellung dieser ECTs den Rahmen dieses Buches sprengen. Daher sei der interessierte Leser hier nur auf die Arbeiten der Forschergruppe um Larson (Larson et al., 1988; Larson und Saccuzzo, 1989), sowie auf die Arbeiten von Levine et al. (1987); Neubauer (1990b); Roberts et al. (1988) und von Schweizer (1989, 1991, 1993a, b) verwiesen.

2.7 Die Vorhersage psychometrischer Intelligenz aus der Kombination mehrerer elementarer kognitiver Aufgaben

Konzentrierten sich die frühen Mental-speed-Untersuchungen überwiegend auf einzelne ECTs (mehrheitlich Hick-Paradigma oder Inspection Time) so wurden in späteren Studien auch verstärkt Versuche unternommen, psychometrische Intelligenz aus einer Batterie von ECTs vorherzusagen. Hinter diesen Bemühungen steht nach Vernon (1983) die folgende Überlegung: Für die Bearbeitung von komplexeren Problemlösungsaufgaben (wie in Intelligenztests) ist offensichtlich nicht nur eine grundlegende Informationsverarbeitungsgeschwindigkeit (gemessen z. B. mit dem Hick-Paradigma) oder nur eine sensorische Informationsaufnahmegeschwindigkeit (wie bei der IT) vonnöten, sondern auch eine Vielzahl anderer elementarer kognitiver Operationen. Dementsprechend sollte eine Testbatterie, bestehend aus ECTs, die verschiedene elementare Prozesse ansprechen, zu höheren Vorhersagen psychometrischer Intelligenz führen.

Nach Vernon (1985) kann ein erster Versuch in diese Richtung Keating und Bobbitt (1978) zugeschrieben werden. In einer Stichprobe von 60 Kindern erlaubte eine Kombination aus ECTs (Wahl-RZ minus einfache RZ, Sternberg- und Posner-Paradigma) eine bessere Vorhersage psychometrischer Intelligenz (Ravens Matrizen-Tests), als sie üblicherweise für einzelne ECTs erzielt wird (multiples $R = 0{,}72$). Dieser Zusammenhang basiert allerdings auf einer altersheterogenen Gesamtstichprobe von Heranwachsenden (9 bis 17 Jahre), daher könnte die Höhe dieser Korrelation auch durch altersbedingte Reifungsunterschiede zumindest mitbedingt sein. Daß diese Einflußgröße hier aber von untergeordneter Bedeutung sein dürfte, legen die Zusammenhangsanalysen innerhalb der drei untersuchten Altersgruppen (9, 13 und 17 Jahre) nahe: Hier waren immer noch multiple Korrelationen von 0,59, 0,57 und 0,60 zu beobachten.

Eine umfangreichere Batterie elementarer kognitiver Tests wurde von Vernon (1983) selbst eingesetzt. Er untersuchte 100 Studenten mit ECTs zur einfachen und Wahlreaktionszeit, zur IT, mit Varianten der Sternberg- und Posner-Paradigmen und mit einer Aufgabe zur Messung der Effizienz der Kurzzeitspeicherung (die aus einer Kombination von Sternberg- und Posner-Paradigma besteht) und setzte die daraus gewonnenen Kennwerte mittels multipler Regression zu den Intelligenztestergebnissen (Ravens APM und Wechsler-Skalen) in Beziehung. Dabei ergab sich ein schrumpfungskorrigiertes R von 0,464, das nach Korrektur für eingeschränkte Varianz auf 0,668 stieg (ähnliche Ergebnisse berichten auch Vernon und Jensen, 1984). Zu diesen Ergebnissen muß allerdings kritisch angemerkt werden, daß die einzelnen ECTs untereinander hoch korreliert waren (mit Ausnahme der IT, die allerdings nur bei einem Teil der Stichprobe erhoben wurde). Die (multiplen) Zusammenhänge der Parameter aus einzelnen ECTs mit Intelligenz lagen nur unwesentlich unter der multiplen Korrelation für die gesamte ECT-Batterie (schrumpfungskorrigierte *R*'s zwischen 0,38 und 0,45). Die hohen Interkorrelationen der ECTs führten auch in einer Faktorenanalyse dazu, daß nur ein Generalfaktor der Informationsverarbeitungsgeschwindigkeit extrahiert werden konnte (65,5 % Varianzaufklärung), was von Vernon als Hinweis auf eine – allen ECTs zugrundeliegende – Informationsverarbeitungsgeschwindigkeit gewertet wird.

Ähnliche Ergebnisse berichtete auch Jensen (1987b) für eine Kombination aus Hick-Paradigma, einer visuellen Suchaufgabe und dem Sternberg-Paradigma (durchgeführt an einer Stichprobe von 48 Studenten): Die höchste Korrelation ($r = -0{,}46$) einer einzelnen ECT-Variable (intraindividuelle RZ-Variabilität in einer visuellen Suchaufgabe) mit Ravens APM war kaum geringer als die höchste multiple Korrelation (0,50), woraus Jensen schließt, daß die Zusammenhänge im wesentlichen auf die grundlegende Informationsverarbeitungsgeschwindigkeit und nicht auf spezifische Verarbeitungskomponenten zurückzuführen seien.

Die Ergebnisse aus Vernons und Jensens Studien konnten daher – aufgrund der Multikollinearität der ECTs – insgesamt keine plausiblen Argumente für die Anwendung multipler ECTs zur Vorhersage der Intelligenz liefern. Aus diesem Grund haben Vernon und Weese (1993) versucht, zusätzlich zu den beschriebenen ECTs noch einige andere Tests zur Erfassung elementarer Prozesse in die Testbatterie mit aufzunehmen: 1. Neckas (1989) „Letters Test“, in dem die Versuchsperson möglichst schnell die Konturen eines Buchstabens mental „abgehen“ und die Richtungsänderungen (links oder rechts) durch Tastendruck anzeigen muß; 2. den „Digit String Addition Test“, bei dem der Person eine Reihe von Ziffern akustisch sequentiell dargeboten wird und die Aufgabe darin besteht, immer die beiden zuletzt dargebotenen Ziffern zu addieren, sowie 3. einen bekannten Papier-Bleistift-Test zur Erfassung der Verarbeitungsgeschwindigkeit, den Zahlen-Verbindungs-Test (Z-V-T; Oswald und Roth, 1987, s. Abschn. 2.6). Tatsächlich waren die Interkorrelationen der Mental-speed-Tests in dieser Studie bedeutend niedriger als in den beiden vorhergehenden Untersuchungen; trotzdem zeigten sich für alle Tests substantielle Zusammenhänge mit Intelligenz. Aus der Kombination der verwendeten Tests ließ sich psychometrische Intelligenz besser vorhersagen (korrigiertes $R = 0{,}65$) als in den meisten früheren Untersuchungen.

2.8 Integration der Befunde: die Komplexitätshypothese

In den vorangegangenen Abschnitten konnte gezeigt werden, daß für verschiedene elementare kognitive Tests zur Erfassung der Informationsverarbeitungsgeschwindigkeit bedeutsame Zusammenhänge mit psychometrischer Intelligenz nachgewiesen werden konnten. Obwohl die Höhe der Zusammenhänge zumeist im Bereich von –0,3 bis –0,4 liegt, gibt es doch auch bemerkenswerte Ausnahmen: Zum einen in der Form, daß einzelne Studien – trotz Verwendung vergleichbarer ECTs – extrem unterschiedliche Korrelationen fanden; dieses Phänomen ist zumeist mit Stichprobencharakteristika (Irrepräsentativität, sehr homogene oder sehr heterogene Stichproben) zu erklären (vgl. Abschn. 6.8). Andererseits lassen sich aber auch systematische Unterschiede in der durchschnittlichen Höhe der Zusammenhangsmaße zwischen den verschiedenen ECTs ausmachen. Einen Versuch, diese Unterschiede zu erklären, stellt die sogenannte Komplexitätshypothese dar. Dieser Begriff geht auf Vernon und Jensen (1984) zurück, die erstmalig die Aufgabenkomplexität von ECTs in Beziehung zur

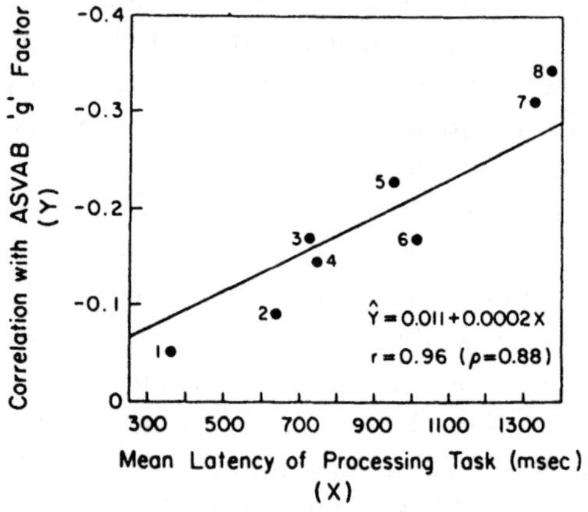

Abb. 12. Die RZ-Intelligenz-Korrelation (Ordinate) als Funktion der ECT-Komplexität (Abszisse); die ECTs sind von 1 bis 8 durchnumeriert (für eine Beschreibung der ECTs siehe Vernon und Jensen, 1984, Abb. 1)

Höhe der RZ-Intelligenz-Korrelation setzten. Komplexität einer ECT wird dabei über die mittlere RZ einer ECT operationalisiert: Einfache Aufgaben (wie z. B. das Hick-Paradigma) erfordern weniger Bearbeitungsschritte und weisen daher im Mittel kürzere RZen auf; bei komplexeren Aufgaben sind zusätzliche Bearbeitungsschritte (wie z. B. Gedächtniszugriffe beim Sternberg- und Posner-Paradigma) erforderlich, die sich in einer längeren mittleren RZ niederschlagen. Vernon und Jensen beobachteten einen linearen Zusammenhang zwischen der Komplexität der jeweiligen ECT und der Höhe ihrer Korrelation mit psychometrischer Intelligenz: Für acht verschiedene ECTs wurde ein nahezu perfekter Zusammenhang von 0,96 ($p < 0{,}005$) gefunden (s. Abb. 12), d. h., je länger die mittlere RZ einer ECT, desto höher die Korrelation mit allgemeiner Intelligenz (wobei das Vorzeichen der negativen RZ-Intelligenz-Zusammenhänge zuvor umgedreht wurde).

Die Komplexitätshypothese kann inzwischen als gut gesichert gelten; seit Vernon und Jensens erstem Bericht wurde der Zusammenhang vielfach repliziert (Cohn et al., 1985; Larson et al., 1988; Larson und Saccuzzo, 1989; Levine et al., 1987; Lindley et al., 1988; Roberts et al., 1988; Vernon, 1989a; Vernon und Weese, 1993). In diesen Untersuchungen wurden verschiedene ECTs (die vereinzelt auch mittlere RZen von bis zu drei Sekunden aufwiesen), aber teilweise auch Papier-Bleistift-Tests zur Erfassung der Verarbeitungsgeschwindigkeit verwendet; die Zusammenhänge mit Intelligenz stiegen dabei in einigen Studien auf über 0,60.

Die Komplexitätsannahme für ECTs steht zudem in Einklang mit Ergebnissen aus dem psychometrischen Bereich, in denen nachgewiesen werden konnte, daß die Ladung einzelner psychometrischer Intelligenztests auf dem *g*-Faktor in direktem Zusammenhang mit der Komplexität der, für die Bearbeitung des jeweiligen Intelligenztests erforderlichen, kognitiven Operationen steht (Marshalek et al., 1983); komplexere Tests korrelieren höher mit *g* als weniger komplexe.

In ihrem Erklärungsversuch für die Komplexitätshypothese kontrastieren Larson et al. (1988) zwei Ansätze: Der *strukturelle* Ansatz geht auf Dettermans (1986) Definition der allgemeinen Intelligenz zurück: *g* stelle demnach das Universum kognitiver Operationen dar. Die Höhe der Korrelationen, sowohl von chronometrischen als auch von psychometrischen Tests mit allgemeiner Intelligenz (dem *g*-Faktor), hängt offensichtlich davon ab, wieviele elementare kognitive

Operationen angesprochen werden; komplexere Tests sprechen offenbar mehr derartige Operationen an und korrelieren deshalb höher mit *g* als solche, die eine geringere Anzahl elementarer Operationen erfordern. Dieser Ansatz ist jedoch mit dem gewichtigen Problem konfrontiert, daß er eine weitgehende Unabhängigkeit elementarer kognitiver Operationen postuliert. Gegen eine solche Unabhängigkeit läßt sich nämlich folgende Evidenz anführen: Zum einen sind Maße für derartige Operationen im allgemeinen zumindest mittelhoch korreliert, zum anderen weisen elementare Operationen vielfach auch keine diskriminante Validität im Hinblick auf verschiedene psychometrische Intelligenztests auf.

In ihrem zweiten Erklärungsansatz für die Komplexitätshypothese rekurrieren Larson et al. (1988) auf Ackermans (1987) Konzept beschränkter mentaler *Ressourcen* als Erklärung interindividueller Unterschiede in *g* (s. auch Abschn. 6.1.1): Personen mit höherer allgemeiner Intelligenz haben eine größere Reserve an mentalen Ressourcen, weshalb sie vor allem bei komplexeren Aufgaben (die mehr Ressourcen als einfache Aufgaben erfordern) weniger schnell an ihre Grenzen stoßen. Demzufolge können leichtere elementare kognitive Aufgaben nicht so gut zwischen Personen mit unterschiedlichen Energieressourcen differenzieren wie schwierigere, komplexere Aufgaben. Auch dieser Ansatz ist nach Larson et al. (1988) jedoch mit widersprüchlichen Ergebnissen konfrontiert: Operationalisiert man nämlich den Ressourceneinsatz bei der Aufgabenbearbeitung über physiologische Maße, so läßt sich keineswegs zeigen, daß verstärkte mentale Belastung mit einer erhöhten physiologischen Aktivierung einhergehen muß. So haben verschiedene Untersuchungen negative Zusammenhänge zwischen kognitiver Leistungsfähigkeit und dem individuellen Ressourceneinsatz bei kognitiven Aufgaben nachgewiesen: Intelligentere Person zeigten eine geringere Pupillenerweiterung bei Rechenaufgaben (Ahern und Beatty, 1979) und ein geringeres Ausmaß an zerebralem Stoffwechsel beim Problemlösen (Haier et al., 1988), was allgemein dahingehend interpretiert wird, daß die Intelligenteren ihre mentale Belastung durch einen effizienteren Ressourceneinsatz vermindern (eine ausführliche Beschreibung dieser Studien folgt in Abschn. 3.4). Andererseits läßt sich aus dem bekannten Yerkes/Dodson-Gesetz (1908) ableiten, daß Beziehungen zwischen physiologischer Aktivierung und kognitiver Leistungsfähigkeit nicht unbedingt linearer Natur sein müssen.

Mit diesem Problem der theoretischen Erklärung der Komplexitätsannahme werden wir uns im Schlußkapitel ausführlicher auseinandersetzen. Im Moment begnügen wir uns damit, festzuhalten, daß die Komplexitätsannahme als empirisch gut gesichert gelten kann. An dieser Stelle sollte noch eine wesentliche Einschränkung erwähnt werden. Aus den bislang referierten empirischen Befunden könnte man leicht die Schlußfolgerung ziehen, man sollte im Hinblick auf eine höhere Validität von ECTs (in bezug auf psychometrische Intelligenz) zukünftig noch komplexere RZ-Tests entwickeln (van der Vijver und Willemse, 1990). Eine derartige Schlußfolgerung ist jedoch aus verschiedenen Gründen nicht zulässig. Erstens weist Jensen in seinem Modell zur Erklärung von RZ-Intelligenz-Korrelationen (1982) auf das Phänomen des „Test-Speed-Paradoxons“ hin, wonach sich Zusammenhänge zwischen Intelligenz und RZ nur bis zu einem gewissen Komplexitätsgrad der RZ-Aufgabe beobachten lassen (RZ ca. 1 Sekunde, später revidiert auf 2 Sekunden; Jensen, 1986); darüber nehme der Zusammenhang zwischen Fähigkeit und Schnelligkeit wieder ab. Diese kurvilineare Beziehung zwischen Aufgabenkomplexität und Höhe der RZ-Intelligenz-Korrelation hat verschiedene Ursachen.

1. Jensen (1982) selbst nimmt als wesentlichste Variable das Ausmaß der Informationsbelastung durch die Aufgabe an. Nur bei relativ einfachen elementaren kognitiven Aufgaben ist die Informationsbelastung so gering, daß ein Zusammenbruch der Informationsverarbeitung, und damit eine Fehlreaktion, weitestgehend ausgeschlossen werden kann und nur für derartige Aufgaben können die RZen mit psychometrischer Intelligenz korrelieren (für eine ausführliche Vorstellung der Theorie hierfür vgl. Abschn. 5.2). Ab einem gewissen Grad der Aufgabenkomplexität steigt die Informationsbelastung jedoch so stark, daß es vermehrt zu Zusammenbrüchen der Informationsverarbeitung und damit zu Fehlreaktionen kommen kann. Da Fehlreaktionen vermutlich andere kognitive Prozesse als korrekte Lösungen reflektieren, sind die RZen bei derart komplexen Aufgaben keine validen Leistungsindikatoren, gleichzeitig nimmt aber die Validität des Fehlerscores zu.

2. Mit der Aufgabenkomplexität wächst zumeist auch die Anzahl und Vielfalt bestimmter „Subprozesse“, die zur Aufgabenbearbeitung erforderlich sind, an. Verschiedene Subprozesse müssen aber nicht

notwendigerweise alle negativ mit psychometrischer Intelligenz korrelieren; die Dauer mancher Subprozesse kann sogar entgegengesetzte (d. h. positive) Zusammenhänge mit Intelligenz aufweisen (Schweizer, 1989, 1991; Sternberg, 1977). In der Determinierung der Gesamt-RZ durch die einzelnen Subprozesse können sich derartige gegenläufige Effekte kompensieren; in der Folge verringern sich die RZ-Intelligenz-Korrelationen.

3. Ab einer bestimmten Aufgabenkomplexität können spezielle (auch persönlichkeitsbedingte) Strategien der Person in der Aufgabenbearbeitung nicht mehr ausgeschlossen werden (Jensen, 1982, 1993a; Larson et al., 1988). Interindividuelle Unterschiede in der Anwendung derartiger Strategien bedeuten jedoch, daß die gemessenen RZen nicht mehr die gleichen Prozesse für alle Personen widerspiegeln. Da keine systematischen Zusammenhänge zwischen verwendeten Strategien und allgemeiner Intelligenz angenommen werden können, ist eine Abnahme von RZ-Intelligenz-Korrelationen die Folge.

Wo die Grenze der Aufgabenkomplexität für bedeutsame Zusammenhänge der RZ mit psychometrischer Intelligenz liegt, ist noch nicht geklärt. Jensen selbst hat in verschiedenen Publikationen unterschiedliche Vermutungen hierüber angestellt. Sprach er in seinem grundlegenden theoretischen Artikel (1982) noch von Aufgaben mit mittleren RZen bis zu einer Sekunde, hat er diese Aussage – wohl unter dem Eindruck kontradiktorischer empirischer Evidenz – später auf zwei Sekunden geändert (1986). Die bislang vorgestellten Studien konnten aber z. T. sogar für ECTs mit mittleren RZen bis zu drei Sekunden bedeutsame Zusammenhänge mit Intelligenz beobachten. Darüber hinaus berichtete der Verfasser (Neubauer, 1990c) sogar für die Bearbeitungszeiten auf einfache Raven Matrizenitems (APM) eine Korrelation von –0,44 ($p < 0{,}01$) mit dem APM-Summenscore. In derselben Studie konnte hingegen für Items ab einer mittleren Schwierigkeit – und damit auch für den Gesamttest – keine bedeutsame Korrelation zwischen Bearbeitungszeit und Intelligenz gefunden werden; ein Ergebnis, das in Einklang mit dem weitgehend akzeptierten Befund einer Unabhängigkeit von Geschwindigkeit und Güte in Intelligenztests steht (vgl. Nährer, 1986). Dies macht deutlich, daß es eine Grenze der Aufgabenkomplexität für Geschwindigkeits-Fähigkeits-Zusammenhänge geben muß. Wo diese liegt, müssen weitere, im Hinblick auf diese Fragestellung konzipierte Studien erweisen.

3 Physiologie und Intelligenz

Physiologische Zugänge zur menschlichen Intelligenz stellen die zweite wesentliche Forschungslinie des Mental-speed-Ansatzes dar. Diesem Forschungszweig kommt insofern eine besondere Rolle zu, als hier der Versuch unternommen wird, die grundlegende Bedeutung der Informationsverarbeitungsgeschwindigkeit für menschliche Intelligenz auch auf der Ebene des physiologischen Substrats nachzuweisen. Neben vergleichsweise wenigen Versuchen, die Hintergrundaktivität (Spontan-Aktivität) im menschlichen Elektroenzephalogramm (EEG) zu psychometrischer Intelligenz in Beziehung zu setzen (Abschn. 3.1), hat sich diese Forschungsrichtung zunächst vorwiegend auf *die* physiologischen Parameter für neuronale Verarbeitungsgeschwindigkeit konzentriert, nämlich Latenzparameter des evozierten Potentials (EP) im EEG. Ergebnisse hierzu werden – zusammen mit Befunden zu den anderen wesentlichen Parametern des EP (Amplitudenmaße) – in Abschn. 3.2 dargestellt. Anschließend werden Studien zu Parametern, die – auf der Basis physiologischer Modelle der Intelligenz – aus dem EP abgeleitet wurden, wie die sogenannte „neural adaptability" und die „string length", referiert. Aufgrund der eher hohen Meßungenauigkeit und relativen topographischen Unspezifität aller EEG-Methoden (und damit auch des EPs) wurden in jüngster Zeit Versuche unternommen, die „Leitungsgeschwindigkeit" einzelner Nerven mit Intelligenz in Beziehung zu setzen. Nach der Darstellung von Untersuchungen zu dieser „nerve conduction velocity" (Abschn. 3.3) sollen abschließend (Abschn. 3.4) Studien erörtert werden, die sich der heutzutage sophistiziertesten physiologischen Methoden zur Erfassung der Gehirnaktivität bedienen. Hierzu gehören die Messung der regionalen zerebralen Durchblutung („regional cerebral blood flow", RCBF) und des zerebralen Stoffwechsels bzw. Glukose-Metabolismus mittels der Positronen-Emissions-Tomographie (PET).

3.1 Spontan-EEG

Unter der Spontan- oder Hintergrundaktivität versteht man die laufende Aktivität des Zentralnervensystems (genaugenommen des menschlichen Kortex), die mit der Methode des Elektroenzephalogramms mittels auf der Kopfhaut angebrachter Elektroden gemessen wird. Die Spontanaktivität ist im wesentlichen durch zwei Aspekte beschreibbar: Frequenz und Amplitude der elektrischen Schwingungen. Die Spontanaktivität ist allerdings ein „Gemisch" aus Schwingungen verschiedener Frequenzen mit verschiedenen Amplituden, weshalb aufwendige mathematische Methoden (z. B. Fourier-Analysen) notwendig sind, um diese beiden Aspekte trennen zu können. Das Ergebnis einer derartigen Analyse sind üblicherweise „Power"-Werte, die das Ausmaß an elektrischer Energie in definierten Frequenzbereichen, sogenannten Frequenzbändern, anzeigen (z. B. Alpha-Band von 8–12 Hz).

Versuche, die Spontanaktivität in derartigen Frequenzbändern zur Intelligenz in Beziehung zu setzen, zeigten bislang hauptsächlich bei Kindern und retardierten Personen konsistente Ergebnisse (Überblick bei Barrett und Eysenck, 1992a): So berichteten Gasser und Mitarbeiter in einer Reihe von Studien Korrelationen zwischen EEG-Power und Intelligenz um 0,5 (bei Kindern). Derartige an Kinderstichproben gewonnene Ergebnisse lassen sich aber auch einfach mit altersbedingten Reifungsunterschieden erklären, die sich auf die gehirnelektrische Aktivität wie auch auf Intelligenztestergebnisse auswirken. Die inkonsistenten Befunde zum Zusammenhang von Intelligenz mit (traditionellem) Spontan-EEG an Stichproben gesunder Erwachsener lassen nach Barrett und Eysenck (1992a) diesen Zugang als wenig fruchtbar erscheinen.

Die bislang vielversprechendsten Versuche, Zusammenhänge zwischen Spontan-EEG und Intelligenz zu erheben, gelangen nicht mit den bekannten Power-Maßen in definierten Frequenzbändern, sondern mit einem neuen Maß, der spektralen Kohärenz (Ähnlichkeit) der Power zwischen zwei Skalp-Ableitungen: An Stichproben von Kindern konnten Gasser et al. (1987) sowie Thatcher et al. (1983) zeigen, daß (selbst nach Auspartialisieren des Alters) höhere Kohärenzwerte mit niedrigerer Intelligenz einhergehen, d. h., je höher die Intelligenz, desto stärker ist die Gehirnaktivität in verschiedenen Gehirnregionen dissoziiert. Diesen Ergebnissen zufolge könnte eine wesentliche biologische Grundlage menschlicher Intelligenz darin bestehen, inwieweit es Personen bei kognitiver Belastung gelingt, die für die Aufgabenbearbeitung erforderlichen kortikalen Areale spezifisch zu aktivieren. Weniger intelligente Personen würden demzufolge eine regional eher unspezifische kortikale Aktivierung aufweisen und daher insgesamt mehr kortikale Energieressourcen verbrauchen. Für diese Hypothese sprechen auch neuere Befunde, die mit der Positronen-Emissions-Tomographie (PET) gewonnen wurden (Abschn. 3.4).

3.2 Evozierte Potentiale

Mit dem Begriff „Evozierte Potentiale" (EP) werden typische Wellenformen des menschlichen EEG in Reaktion auf einfache visuelle, akustische oder somatosensorische Reize bezeichnet, die allerdings aufgrund der „Verrauschung" durch die Hintergrundaktivität nicht direkt sicht- und meßbar werden. Dies wird erst durch eine vielfache Wiederholung ein und desselben Reizes mit anschließender Mittelung des EEGs über die Einzelmessungen möglich. Als wesentliche Parameter können aus dem EP die Amplituden und Latenzen bestimmter charakteristischer Komponenten gemessen werden. Speziell die späteren Komponenten des EP (wie die P300) scheinen hier von Bedeutung zu sein, da diese die kognitive Verarbeitung der Reize reflektieren.

3.2.1 EP-Latenzen

Der erste Versuch, EP-Latenzen mit psychometrischer Intelligenz in Beziehung zu setzen, wird von Chalke und Ertl (1965) berichtet. In einer heterogenen Stichprobe von 48 Personen (Studenten, Armeekadetten und Retardierte) waren kurze EP-Latenzen mit hoher Intelligenz assoziiert. Eine Replikation dieses Ergebnisses gelang Ertl und Schafer (1969) an einer wesentlich größeren Stichprobe ($N = 573$ Grundschulkinder im Alter von 8 bis 14 Jahren): EP-Latenzen korrelierten zwischen –0,10 und –0,35 mit vier verschiedenen Intelligenztests, wobei vor allem die späteren Komponenten höhere Korrelationen aufwiesen. Sie interpretierten ihre Ergebnisse dahingehend, daß EPs den Zeitverlauf der Informationsverarbeitung im Gehirn widerspiegeln und daher der Schlüssel zum biologischen Substrat intelligenten Verhaltens seien.

Versuche, diesen Befund zu replizieren, zeigten allerdings inkonsistente Ergebnisse (vgl. auch die Überblicksarbeiten von Barrett und Eysenck, 1992a; Deary und Caryl, 1993): In einigen Studien konnten die erwarteten negativen Korrelationen gefunden werden (Callaway, 1973; Gucker, 1973; Gasser et al., 1988; D. E. Hendrickson, 1972, beschrieben in Eysenck, 1973; McGarry-Roberts et al., 1992; Shucard und Horn, 1972; Vetterli und Furedy, 1985), in der Mehrzahl der Untersuchungen resultierten jedoch keine bedeutsamen (oder sogar schwach positive) Korrelationen (Barrett und Eysenck, 1992b; Dustman et al., 1976; Engel und Henderson, 1973; Griesel, 1973; Griesel und Bartel, 1976; Rhodes et al., 1969; Rust, 1975; Shagass et al., 1981; Vogel et al., 1987; Widaman et al., 1993; Zhang et al., 1989a). Nach Barrett und Eysenck (1992a) sind vor allem Stichprobencharakteristika für diese unterschiedlichen Ergebnisse verantwortlich: Die erwarteten negativen Zusammenhänge resultierten vorwiegend aus zu heterogenen Stichproben (die sich aus Subgruppen extremer IQ-Ausprägung zusammensetzten).

3.2.2 EP-Amplituden

Während die Zusammenhänge für EP-Latenzen in den meisten Studien zwischen Null und bedeutsamen negativen Korrelationen lagen, zeigt sich für die Amplituden des EP, die einen Index für das Ausmaß an kortikaler Aktivität auf einen Stimulus darstellen, ein noch uneinheitlicheres Bild: Das Spektrum der Ergebnisse reicht von positiven Amplituden-IQ-Korrelationen (Haier et al., 1983; D. E. Hendrickson, 1972, beschrieben in Eysenck, 1973; Rhodes et al., 1969; Robinson et al., 1984) über nicht systematische oder nicht signifikante Zusammenhänge (Dustman et al., 1976; Griesel und Bartel, 1976; Rust, 1975; Sandman und Barron, 1986; Shagass et al., 1981; Shucard und Horn, 1972; Vogel et al., 1987; Zhang et al., 1989a) bis hin zu negativen Korrelationen (Barrett und Eysenck, 1992b; Federico, 1984; McGarry-Roberts et al., 1992; Vetterli und Furedy, 1985; Widaman et al., 1993).

In den Studien von Haier et al. (1983) und von Robinson et al. (1984) konnte zudem die Sensitivität des EP-Intelligenz-Zusammenhangs gegenüber einer experimentellen Variation der Stimulusstärke (Intensität der Lichtblitze) bei der EP-Messung demonstriert werden. Während Haier et al. unter allen Intensitätsbedingungen signifikante Amplituden-Intelligenz-Zusammenhänge beobachteten (am höchsten bei mittlerer Stimulus-Intensität), gelang Robinson et al. insofern nur eine teilweise Replikation dieses Befundes, als in dieser Studie überhaupt nur mehr die mittlere Stimulus-Intensitäts-Bedingung einen signifikanten Zusammenhang hervorbrachte.

Eine wesentliche Frage, die sich dem Leser wahrscheinlich aufdrängt, ist die nach Zusammenhängen zwischen RZen und EP-Parametern. Wenn angenommen wird, daß einerseits RZen und andererseits EP-Komponenten mit Intelligenz korrelieren, so sollte man auch Zusammenhänge zwischen RZen und EPs vermuten (und diese sollten eigentlich noch höher sein, da ja beide Maße – im Gegensatz zu Intelligenztests – direkte Indizes für zentralnervöse Verarbeitungsgeschwindigkeit darstellen sollen). Tatsächlich konnten einige frühere Untersuchungen derartige Ergebnisse berichten (z. B. Donchin und Lindsley, 1966; Dustman und Beck, 1965; Morrell und Morrell, 1966), d. h., kürzere RZen gingen mit größeren EP-Amplituden und/oder geringeren EP-Latenzen einher. Spätere Versuche führten jedoch zu einem differenzierteren Bild: Kutas et al. (1977) konnten eine bedeutsame Korrelation zwischen der P300-Latenz (Positivierung nach etwa 300 ms) und RZen nur für eine Bedingung mit Genauigkeitsinstruktion in der RZ-Aufgabe nachweisen (r = 0,61 vs. 0,26 bei Geschwindigkeitsinstruktion). Bei Instruktion auf maximale Geschwindigkeit ist zwar eine RZ-Verkürzung zu beobachten, die P300 bleibt aber gleich, was als Hinweis darauf gewertet wird, daß die P300 nur den Prozeß der Stimulus-Evaluation, nicht aber den der Antwortproduktion widerspiegelt (der stärker von der jeweiligen Instruktion abhängt).

In allen diesen Studien wurden aber keine Intelligenzmaße erhoben. Untersuchungen, die alle drei Maße – EP, RZ, IQ – berücksichtigten, wurden erst jüngst veröffentlicht. McGarry-Roberts et al. (1992) maßen EPs und RZen während der Vorgabe von sechs unterschiedlich komplexen ECTs. Dabei konnte eine Korrespondenz zwischen EPs und RZen dahingehend gefunden werden, daß sowohl die P300-Latenz als auch die mittlere RZ mit der Aufgabenkomplexität anstiegen. Wie erwartet, korrelierten sowohl EP-Latenzen als auch RZen negativ mit dem IQ, und zwar höher bei den komplexeren Aufgaben. Jedoch waren nahezu keine bedeutsamen Zusammenhänge zwischen EP-Latenzen und mittleren RZen zu beobachten. Die Autoren interpretieren ihre Ergebnisse dahingehend, daß EPs und RZen offensichtlich verschiedene Aspekte der intellektuellen Fähigkeit erfassen, nämlich – bezugnehmend auf die Studie von Kutas et al. (1977) – Stimulus-

Evaluation (EP) und Antwortproduktion (RZ). Diese Schlußfolgerung erscheint jedoch nicht unproblematisch: Da RZ-Parameter auch von Stimulus-Evaluations-Prozessen mitdeterminiert sein sollten, würde man sich zumindest geringe bis mittelhohe EP-RZ-Zusammenhänge erwarten. Die Ergebnisse dieser Untersuchung bedürfen sicher einer Replikation, da McGarry-Roberts et al. nur eine Stichprobe von 30 Personen (noch dazu nur eines Geschlechts) untersuchten; als Hinweis für die Richtung, in der sich zukünftige Forschungsbemühungen orientieren sollten, muß diese Studie aber als äußerst wichtig erachtet werden.

Aus der Interpretation des Ergebnisses von McGarry-Roberts et al. könnte man die Schlußfolgerung ziehen, daß diejenige ECT, die am direktesten den Prozeß der Stimulus-Evaluation mißt, nämlich die IT, doch bedeutsame Korrelationen mit EP-Latenzen aufweisen sollte. Ergebnisse in diese Richtung werden von Zhang et al. (1989a, b) berichtet: In ihren Studien korrelierten diverse EP-Latenzparameter bis zu 0,65 mit ITs; im Gegensatz zur Studie von McGarry et al. waren EP-Latenzen hier auch mit einfachen und diskriminativen RZen assoziiert (bis 0,42; Zhang et al. 1989a). Der Vorteil dieser Untersuchungen ist vor allem darin zu sehen, daß die EPs hier nicht – wie sonst üblich – auf einfache visuelle und akustische Reize, bei denen die Aufmerksamkeitszuwendung der Personen kaum kontrollierbar ist, sondern bei Vorgabe der aufmerksamkeitsbeanspruchenden IT-Aufgabe selbst gemessen wurden. Daß die Aufmerksamkeitszuwendung eine wesentliche Moderatorvariable für EP-Intelligenz-Zusammenhänge sein könnte, würde ein anderes Ergebnis von Zhang et al. (1989a) nahelegen: Die oben berichtete Korrelation der EP-Latenz mit IT von 0,65 fiel in einer Bedingung, bei der der IT-Stimulus nur beobachtet, aber nicht beantwortet werden mußte, auf einen nicht signifikanten Wert von 0,12; die Korrelationen mit psychometrischer Intelligenz (Alice-Heim-5-, AH5-Test) konnten diesen Unterschied allerdings nicht widerspiegeln: Weder mit noch ohne Aufmerksamkeitszuwendung korrelierten EP-Latenzparameter bedeutsam mit Intelligenz, lediglich die EP-Latenz auf einen Ziffernstimulus, der vor dem IT-Stimulus anzeigte, ob dieser beantwortet werden mußte, wies eine signifikante Beziehung zum AH5-Test auf (–0,34). Diese Ergebnisse erscheinen vor allem auch im Hinblick auf die hypothesenkonforme Korrelation zwischen ITs und Intelligenz (–0,30, $p < 0{,}05$, einseitig) in dieser Studie kaum erklärbar: Warum ITs bedeutsam mit EP-Latenzen und mit

Intelligenz korrelieren, die beiden letzteren Variablen aber untereinander überhaupt nicht bedeutsam assoziiert sind, wird leider von Zhang et al. (1989a) nicht einmal zu erklären versucht.

Obwohl auch in dieser Studie (trotz ihrer methodischen Raffinesse) keine zufriedenstellende Antwort auf die Frage nach der konvergenten Validität der drei Variablenkomplexe EPs, ECTs und psychometrische Intelligenz gefunden werden konnte, sollte sie (wie auch die oben referierte von McGarry-Roberts et al.) doch beispielgebend für weitere Forschungsbemühungen auf diesem Gebiet sein.

3.2.3 „String Length"

Aufgrund der insgesamt doch eher enttäuschenden Ergebnisse zu Korrelationen zwischen Intelligenz und den „klassischen" Latenz- und Amplitudenparametern des EP wurden Versuche unternommen, aus dem EP auch andere Parameter abzuleiten. Die wesentlichsten derartigen Versuche stellen die Messung der „string length" und der „neural adaptability" (NA) dar.

Bereits Ertl und Schafer (1969) berichteten, daß die EPs von höher intelligenten Personen durch eine größere Komplexität (d. h. durch mehr Komponenten) gekennzeichnet sind. Dieses Ergebnis wurde später im Rahmen des theoretischen Ansatzes zur biologischen Basis der Intelligenz von A. E. und D. E. Hendrickson (A. E. Hendrickson, 1982; D. E. Hendrickson, 1982; Hendrickson und Hendrickson, 1980, s. Abschn. 5.1) aufgegriffen. Diesem Ansatz zufolge sind die EPs intelligenterer Personen dadurch gekennzeichnet, daß sie höhere Amplituden aufweisen und diese stärkeren Schwankungen des EPs auch für eine längere Zeit nach der Stimulation zu beobachten sind. Auf der Grundlage dieser Beobachtung leiteten sie zwei Maße für die Komplexität der EPs ab: Die sogenannte „string length" (auch als Komplexitätsmaß bezeichnet) und ein Varianzmaß. Die Messung der „string length" ist am einfachsten so zu erklären, daß man sich den Verlauf eines EPs (s. Abb. 13) als eine Schnur vorstellt, die an einem bestimmten (standardisierten) Zeitpunkt nach der Stimulusdarbietung abgeschnitten wird. Zieht man jetzt die Schnur in die Länge und mißt, wie lang sie ist, so hat man das Maß für die „string length".

Hendrickson und Hendrickson (1980) haben den Versuch unternommen, die EPs von jeweils 10 Personen hoher und niedriger Intelligenz aus Ertl und Schafers Untersuchung (1969) (s. Abb. 13) mittels

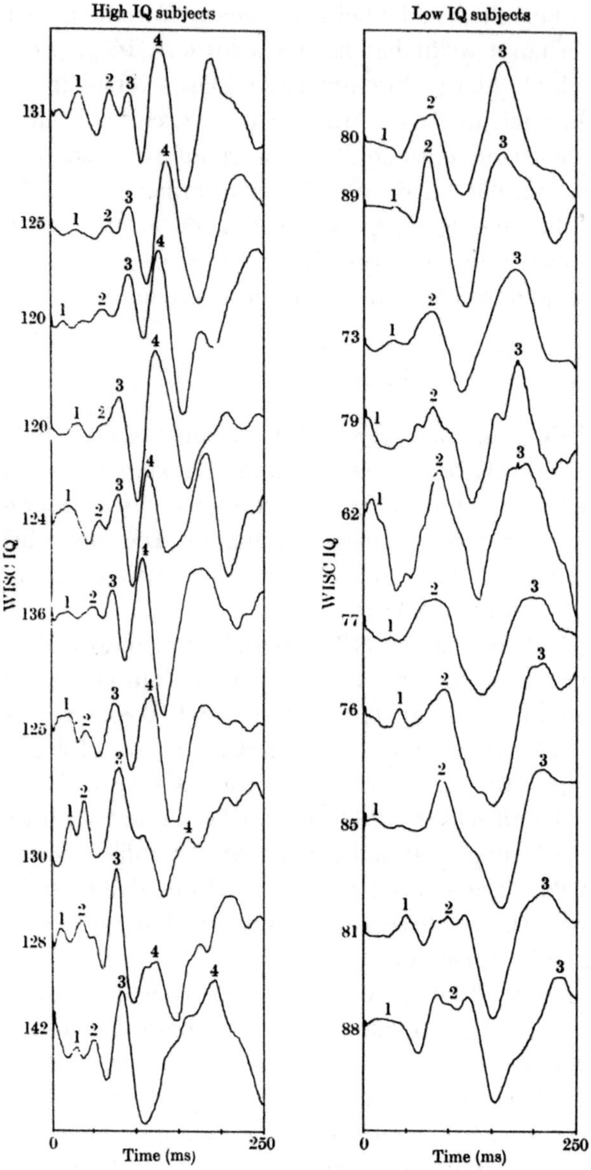

Abb. 13. Evozierte Potentiale von je 10 Personen mit hoher vs. niedriger Intelligenz. Die IQ-Werte aus dem Wechsler-Test für Kinder (WISC) sind jeweils links angeführt (Ertl und Schafer, 1969, Abb. 2)

Faden und Nadeln auszumessen und diese mit dem Intelligenztestergebnis dieser Personen zu korrelieren. Die resultierende Korrelation von 0.77 zeigt an, daß Personen höherer Intelligenz längere Strings aufweisen als solche mit niedriger Intelligenz. Bezüglich der Höhe dieser Korrelation muß natürlich berücksichtigt werden, daß hier nur zwei Extremgruppen (im IQ) in die Berechnung eingingen, was bekannterweise zu einer Überschätzung des Zusammenhangs führt.

Da sich das String-Maß auch als davon abhängig erwies, wieviele extrem variable Einzel-EPs einer Person vor der Mittelung eliminiert werden, kamen A. E. und D. E. Hendrickson auf die Idee, die intraindividuelle Variabilität der EPs auf gleichförmige Reize könnte ebenfalls mit Intelligenz korreliert sein. Auf dieser Grundlage leitete D. E. Hendrickson (1982) das sogenannte Varianzmaß ab, ein Kennwert für die intraindividuelle Variabilität der Komplexität der EP-Wellenformen.

Beide Maße sind nach A. E. und D. E. Hendrickson (Hendrickson und Hendrickson, 1980; A. E. Hendrickson, 1982; D. E. Hendrickson, 1982) Kennwerte für die Fehleranfälligkeit der axonalen und synaptischen Übertragung von Impulsen im Gehirn. Da sich Übertragungsfehler bei der Mittelung der EPs aufsummieren, resultieren für intelligentere Personen weniger „verrauschte" und damit ausgeprägtere und komplexere Wellenformen des EPs als für Personen geringerer Intelligenz, deren Wellenform durch die „Verrauschung" eher geglättet und damit weniger komplex sein sollte; zudem sollten EPs intelligenterer Personen aufgrund der geringeren Fehleranfälligkeit bei der Impulsübertragung intraindividuell weniger variabel sein als bei weniger intelligenten (für eine ausführliche Darstellung der biologischen Theorie der Intelligenz von Hendrickson und Hendrickson s. Abschn. 5.1).

Auf der Basis dieser theoretischen Annahmen wurde eine Reihe von Untersuchungen zu Zusammenhängen von String- und Varianzmaßen mit psychometrischer Intelligenz durchgeführt. In Einklang mit den theoretischen Grundannahmen konnte D. E. Hendrickson (1982) selber an 219 Jugendlichen zeigen, daß das String-Maß positiv (0,72), das Varianzmaß hingegen negativ (–0,72) mit psychometrischer Intelligenz (Wechsler-Skala) korreliert, d. h., die EPs intelligenterer Personen weisen eine höhere Komplexität und geringere Variabilität dieser Komplexität auf. Ein noch höherer Zusammenhang von –0,83 konnte von D. E. Hendrickson für ein zusammengesetztes Maß (Varianz minus String-Länge) erzielt werden.

Eine Bestätigung dieser Befunde (wenn auch in Form numerisch niedrigerer Korrelationen) berichteten Blinkhorn und Hendrickson (1982): Verschiedene Arten der Berechnung des String-Maßes (unterschiedliche Zeitfenster und unterschiedliche Methoden des Artefaktausschlusses) zeigten Zusammenhänge mit Ravens APM zwischen 0,36 und 0,54 (an einer sehr homogenen Stichprobe von 33 Studenten), allerdings war in dieser Studie keines der Varianzmaße bedeutsam mit Intelligenz korreliert.

Eine Relativierung dieser Befunde ergab sich jedoch bereits in einer Studie von Haier et al. (1983): In einer Stichprobe von 22 Krankenschwestern in Ausbildung waren die String-IQ-Korrelationen (*r* bis 0,50) letztlich auf interindividuelle Unterschiede in einem Amplitudenmaß (die Amplitude zwischen der N140 und der P200), das noch höher (0,69) mit Intelligenz (APM) korreliert war, zurückzuführen. Dieses Amplitudenmaß erklärte einen Großteil der Varianz des String-Maßes (*r* bis 0,80), so daß nach Auspartialisierung der N140/P200-Amplitude die String-IQ-Korrelationen auf nicht signifikante Werte abfielen. Aus diesen Ergebnissen schließen Haier et al., daß das String-Maß zwar nicht unwichtig sei, letztlich aber nur als ein „Nebenprodukt“ der N140/P200-Amplitude betrachtet werden könne.

Andere (größtenteils spätere) Untersuchungen zu String-IQ-Zusammenhängen zeigten allerdings auch höchst inkonsistente Ergebnisse: Studien mit hypothesenkonformen Ergebnissen, d. h. bedeutsamen positiven Korrelationen (Caryl und Fraser, 1985, zitiert nach Barrett und Eysenck, 1992a; Stough et al., 1990), stehen solchen gegenüber, die entweder gar keine bedeutsamen Zusammenhänge fanden (Sandman und Barron, 1986; Shagass et al., 1981, für visuelle und somatosensorische EPs; Vogel et al., 1987) oder sogar – wenn auch z. T. nicht signifikante – negative Korrelationen berichteten (Barrett und Eysenck, 1992b; Mackintosh, 1986; Shagass et al., 1981, für akustisch evozierte Potentiale; Widaman et al., 1993). Bei einer Reanalyse früherer Daten von Ertl und Schafer (1969) und von Weinberg (1969) konnten Vetterli und Furedy (1985) zeigen, daß in verschiedenen Stichproben gänzlich unterschiedliche (positive wie negative) String-IQ-Korrelationen auftreten können.

Das Hendricksonsche Varianzmaß wurde nur in einem Replikationsversuch anderer Autoren analysiert (Barrett und Eysenck, 1992b) und ergab hier die erwarteten negativen Zusammenhänge. Diese Autoren versuchten auch herauszufinden, ob gewisse methodische

Variationen bzw. Abweichungen von den methodisch-technischen Richtlinien, die die Hendricksons als für die valide Messung des String-Maßes erforderlich betrachten (D. E. Hendrickson, 1982), die Heterogenität der Befunde erklären können. Sie gelangen aber zu dem Schluß, daß sich „erfolgreiche" und „nicht erfolgreiche" Studien nicht anhand irgendwelcher technischer (Elektroden, Verstärkung, Digitalisierungsrate, Artefaktausschluß etc.) oder methodischer (physikalische Reizeigenschaften) Variationen unterscheiden lassen und machen die geringen Stichprobenumfänge (zumeist nur 10 bis 20 Personen) für die Inkonsistenzen verantwortlich.

Wenn physikalische Reizeigenschaften und technische Variationen der EEG-Aufzeichnung nicht als Moderatorvariablen für String-IQ-Zusammenhänge in Betracht kommen, könnten aber vielleicht psychologische Variablen eine Rolle spielen. Bates und Eysenck (1993) untersuchten, ob der Informationsgehalt der Reize und, damit verbunden, das Ausmaß an notwendiger Aufmerksamkeitszuwendung eine Rolle spielen könnte. So verwendeten sie an Stelle der zumeist verwendeten und für die Versuchsperson „bedeutungslosen" Sinustöne das IT-Paradigma, also Reize, die von den Versuchspersonen Aufmerksamkeitszuwendung erforderten, und beobachteten z. T. signifikante negative String-IQ-Zusammenhänge (je nach Ableitposition). Bates und Eysenck erklären diese Ergebnisse mit einer differentiellen Validität des String-Maßes unter Bedingungen unterschiedlicher Aufmerksamkeitsbeanspruchung: Ist diese hoch, so werde mit der String-Länge neuronale Effizienz gemessen, d. h., intelligentere Personen haben kürzere Strings aufgrund eines effektiveren Einsatzes neuronaler Ressourcen. Beansprucht die Stimulation hingegen nur wenig Aufmerksamkeit, so indiziere das String-Maß die Kapazitätsreserven einer Person; diese sind bei Intelligenteren größer und produzieren daher längere Strings. Hinweise auf die Richtigkeit dieser Hypothese lassen sich zwar aus jüngeren Untersuchungen zum zerebralen Glukose-Metabolismus unter Ruhebedingungen versus kognitiver Belastung ableiten (vgl. Abschn. 3.4); Bates' und Eysencks Argumentation ist aber mit zwei Widersprüchlichkeiten konfrontiert: Auch die EP-String-Länge auf Warntöne im IT-Paradigma dieser Untersuchung wies überwiegend ungefähr gleichhohe negative Zusammenhänge mit Intelligenz auf, was die eher fragwürdige Implikation nach sich zieht, daß der Warnton ungefähr gleichviel Aufmerksamkeit beansprucht wie die IT-Aufgabe selbst. Hier läßt sich noch argumentieren, daß die Verarbeitung eines Warntons doch mehr Aufmerksamkeit erfordert als ein bedeutungsloser Sinuston, wie er in den Hendricksonschen Versuchen verwendet wurde. Viel problematischer erscheint aber die Tatsache, daß die oben referierten Studien mit negativen String-IQ-Zusammenhängen ebenfalls „bedeutungslose" Reize verwendeten. Ein stringenter experimenteller Test der Hypothese von Bates und Eysenck, der die Auswirkung einer experimentellen Variation des Ausmaßes der Aufmerksamkeitsbeanspruchung auf die String-IQ-Korrelationen untersucht, steht derzeit noch aus.

Auch die jüngste Arbeit auf diesem Gebiet (Barrett und Eysenck, 1994) trägt eher zur weiteren Verwirrung dieses Bildes denn zur Aufklärung der Heterogenität der Befunde bei: In ihrer Untersuchung an drei unabhängigen Stichproben mit insgesamt 200 Personen waren bedeutsame negative Korrelationen (um –0,5) zwischen Intelligenz und EP-Parametern (String-Länge, Varianzmaß, Amplituden und Latenzen) nur nach Ausschluß von Personen, deren P180-Amplitude (Positivierung nach ca. 180 ms) unter einem definierten Mindestwert lag, zu beobachten. Als Erklärung für die beobachteten Effekte dieses – post hoc aus Zufallsbeobachtungen abgeleiteten – Ausschlußkriteriums rekurrieren die Autoren auf die bekannte Abhängigkeit der P180 von der Aufmerksamkeitszuwendung. Die Schlußfolgerung, bedeutsame negative EP-Intelligenz-Zusammenhänge seien nur bei „aufmerksamen" Personen zu beobachten, ist allerdings, wie die Autoren selber feststellen, mit dem widersprüchlichen Ergebnis nicht signifikanter Unterschiede zwischen hoch und niedrig aufmerksamen Personen in einer IT-Aufgabe konfrontiert.

3.2.4 „Neural Adaptability"

Das Ziel der Messung der „neural adaptability" (NA) (Schafer, 1979, 1982) ist – wie der Name impliziert – der Versuch, aus dem EP Maße abzuleiten, die die Anpassungsfähigkeit des Zentralnervensystems an unterschiedliche Anforderungen der Informationsverarbeitung widerspiegeln sollen. Vereinfacht ausgedrückt, sollte ein „anpassungsfähiges" (und damit intelligenteres) Gehirn weniger Energie für die Verarbeitung sicherer, d. h. vorhersehbarer, Ereignisse, aber mehr Energie für unvorhergesehene (möglicherweise gefahrvolle) Ereignisse aufwenden. In Termini des EPs sollte für hoch intelligente Personen die mittlere EP-Amplitude auf unerwartete (z. B. unregelmäßige) Reize deutlich höher sein als auf erwartete (z. B. regelmäßige) Reize. Schafer (1979, 1982) realisierte (mittels akustischer „Klick"-Töne) drei verschiedene EP-Bedingungen: periodische Stimulation (P), selbstausgelöste Stimulation (S) und zufällige Stimulation (Z). Er konnte zeigen, daß Personen hoher Intelligenz mit höheren EP-Amplituden auf unerwartete Reize (Z) und mit niedrigeren Amplituden auf erwartete Reize (S) reagieren, während weniger intelligente Personen nur geringe Amplitudenunterschiede zwischen den Stimulationsbedingungen zeigten (s. Abb. 14).

Aus diesen Bedingungen wurden individuelle Quotienten für die NA abgeleitet, indem die EP-Amplituden für jede der drei Bedingungen jeweils durch die Mittelwerte aus allen drei Bedingungen dividiert wurden. Die Kombination dieser drei Quotienten über T-Werte korrelierte – für eine Stichprobe von 74 überdurchschnittlich intelligenten Personen – zu 0,66 mit dem IQ aus der Wechsler-Intelligenz-Skala ($r = 0{,}82$ nach Korrektur im Hinblick auf eingeschränkte Varianz).

Ein derart hoher Zusammenhang konnte von Jensen et al. (1981) nicht repliziert werden. In ihrer Untersuchung korrelierte ein (allerdings auf andere Weise berechneter) NA-Score zu 0,31 mit einem – aus einer Intelligenztestbatterie mittels Faktorenanalyse abgeleiteten – *g*-Faktorwert, allerdings handelte es sich um eine – hinsichtlich der Intelligenz – sehr homogene Stichprobe von 54 stark retardierten Personen. In dieser Studie wurden auch RZen mit dem Hick-Paradigma gemessen. Der Zusammenhang zwischen RZen und NA war zwar ebenfalls eher gering (–0,33); bemerkenswert war aber der Befund, daß NA und Hick-RZen ähnliche Korrelationsmuster mit verschiedenen Intelligenz-(Sub-)Tests aufwiesen: Jene Tests, die höher mit RZen korrelierten, wiesen auch höhere Zusammenhänge mit NA auf und vice versa ($r = 0{,}71$). Dieser Befund wird von den Autoren dahingehend interpretiert, daß Reliabilitätsmängel den Zusammenhang zwischen NA und Hick-RZen nicht höher haben ausfallen lassen; solche Reliabilitätsmängel vermindern den Zusammenhang zweier Variablen, sollten aber *Korrelationsmuster* mit einer Reihe anderer Variablen nicht beeinflussen. Wurden Hick-RZen und NA-Score zur Vorhersage psychometrischer Intelligenz kombiniert, so resultierte in dieser Studie immerhin ein multiples R von 0,64 (schrumpfungskorrigiert).

Eysenck und Barrett (1985) spekulierten, daß mit dem NA-Paradigma eigentlich eine Art Habituation in Form abnehmender EP-

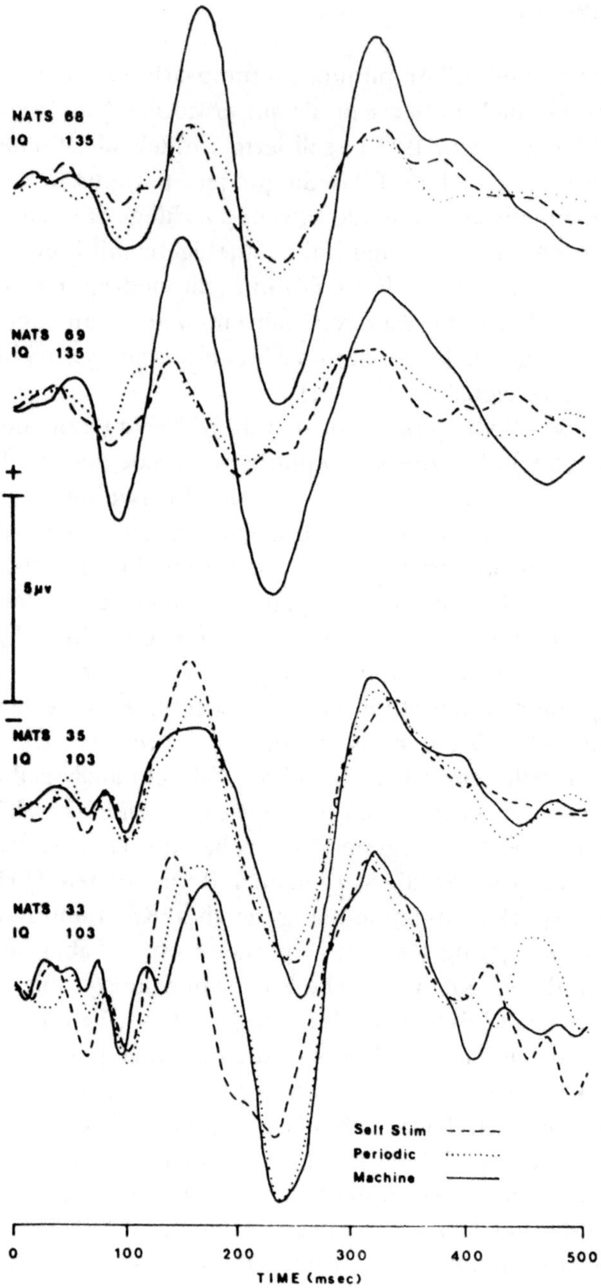

Abb. 14. Akustische evozierte Potentiale von zwei Personen hoher vs. zwei Personen mittlerer Intelligenz unter drei Stimulationsbedingungen. *Machine* Zufallsstimulation (Schafer, 1982, Abb. 2)

Amplituden auf gleichförmige Stimulation gemessen wird. Die EP-Amplituden intelligenterer Personen sollten demnach bei wiederholter Stimulation stärker abnehmen als die weniger intelligenter. Barrett und Eysenck (1992a) zufolge hat Schafer (1984, 1985) diese Idee aufgegriffen und sein NA-Paradigma dergestalt modifiziert, daß er aus der EP-Amplitudendifferenz zwischen den ersten und den zweiten 25 Stimulationen ein EP-Habituationsmaß entwickelte. Zwar korrelierte dieses Maß in der erwarteten Richtung ($r = 0{,}59$, $N = 47$) mit dem Wechsler-IQ, d. h., intelligentere Personen weisen eine stärkere Habituation in Form einer EP-Amplitudenreduktion auf, aus diesem Zusammenhang läßt sich aber keine Überlegenheit dieses neuen Maßes gegenüber dem originalen NA-Paradigma ableiten.

Insgesamt erscheint die Befundlage zur „neural adaptability" (bzw. der EP-Habituation) doch wesentlich konsistenter als jene zu den Standard-Parametern des EPs (Latenzen und Amplituden), weshalb es etwas verwundert, daß dieser Ansatz vergleichweise wenig Forschungsbemühungen in Form von Replikationsversuchen oder Weiterentwicklungen stimuliert hat. Derartige Bemühungen scheinen vor allem auch deshalb wünschenswert, weil dieser Ansatz auch hinsichtlich der Theorienbildung gut in neuere Modelle der Mental-speed-Forschung integrierbar erscheint (s. Kap. 5).

Vielleicht ermöglichen die Befunde zur NA auch eine Erklärung der heterogenen Ergebnisse der Zusammenhänge zwischen Intelligenz und den EP-Amplituden bzw. dem String-Maß, in dem Sinne, daß die zeitliche Abfolge der Stimuli eine wesentliche Moderatorvariable darstellen könnte. So vermutete bereits Vernon (1985), daß der Schafersche Ansatz auch zur Erklärung unterschiedlicher String-Intelligenz-Zusammenhänge geeignet sein könnte: Da D. E. Hendrickson (1982) die Stimuli (Sinustöne) in zeitlich zufälliger Abfolge darbot (die gleiche Pseudozufallsabfolge für jede Person mit Intervallen zwischen 1 und 8 Sekunden), könnten die komplexeren Wellenformen (und damit längeren Strings) der Intelligenteren auch auf deren höhere „neural adaptability", d. h. höhere Amplituden bei unerwarteten Reizen, zurückführbar sein. Wenn diese Erklärung zutrifft, dann sollten sich „erfolgreiche" Studien mit positiven String-Intelligenz-Zusammenhängen von solchen, die keine (oder negative) Zusammenhänge fanden, hinsichtlich der zeitlichen Stimulus-Abfolge unterscheiden. Dieser Erklärungsansatz könnte auch die heterogenen Befunde zu Zusammenhängen zwischen EP-Amplituden und Intelligenz erklären:

Widaman et al. (1993) argumentieren, daß die größere Unerwartetheit der Reize bei zufälliger Darbietung zu größeren EP-Amplituden bei intelligenteren Personen (und damit zu positiven Korrelationen) führt; wird hingegen in regelmäßigen Abständen stimuliert, sollten die Intelligenteren mit weniger intensiven EPs reagieren, was negative Zusammenhänge nach sich ziehen würde. Leider belegen sowohl Vernon als auch Widaman et al. ihre Hypothesen nicht mit einem konkreten Vergleich der Studien mit positiven vs. negativen EP-Intelligenz-Zusammenhängen im Hinblick auf die vermutete Moderatorvariable. Ein derartiger Vergleich wird daher hier vorgenommen. In

Tabelle 8. Vergleich von Studien mit positiven vs. Null- vs. negativen Zusammenhängen zwischen Intelligenz und String-Maß einerseits und EP-Amplituden andererseits im Hinblick auf das Inter-Stimulus-Intervall (ISI)

String-IQ-Korrelation	ISI	EP-Amplituden-IQ-Korr.	ISI
Positiv		*Positiv*	
Hendrickson und		Rhodes et al., 1969	?
Hendrickson, 1980	0,8–1,8	Hendrickson, 1972	?
D. E. Hendrickson,		Shagass et al., 1981	1,5–2
1982	1–8	Haier et al., 1983	1
Blinkhorn und		Robinson et al., 1984	1
Hendrickson, 1982	1–8		
Haier et al., 1983	1	*Null*	
Stough et al., 1990	1–8	Shucard und	
		Horn, 1972	1–4
Null		Rust, 1975	4–9
Shagass et al., 1981[a]	1,5–2	Griesel und Bartel, 1976	2–5
Sandmann und Baron,		Dustman et al., 1976	?
1986	?	Sandman und Barron,	
Vogel et al., 1987	1–2 vs. 1,5	1986	?
		Vogel et al., 1987	1–2 vs. 1,5
Negativ		Zhang et al., 1989a	2–3
Shagass et al., 1981[b]	1,5–2		
Barrett und Eysenck,		*Negativ*	
1992[b]	3–8	Federico, 1984	1–3
Bates und Eysenck,		Barrett und Eysenck,	
1993	1–3	1992[b]	3–8
Widaman et al.,		Widaman et al., 1993	2
1993	2		

[a] Für visuelle und somatosensorische EPs
[b] Für auditorische EPs

Tabelle 8 sind die Studien zu Zusammenhängen zwischen Intelligenz und String-Maß einerseits und EP-Amplituden andererseits nach ihrem Hauptergebnis (positive, Null- oder negative Korrelation) geordnet; für die Inter-Stimulus-Intervalle (ISI in Sekunden) zwischen den EP-Stimulationen ist entweder ein Bereich angeführt, d. h., es wurden variable Zeitintervalle vorgegeben, oder ein fixes ISI angegeben, d. h., die Stimulusdarbietung erfolgte in regelmäßigen Abständen.

Es ist ersichtlich, daß die Mehrzahl der Untersuchungen variable ISI verwendete; die vermutete Abhängigkeit der Richtung des EP-Intelligenz-Zusammenhangs von variabler versus konstante Stimulusabfolge läßt sich aus diesen Gegenüberstellungen nicht erhärten. Sowohl die Analyse der String-IQ-Korrelationen als auch jene der EP-Amplituden-IQ-Zusammenhänge zeigt, daß in Studien mit positiven, negativen oder Nullkorrelationen teils variable, teils konstante ISI eingesetzt wurden. Besondere Erwähnung verdient die Untersuchung von Vogel et al. (1987), da in ihr bislang der erste und einzige Versuch unternommen wurde, die Art der Stimulation experimentell zu variieren. Die Tatsache, daß sich diese Variation weder auf die Richtung noch auf die Höhe der EP-Intelligenz-Zusammenhänge auswirkt, stützt die aus Tabelle 8 ableitbare Schlußfolgerung, daß sich keine Wirkung der zeitlichen Stimulusabfolge auf Korrelationen zwischen EP-Parametern und psychometrischer Intelligenz nachweisen läßt. Die heterogenen Ergebnisse auf diesem Gebiet erscheinen somit nicht auf der Basis der „neural adaptability" erklärbar.

3.2.5 Resümee und Kritik der EP-Intelligenz-Forschung

Die Erforschung der Zusammenhänge von Parametern des evozierten Potentials mit psychometrischer Intelligenz lieferte bislang ein höchst uneinheitliches Bild. Während Latenzparameter des EPs noch vergleichsweise „homogene" Befunde lieferten (von Null- bis zu bedeutsamen negativen Korrelationen), lassen Untersuchungen zu anderen EP-Parametern (Amplituden und das String-Maß) derzeit nicht einmal eine Aussage über die mutmaßliche Richtung des Zusammenhangs zu; von bedeutsamen positiven bis hin zu bedeutsamen negativen EP-Intelligenz-Zusammenhängen reicht hier das Spektrum der experimentellen Befunde. Die frühen Studien zur „neural adaptability" zeigten zwar konsistente Beziehungen dieses Parameters zur psychometrischen Intelligenz, das Fehlen unabhängiger Replikationsversuche verhindert aber auch hier eine zumindest vorläufige Bewertung dieses Ansatzes.

Die Heterogenität der Befunde ist somit auf diesem Gebiet doch bedeutend größer als im Bereich der elementaren kognitiven Aufgaben, wo ein moderater negativer Zusammenhang zwischen psychometrischer Intelligenz und grundlegender Informationsverabeitungsgeschwindigkeit heutzutage insgesamt als gesichert gelten kann. Dieser Befund erscheint vor allem insofern enttäuschend, als man sich für physiologische Maße, die sicher „näher" am physiologischen Substrat sind, doch höhere Zusammenhänge mit psychometrischer Intelligenz erwartet hätte als für reine Verhaltensmaße, wie sie RZen in ECTs darstellen. Hier ist aber zu berücksichtigen, daß die meisten ECTs doch – trotz gewisser prozeduraler Variationen – mehr oder weniger „standardisierte" Tests darstellen, für die auch zufriedenstellende bis gute Retest-Reliabilitäten nachgewiesen wurden. Physiologische Maße sind hingegen nicht nur „notoriously liable to fluctuations" (P. E. Vernon, 1984, S. 127), sondern es gibt gerade bei der EP-Messung eine Vielzahl von experimentellen und technischen Variationen (Sinnesmodalitäten, Stimulus-Intensitäten und unterschiedliches Stimulus-Timing, Elektrodenpositionierung, Aufzeichnung mit offenen oder geschlossenen Augen) und von EP-Maßen, was nach Ansicht mehrerer Autoren (Barrett und Eysenck, 1992a; Deary und Caryl, 1993) zumindest mit ein Grund für die Heterogenität der Ergebnisse auf diesem Gebiet ist. Da die technischen, experimentellen und prozeduralen Variablen, die die Zusammenhänge zwischen EP-Maßen und psychometrischer Intelligenz derart stark modifizieren können, noch nicht bekannt sind, gelangen diese Autoren zu dem wenig befriedigenden Resümee, daß für die Zukunft sorgfältig geplante Studien notwendig sind, um die Bedingungen, unter denen stabile EP-IQ-Korrelationen beobachtbar sind, identifizieren zu können (erste Versuche in dieser Richtung von Haier et al., 1983; Robinson et al., 1984 und Zhang et al., 1989a wurden oben bereits referiert). Die Identifikation valider Versuchsbedingungen und EP-Maße ist nach Barrett und Eysenck (1992b) auch dadurch erschwert, daß vielfach unzureichende Information über die experimentelle Methodologie gegeben wurde und daß zu wenige und uneinheitliche Maße aus dem EP abgeleitet wurden. Diese Fehler sollten daher in zukünftigen Studien (bzw. Berichten über dieselben) vermieden werden.

Auch unter dem Eindruck eigener widersprüchlicher Ergebnisse stellen dieselben Autoren (Barrett und Eysenck, 1994) in jüngster Zeit überhaupt den Wert konventioneller EP-Analysen für die Untersuchung des physiologischen Substrats der menschlichen Intelligenz in Frage. Diese Schlußfolgerung ziehen die Autoren allerdings vor dem Hintergrund des sehr umstrittenen Ansatzes von Robinson (1993), der die – weitgehend akzeptierte – Sichtweise des EPs als physiologisches Korrelat der sequentiellen, stufenweisen Informationsverarbeitung negiert und behauptet, die typischen EP-Verlaufsformen seien nur das Resultat einer Überlagerung der Schwingungen dreier oszillierender Teile des Zentralnervensystems: Gehirnstamm, Thalamus und Kortex. Diesem Ansatz folgend erschiene es für die Zukunft sinnvoller, z. B. sensorische Hirnstammpotentiale mit psychometrischer Intelligenz in Beziehung zu setzen. Die Tatsache, daß hierzu noch keinerlei Untersuchungen existieren, macht beim gegenwärtigen Stand eine empirische Bewertung des Modells von Robinson unmöglich. Vom theoretischen Standpunkt aus gesehen widerspricht dieses Modell jedenfalls einer über Jahrzehnte hinweg akzeptierten Sichtweise der Bedeutung evozierter Potentiale. Nach Deary und Caryl (1993) liegen für Robinsons Ansatz (1982, 1993) zudem keine Originaldaten vor, was derzeit – neben der bestehenden Kritik (Paisey, 1983) – eine Bewertung erheblich erschwert. Aufgrund der bislang mangelhaften empirischen Befundlage zu Robinsons Modell erscheint eine eingehendere Rezeption dieses Ansatzes als verfrüht.

Nichtsdestoweniger ist die Frage nach der Sinnhaftigkeit der bislang verwendeten zentralnervösen Maße im Rahmen der Erforschung des physiologischen Substrats der menschlichen Intelligenz durchaus legitim. Evozierte Potentiale, die mittels auf der Kopfhaut befestigter Elektroden gemessen werden, erfassen bekanntlich nur eine Summation der Aktivität von Millionen von Nervenzellen. Einen direkteren Zugang zur physiologischen Messung der Informationsverarbeitungsgeschwindigkeit erhoffen sich manche Autoren von der Messung der „nerve conduction velocity“.

3.3 „Nerve Conduction Velocity“

In Versuchen zur „nerve conduction velocity“ (NCV) wird die Geschwindigkeit gemessen, mit der elektrische Impulse entlang einzelner Nervenfasern und über Synapsen übertragen werden. Dabei wird mittels einer Oberflächenelektrode eine elektrische Stimulation an einer bestimmten Körperstelle (z. B. Handgelenk) appliziert. An verschiedenen Stellen des Arms werden Aufzeichnungselektroden angebracht (z. B. Finger, Ellenbogen, Achsel). Die dort gemessenen, resultierenden Aktionspotentiale werden über einige Stimulationsdurchgänge gemittelt, und die Latenz wird von der Reizung selbst bis zur Spitze der ersten negativen Auslenkung des gemittelten Potentials gemessen. Auf Basis der gemessenen Distanzen zwischen Reizungs- und Ableitungselektroden kann dann aus den Latenzen die Übertragungsgeschwindigkeit (NCV) berechnet werden.

Die ersten derartigen Versuche gehen noch auf die 20er und 30er Jahre zurück (s. Vernon, 1990), wobei z. T. positive Zusammenhänge zwischen NCV und Intelligenz gefunden wurden, d. h., intelligentere Personen sind durch eine höhere Übertragungsgeschwindigkeit gekennzeichnet; allerdings waren auch widersprüchliche Resultate zu beobachten. Diese Befunde wurden jüngst von Vernon und Mori (1989; ausführliche Beschreibung in Vernon und Mori, 1992) aufgegriffen: In einer Stichprobe von 85 Studenten maßen sie die NCV des Nervus medianus des Arms. Zusätzlich wurde eine Reihe von RZ-Tests und die Multidimensional Aptitude Battery (MAB) zur Intelligenzmessung vorgegeben. Erstaunlicherweise korrelierte die NCV positiv mit Intelligenz ($r = 0{,}42$) und negativ mit den RZen ($r = -0{,}28$); RZen korrelierten zu –0,44 mit Intelligenz. Eine hohe NCV geht demzufolge einher mit hoher Intelligenz und kurzen RZen. Ein Replikationsversuch derselben Autoren an einer zweiten Stichprobe erbrachte ähnliche Ergebnisse (Vernon und Mori, 1992).

Diese Ergebnisse erscheinen aus zwei Gründen bemerkenswert: Zum einen ist bei der NCV – im Gegensatz zu anderen Maßen für Informationsverarbeitungsgeschwindigkeit – überhaupt keinerlei sensorische oder kognitive Aktivität seitens der Person gefordert; zum anderen wurden diese NCV-Maße nicht am zentralen, sondern am peripheren Nervensystem gewonnen. Gerade dieses letztere Faktum läßt die Zusammenhänge umso unglaubwürdiger erscheinen, weshalb an dieser Stelle eine theoretische Erklärung unabdingbar erscheint: Während Vernon und Moris Interpretation auf der Basis von Vernons „neural efficiency"-Modell der Intelligenz (s. Abschn. 5.3) eher lapidar erscheint („the greater efficiency of the central nervous system ... extends into the peripheral system", 1992, S. 287) beziehen sie sich an anderer Stelle auf Reeds (1984) aus Tierversuchen abgeleitete Hypothese, derzufolge die Zusammenhänge zwischen NCV und Intelligenz durch eine interindividuelle genetische Variabilität in der Menge und

Struktur von Proteinen, die an der Impulsübertragung beteiligt sind, zustande kommen.

Dieser Erklärungsansatz erscheint – zumindest so lange nicht empirische Hinweise auf seine Gültigkeit im Humanbereich vorliegen – doch etwas spekulativ, insbesondere da Zusammenhänge zwischen peripherer NCV und Intelligenz in anderen Untersuchungen nicht nachgewiesen werden konnten: Barrett et al. (1990) konnten (auch für den Nervus medianus) an 44 Personen keinerlei bedeutsame NCV-IQ-Korrelationen nachweisen; allerdings korrelierte interessanterweise die intraindividuelle NCV-Variabilität bis zu –0,44 mit dem IQ. Reed und Jensen (1991, 1992) maßen nicht nur die periphere NCV (PNCV) an 200 Studenten, sondern an einer Teilmenge dieser Stichprobe ($N = 147$; s. Reed und Jensen, 1992) auch eine „brain NCV“ (BNCV), die sie aus den Latenzen früher Komponenten visuell evozierter Potentiale (N70 und P100) und der Entfernung zwischen Retina und dem primären visuellen Kortex berechneten. Während die PNCV überhaupt keine Zusammenhänge mit Ravens Matrizentests zeigte (aber interessanterweise mit RZen, bis 0,34; Reed und Jensen, 1991), war die BNCV – wie erwartet – signifikant positiv mit dem IQ korreliert ($r = 0{,}26$, $p < 0{,}002$; Reed und Jensen, 1992). In einer Erweiterung der 1992er Studie erhoben Reed und Jensen (1993) an denselben Personen auch einfache und Wahl-RZen, mit dem Ergebnis, daß die Differenz aus Wahl-RZ und einfacher RZ (nach Jensen und Reed, 1990, ein Index für die kognitive zerebrale Verarbeitungszeit) auch bedeutsam mit Intelligenz zusammenhing ($r = -0{,}23$, $p = 0{,}005$), allerdings nicht – wie erwartet – mit der BNCV. Da bei der regressionsanalytischen Vorhersage des IQ beide Maße unabhängig zur Varianzaufklärung beitragen (multiples $R = 0{,}35$), sind nach Reed und Jensen intelligente Personen durch zwei Charakteristika gekennzeichnet: 1. eine höhere Übertragungsgeschwindigkeit kortikaler (und auch subkortikaler) Neuronen und 2. kürzere kortikale Verbindungen, was aus ihrer kürzeren kognitiven Verarbeitungszeit (Wahl-RZ minus einfache RZ) geschlossen wird. Da für kürzere kortikale Verbindungen auch weniger Neuronen aktiviert werden müssen, benötigen intelligentere Personen auch weniger Energieressourcen zur Bearbeitung kognitiver Aufgaben, was im Einklang mit Befunden zu negativen Korrelationen zwischen Gehirn-Metabolismus (Stoffwechsel) und Intelligenz bei der Bearbeitung von Intelligenztestaufgaben steht (s. Abschn. 3.4).

Diese Hypothese bedarf sicher noch weiterer empirischer Überprüfungen, stellt aber einen interessanten Zugang dar, der weitere Versuche in diese Richtung stimulieren sollte. Im Gegensatz dazu müssen die inkonsistenten Befunde zur peripheren NCV, auch im Hinblick auf die fragwürdige theoretische Fundierung, als wenig erfolgversprechend betrachtet werden. Während die negativen Ergebnisse von Barrett et al. (1990) noch aufgrund methodischer Unterschiede in der NCV-Messung zu Vernon und Moris Studien erklärbar sind, war die Vorgangsweise von Reed und Jensen (1991) doch weitgehend vergleichbar, so daß hieraus keine plausible Erklärung für die abweichenden Ergebnisse abzuleiten ist. Auch unter Berücksichtigung des bislang letzten, ebenfalls erfolglosen Replikationsversuchs für eine PNCV-IQ-Korrelation (Barrett und Eysenck, 1993) könnte der bislang einzige positive Befund (Vernon und Mori, 1992) auch als statistischer „Ausreißer" zu interpretieren sein.

3.4 Zerebraler Glukose-Metabolismus

Den aufwendigsten Zugang zur physiologischen Basis der menschlichen Intelligenz stellt die Messung des Stoffwechsels des Gehirns (zerebraler Glukose-Metabolismus) dar. Untersuchungen hierzu, die sich größtenteils der Methode der Positronen-Emissions-Tomographie (PET), gelegentlich auch der Messung der zerebralen Durchblutung („regional cerebral blood flow", RCBF) bedienen, gehen von der Annahme aus, daß jede kognitive Aktivität – und damit auch die Bearbeitung von Intelligenztests – im Vergleich zu einer Ruhebedingung vermehrt Energieressourcen des Gehirns beansprucht. Wie jedes andere Organ verbraucht auch das Gehirn bei Beanspruchung Energie und dieser Energieverlust muß durch vermehrten Glukose-Stoffwechsel ausgeglichen werden. Zur Messung dieses Glukose-Stoffwechsels mittels PET muß der Versuchsperson ein metabolischer Isotopenindikator (üblicherweise F-18-Deoxyglucose, FDG) intravenös verabreicht werden. Diese Substanz wird über den Blutkreislauf auch ins Gehirn transportiert und dort während der sogenannten „Uptake"-Phase, die zirka 30 Minuten dauert, von den Gehirnzellen aufgenommen. Um die Auswirkungen kognitiver Belastung auf den Glukose-Metabolismus messen zu können, müssen die Versuchspersonen während dieser Uptake-Phase mit der in Frage stehenden kognitiven Aufgabe getestet werden. Erst im Anschluß an diese Uptake-Phase wird die regionale Verteilung der Isotopenkonzentration im Gehirn mit dem PET-Scanner gemessen, aus der dann mittels mathematischer Modelle Schätzungen der sogenannten Glukose-Metabolismus-Rate (GMR) vorgenommen werden.

Ein wesentlicher Vorteil dieser Methoden gegenüber den meisten EEG-Verfahren ist die Möglichkeit der Identifikation bestimmter (auch subkortikaler) Gehirnregionen, die bei der Bearbeitung bestimmter Aufgaben verstärkt beteiligt sind. Derartige Erkenntnisse stammen zur Zeit noch überwiegend aus Untersuchungen an Patienten mit hirnorganischen Erkrankungen und dadurch bedingten Demenzen (vgl. Phelps et al., 1982, für einen Überblick über PET-Studien, und Risberg, 1986, für RCBF-Untersuchungen).

Untersuchungen zum Zusammenhang zwischen der GMR und psychometrischer Intelligenz sind – auch aufgrund der Neuheit der PET-Methode und der hohen Kosten – noch rar. An einer klinischen Stichprobe von nur 7 Alzheimer-Patienten beobachteten Ferris et al. (1980) signifikante positive Zusammenhänge (um 0,8) zwischen der GMR und diversen kognitiven Tests. De Leon et al. (1983) berichteten signifikante positive Zusammenhänge (zwischen 0,38 und 0,66) zwischen GMR und einigen Wechsler-Subtests, allerdings für eine sehr heterogene Stichprobe, in der 15 junge und 22 alte gesunde Personen sowie 24 Alzheimer-Patienten zusammengezogen wurden. Ähnliche Ergebnisse fanden Chase et al. (1984) an einer ähnlich heterogenen Stichprobe (5 gesunde Personen und 17 Alzheimer-Patienten). Verbal- und Handlungsteil aus dem Wechsler-Intelligenztest korrelierten signifikant zu 0,61 und 0,56 mit der GMR (in dieser Reihenfolge). Zudem war eine Lokalisation unterschiedlicher kognitiver Aktivitäten möglich: Verbale Intelligenz korrelierte bevorzugt mit der GMR der linken Hemisphäre ($r = 0{,}68$), speziell mit dem Temporallappen ($r = 0{,}76$), hingegen war der Handlungs-IQ stärker mit der rechtshemisphärischen GMR assoziiert ($r = 0{,}61$), und hier speziell mit dem Parietallappen ($r = 0{,}70$). Eine positive Beziehung zwischen Intelligenz und zentralnervösem Ressourceneinsatz konnte auch mit der RCBF-Methode nachgewiesen werden (Butler et al., 1983): Beim Vergleich von fünf Gruppen zu je 12 Personen (Gesunde und Patienten mit diversen hirnorganischen Erkrankungen) wiesen Gruppen mit höheren Wechsler-IQ-Werten auch eine höhere zerebrale Durchblutung auf und vice versa.

All diese Ergebnisse legen einen stärkeren Metabolismus bei intelligenteren Personen nahe, allerdings nicht – wie man vielleicht annehmen würde – bei der Bearbeitung der Testaufgaben, sondern in einer Ruhebedingung, bei der externe Reize soweit wie möglich ausgeschaltet werden. Vernon (1993b) vermutet, daß intelligentere Personen deshalb einen höheren Basis-Metabolismus aufweisen, weil sie auch im Ruhezustand „more mentally alert and spontaneously engaged in more cognitive activity“ (S. 175) seien. Diese Interpretation ist nach Haier (1993), einem der führenden PET-Experten, jedoch problematisch, da die berichteten Korrelationen bislang überwiegend an Stichproben hirnorganisch geschädigter Patienten (z. T. kombiniert mit gesunden Personen) erhoben wurden. Die positiven Zusammenhänge könnten daher lediglich das Ausmaß der Hirnschädigung widerspiegeln und seien nicht ohne weiteres auf Untersuchungen an hirnorganisch Gesunden übertragbar. Hinweise auf die Richtigkeit dieser Annahme lassen sich zwei Studien entnehmen: Bei Haxby et al. (1986) wiesen Aufgaben zum visuellen Gedächtnis in einer Stichprobe von 40 gesunden Männern keinerlei Zusammenhänge mit dem „Ruhe-Metabolismus“ auf. Berent et al. (1988) berechneten Zusammenhänge zwischen dem Ruhe-Metabolismus und dem Wechsler-IQ getrennt für eine Patienten-Stichprobe ($N = 15$, Huntington-Krankheit) und für eine Kontrollstichprobe ($N = 14$). Für die hirnorganisch erkrankten resultierten positive Korrelationen (zwischen 0,33 und 0,46 für verschiedene subkortikale Areale), für die gesunden hingegen negative Zusammenhänge (zwischen –0,01 und –0,26), aufgrund der geringen Stichprobengrößen erreichte allerdings keine dieser Korrelationen Signifikanz, lediglich für einzelne Wechsler-Subtests konnten überzufällige Zusammenhänge beobachtet werden.

Der erste Versuch, den Zusammenhang zwischen psychometrischer Intelligenz und Metabolismus bei der Bearbeitung kognitiver Aufgaben zu erheben (Haier et al., 1988), zeigte hingegen, daß intelligentere Personen geringere Metabolismusraten bei der Bearbeitung von Ravens APM aufwiesen (Korrelationen zwischen –0,44 und –0,84 für verschiedene Gehirnareale, $N = 8$). Dieses Ergebnis mag auf den ersten Blick überraschend erscheinen, wird aber plausibel, wenn man sich ein einfaches Beispiel aus dem Bereich körperlicher Beanspruchung vorstellt: Ein trainierter Langstreckenläufer wird für die gleiche körperliche Leistung (z. B. einen 5000-Meter-Lauf) weniger Energie verbrauchen als eine untrainierte Person und trotzdem schneller sein. Haier et al. erklären die niedrigere GMR intelligenterer Personen mit deren effizienterer Nutzung ihres Gehirns, so daß sie insgesamt weniger Energie verbrauchen (vgl. auch Haier, 1990). Eine Bestätigung für Haiers Hypothese wird von Parks et al. (1988) berichtet: Bei Vorgabe eines Wortflüssigkeitstests fanden sie ebenfalls negative Zusammenhänge zwischen GMR und Testleistung (zwischen –0,50 und –0,54 je nach Gehirnregion, $N = 14$). Sie vermuten, daß sich Personen, für die die Aufgabe schwieriger war, mehr anstrengten, was ihre höheren Aktivierungswerte erklären könnte; und/oder es ist denkbar, daß Personen mit hoher Wortflüssigkeit effizientere Strategien bei der Aufgabenbearbeitung verwenden. Parks et al. untersuchten einen Teil ihrer Stichprobe auch mittels PET unter Ruhebedingungen und gaben einem Großteil ihrer Personen den Wechsler-Intelligenztest und zusätzlich einen Wortflüssigkeitstest vor. Unverständlicherweise berichteten sie aber keine Korrelationen mit Intelligenz bzw. Wortflüssigkeit für ihre PET-Ruhebedingung.

Derartige Daten – in ein und derselben Studie erhoben – ließen einen stringenten Test der von Fidelman (1993) aufgestellten Hypothese zu, derzufolge die differierenden Ergebnisse auf diesem Gebiet dadurch zu erklären seien, daß in Ruhebedingungen die „maintenance energy" (sozusagen die „Erhaltungsenergie" oder das grundlegende Energiepotential), in Bedingungen mit kognitiver Belastung aber die „operational energy" („Betriebsenergie" oder der tatsächliche Energieeinsatz) erfaßt würde. Im menschlichen Gehirn werden ständig neue Synapsen gebildet, die aber nur dann permanent bleiben, wenn sie auch zur neuronalen Informationsübertragung genutzt werden. Nach dem Ansatz der Hendricksons (s. Abschn. 5.1) weisen intelligentere Personen weniger synaptische Übertragungsfehler im Gehirn auf. Daher vermutet Fidelman, daß diese Personen auch mehr permanente synaptische Verbindungen ausbilden als weniger intelligente Personen. Mehr Synapsen erfordern aber auch mehr „Erhaltungsenergie" und dies könnte die positiven Zusammenhänge des Ruhe-Metabolismus mit Intelligenz erklären. In der Erklärung der „operational energy" bezieht sich Fidelman auf Eysencks (1984) Erklärung von Schafers Ergebnissen zur „neural adaptability" (s. Abschn. 3.2.4): Die Erwartung bestimmter Reize führt demnach auch zur Inhibition oder Hemmung von Teilen des neuronalen Systems. Nach dem Hendricksonschen Ansatz könnten Übertragungsfehler aber auch die Hemmungspotentiale betreffen, und da weniger Intelligente eine größere Fehleranfälligkeit aufweisen, könnte es bei diesen insgesamt zu einer stärkeren unspezifischen Aktivierung des Gehirns kommen, die in der Folge auch mehr Energie beansprucht.

Jüngste Ergebnisse stehen allerdings nur teilweise in Einklang mit Fidelmans Hypothesen: Haier et al. (1992b) ließen 8 Personen ein komplexes Computerspiel („Tetris") lernen, wobei sie die GMR-Abnahme mit zunehmender Übung erfaßten und mit psychometrischer Intelligenz (APM und Wechsler-Skala) korrelierten. Die negativen Zusammenhänge (–0,68 für APM und –0,43 für Wechsler-IQ) interpretierten sie dahingehend, daß die intelligenteren Personen mit zunehmender Übung aufgrund ihrer höheren „brain efficiency" weniger Energie (und damit Metabolismus) benötigen. Diese Interpretation erscheint allerdings eher zweifelhaft, da diese Korrelation offensichtlich nur eine Folge eines unterschiedlichen GMR-Ausgangsniveaus in Abhängigkeit von der Intelligenz war. Der Metabolismus zu Beginn der Übung korrelierte nämlich hochsignifikant positiv mit den APM ($r = 0{,}77$), hingegen war die GMR im geübten Zustand überhaupt nicht bedeutsam mit dem APM-Ergebnis assoziiert. Haier et al. interpretieren ihre Ergebnisse als im Einklang mit ihren früheren Ergebnissen (Haier et al. 1988) und damit der Effizienzhypothese stehend; allerdings muß hier ein wesentlicher methodischer Unterschied zwischen beiden Untersuchungen festgehalten werden: In der Arbeit von 1988 korrelierten Haier et al. die GMR bei der Bearbeitung eines Intelligenztests mit dem Testergebnis aus ebendiesem Intelligenztest. In der Studie von 1992 hingegen wurde psychometrische Intelligenz mit der GMR bei einer anderen Aufgabe (Tetris) in Beziehung gesetzt, weshalb die Ergebnisse beider Studien nicht direkt vergleichbar sind. Die Zusammenhänge zwischen GMR und der Tetris-Leistung werden von der Arbeitsgruppe um Haier in einer anderen Publikation vorgestellt (Haier et al., 1992a): Dabei zeigten sich zwar keine signifikanten Zusammenhänge zwischen Tetris-Leistung und GMR, weder zu Beginn noch am Ende der Übung, allerdings war der Tetris-Übungsgewinn bedeutsam negativ mit der GMR-Veränderung bei zunehmender Übung korreliert, d. h., je höher die Leistungsverbesserung, desto stärker die GMR-Abnahme. Auch dieses Ergebnis liefert somit eine Unterstützung für Haiers Effizienzhypothese.

Daß die Richtung des Zusammenhangs zwischen kortikalem Metabolismus und psychometrischer Intelligenz nicht so einfach in Abhängigkeit von der kognitiven Belastung vs. Nicht-Belastung der Personen bei der PET-Messung variiert, sondern daß auch die Topographie nicht außer acht zu lassen ist, legen die Ergebnisse von Boivin et al. (1992) nahe: Bei einer GMR-Messung unter Ruhebedingung ergaben sich an 33 gesunden Personen teils negative Korrelationen (frontale kortikale Areale), teils positive Zusammenhänge (linker Temporallappen) mit verbaler Fähigkeit.

Nichtsdestoweniger erscheinen die referierten Befunde zur Beziehung zwischen Gehirnstoffwechsel und psychometrischer Intelligenz insgesamt als ein vielversprechender Ansatz der Erforschung der physiologischen Grundlagen menschlicher Intelligenz, da sie alles in allem bislang doch Ergebnisse hervorgebracht haben, die im Einklang mit einem der wesentlichsten Erklärungsansätze auf dem Gebiet der Mental-speed-Forschung („Neuronale Effizienz") stehen. Die Generalisierbarkeit dieser Ergebnisse muß sicher noch in weiteren Untersuchungen nachgewiesen werden, da bislang doch nur sehr kleine Stichproben untersucht wurden, was auch auf die immensen Kosten der PET-Methode zurückzuführen ist: Eine PET-Studie mit nur 8 Personen kostet nach Haier (1990) bereits über 20.000 US $. Diesem Nachteil der PET-Methode (gegenüber anderen physiologischen Meßverfahren, wie z. B. dem EEG) stehen allerdings nicht nur Vorteile gegenüber: Zwar erlaubt die PET es auch, die Beteiligung subkortikaler Strukturen an kognitiver Aktivität zu erfassen, was mit dem EEG nicht möglich ist; dieses bietet aber wiederum den Vorteil einer hohen zeitlichen Auflösung des Aktivierungsverlaufs. Die PET-Methode ermöglicht hingegen nur die gleichsam aufsummierte Messung physiologischer Korrelate kognitiver Aktivität während der Uptake-Phase (ungefähr 30 Minuten); eine Untersuchung des zeitlichen Verlaufs ist nicht möglich.

4 Intelligenzmodelle und mentale Geschwindigkeit

Untersuchungen, die sich mit Zusammenhängen zwischen Informationsverarbeitungsgeschwindigkeit und psychometrischer Intelligenz beschäftigen, gehen zumeist von der Frage aus, inwieweit chronometrische und/oder physiologische Maße als Prädiktoren geeignet sind, das Kriterium psychometrischer Intelligenz vorherzusagen. Die Beschreibung der Prädiktorenseite, also der elementaren kognitiven Tests (zumeist RZ-Tests) und der physiologischen Methoden war Gegenstand der vorangegangenen Kapitel; es bleibt die Frage offen, welche psychometrischen Intelligenztests in den referierten und anderen Untersuchungen eingesetzt wurden. Da die meisten heutzutage verwendeten Intelligenztests auf der Basis einer bestimmten Intelligenztheorie entwickelt wurden, läßt sich aus der Wahl bestimmter Intelligenztests zumeist auch die theoretische Ausgangsposition des Wissenschaftlers (hinsichtlich der verschiedenen Intelligenztheorien) ableiten. Im ersten Teil werden Befunde zu dem – auf diesem Gebiet dominierenden – Ansatz vorgestellt, demzufolge Informationsverarbeitungsgeschwindigkeit die grundlegende Ursache interindividueller Unterschiede in allgemeiner Intelligenz (sensu Spearman, 1927) sei. Anschließend werden diese Befunde kritisch diskutiert und Untersuchungen referiert, die von anderen Konzeptionen ausgehen, wie z. B. Cattells (1971) Theorie der „flüssigen" vs. „kristallisierten" Intelligenz.

4.1 Allgemeine Intelligenz

Die Hypothese einer allgemeinen mentalen Fähigkeit geht ursprünglich auf Sir Francis Galton (1869) zurück; dieser verfügte allerdings noch nicht über die adäquate psychometrische wie statistische Methodologie, um seinen Vorschlag einer stringenten empirischen Überprüfung unterziehen zu können. Eine solche Überprüfung gelang erst Charles Spearman (1904, 1927). Das von ihm erstmalig berichtete Phänomen der sogenannten „positive manifold" beschreibt das zwischenzeitlich vielfach replizierte (vgl. Jensen, 1986) empirische Faktum, daß sehr unterschiedliche Tests für mentale Fähigkeiten in der Normalpopulation zwar unterschiedlich hoch, aber immer positiv interkorreliert sind (vorausgesetzt, die Reliabilitäten der Tests sind hinreichend). Dieses Phänomen wird dahingehend interpretiert, daß alle mentalen Fähigkeitstests – neben spezifischen Fähigkeiten – auch immer etwas Gemeinsames erfassen, nämlich einen Generalfaktor der allgemeinen Fähigkeit oder Intelligenz. Diese Gesetzmäßigkeit wird von einzelnen Wissenschaftlern (z. B. Jensen, 1986) sogar in den Rang physikalischer Gesetze (wie z. B. der Gravitation) erhoben. Verschiedene Intelligenztests unterscheiden sich allerdings hinsichtlich des Ausmaßes, in dem sie allgemeine vs. spezifische Fähigkeit zu erfassen in der Lage sind. Inwieweit ein bestimmter Intelligenztest (oder Subtest einer Intelligenztestbatterie) allgemeine Intelligenz erfaßt, läßt sich über die Korrelation des betreffenden Tests mit dem Generalfaktor bestimmen. Da der Generalfaktor ein hypothetisches Konstrukt ist, das nicht direkt meßbar ist, benötigt man ein Verfahren zur Extraktion eben dieses Konstruktes. Die Faktorenanalyse ist ein solches mathematisch-statistisches Verfahren (eigentlich eine Klasse von Verfahren), das es erlaubt, aus einer Reihe von beobachteten Variablen eine (meist geringere) Anzahl hypothetischer Konstrukte zu extrahieren. Während das Ziel der meisten Einsätze faktorenanalytischer Techniken eine Zurückführung mehrerer beobachteter Variablen auf einige (zwei oder mehr) unabhängige oder auch korrelierte hypothetische Konstrukte (= Faktoren) ist, geht es bei der Bestimmung der Korrelation einzelner Tests mit „general intelligence" darum, nur einen Faktor (den Generalfaktor) zu extrahieren. Dieses Ziel kann auf verschiedene Weise erreicht werden (Jensen, 1986, 1992a; vgl. auch Ree und Earles, 1991): Durch Extraktion des ersten unrotierten Faktors (Faktorenanalyse) bzw. der ersten Hauptkomponente (Hauptkomponentenanalyse) oder – am besten – durch hierarchische Faktorenanalysen. Aus den *Ladungen* auf dem Generalfaktor (= Korrelation mit dem Generalfaktor) läßt sich für jeden einzelnen Test bestimmen, inwieweit dieser allgemeine Intelligenz (*g*) erfaßt. Diese Korrelation wird daher häufig auch als *g*-Ladung eines Tests bezeichnet. Ohne Rückgriff auf faktorenanalytische Methodologie könnte man sich die *g*-Ladung eines Tests auch vereinfacht als mittlere Korrelation dieses Tests mit allen anderen Tests in der Testbatterie vorstellen (Jensen, 1992a).

Wie bereits erwähnt, geht der Großteil der Vertreter des Mental-speed-Ansatzes der Intelligenz davon aus, daß Informationsverarbeitungsgeschwindigkeit die grundlegende Ursache interindividueller Unterschiede in allgemeiner Intelligenz oder *g* sei. In der Mehrzahl der Mental-speed-Studien wurden daher zur Erfassung der psychometrischen Intelligenz solche Tests verwendet, die bekanntermaßen eine hohe *g*-Ladung aufweisen, d. h., als besonders gute Indikatoren für *g* gelten. Wie aus diversen Überblicksarbeiten über Mental-speed-Studien zu entnehmen ist (z. B. Jensen, 1987a, für das Hick-Paradigma; Kranzler und Jensen, 1989, für das IT-Paradigma), wurde psychometrische Intelligenz am häufigsten mit den Standard oder Advanced Progressive Matricestests nach Raven (1960, 1958) gemessen, die zu den besten Indikatoren für *g* gerechnet werden (Marshalek et al., 1983; Paul, 1986; Snow et al., 1984). Relativ häufig gelangten auch die – ebenfalls hoch *g*-geladenen – Wechsler-Intelligenztests für Erwachsene (WAIS, „Wechsler Adult Intelligence Scale") und für Kinder (WISC, „Wechsler Intelligence Scale for Children") zur Anwendung.

Die Korrelation von Ergebnissen aus elementaren kognitiven Tests mit bekanntermaßen hoch *g*-geladenen Intelligenztests erlaubt allerdings keinen wirklich stringenten Test der Hypothese, Informationsverarbeitungsgeschwindigkeit sei die wesentlichste Grundlage allgemeiner Intelligenz, da man nicht erfährt, ob vielleicht andere Tests (mit niedrigeren *g*-Ladungen und daher einer höheren nicht-*g*-spezifischen Varianz) höhere Zusammenhänge mit ECTs aufweisen. Dies ist nur über die Erhebung multipler Intelligenzmaße möglich. Extrahiert man aus einer Testbatterie die *g*-Ladung jedes einzelnen Intelligenz-(Sub-)Tests, so sollten die Tests mit einer hohen Sättigung in allgemeiner Intelligenz (also einer hohen *g*-Ladung) auch höher (negativ) mit ECTs korrelieren als solche mit einer niedrigen *g*-Ladung. Eine derartige lineare Beziehung zwischen *g*-Ladung und RZ-Intelligenz-Korrelation wurde erstmals von Hemmelgarn und Kehle (1984) bestätigt, wobei sich an 95 Kindern eine hochsignifikante Korrelation von –0,80 zwischen den *g*-Ladungen der 12 WISC-Subtests und deren Korrelationen mit dem RZ-Anstieg im Hick-Paradigma ergab, d. h., je höher die *g*-Ladung eines WISC-Subtests, desto höher korrelierte dieser negativ mit dem RZ-Anstieg. Einen ähnlichen Zusammenhang in der Höhe von 0,78 ($p < 0,01$) berichteten Larson et al. (1988) an 73 Navy-Rekruten, die mit einer heterogenen Batterie aus 12 Intelligenz-(Sub-)Tests und diversen ECTs untersucht wurden (der Zusammenhang ist hier positiv, da die RZ-Intelligenz-Korrelationen über multiple Regressionsanalysen ermittelt wurden). Smith und Stanley (1987) untersuchten Zusammenhänge von Variablen aus dem Hick-Paradigma mit sechs verschiedenen Intelligenztests ($N = 122$ Kinder): Die *g*-Ladungen der Intelligenztests waren größtenteils bedeutsam negativ mit deren Korrelationen mit RZen assoziiert; je nach RZ-Parameter ergaben sich dabei Zusammenhänge zwischen –0,16 und –0,97, was als Hinweis darauf gewertet werden kann, daß auch verschiedene Kennwerte aus dem Hick-Paradigma unterschiedlich gut geeignet sind, *g* zu erfassen. Aus diesem Ergebnis folgt, daß es eigentlich auch möglich sein sollte, die *g*-Ladungen von ECTs zu berechnen (mittels Faktorenanalyse der Interkorrelationen der ECTs).

Ein derartiger Versuch wurde von Vernon (1989b) unternommen: Er reanalysierte 5 eigene Untersuchungen (mit insgesamt 674 Personen), indem er nicht nur die verwendeten Intelligenztests, sondern auch die ECTs getrennten Faktorenanalysen unterzog und jeweils Faktorwerte für den ersten unrotierten Faktor berechnete. Bei den Intelligenztests klärte der erste Faktor zwischen 39 % und 60,9 % der Varianz auf, für die ECTs ergaben sich sogar noch höhere Varianzaufklärungen (zwischen 65,5 % und 83,4 %), also überwiegend Werte, die die Extraktion nur eines Faktors rechtfertigen. Die Faktorwerte aus der Faktorenanalyse der Intelligenztests repräsentieren die individuelle Ausprägung der allgemeinen Intelligenz (IQ*g*), die Faktorwerte aus der ECT-Batterie ergeben die individuelle Ausprägung der „general intelligence“ in den RZ-Tests (RZ*g*). IQ*g* und RZ*g* korrelierten in den fünf reanalysierten Stichproben, wie erwartet, negativ, zwischen –0,26 und –0,67 (kurze RZen gehen einher mit hoher Intelligenz). Daß diese Korrelationen ungefähr gleich hoch sind wie die zwischen Verbal- und Handlungs-IQs der verwendeten Intelligenztests, ist – nach Vernon – ein weiterer Hinweis auf die Allgemeingültigkeit von *g*.

Auch in der Erforschung physiologischer Korrelate psychometrischer Intelligenz konnte Schafer (1985) für seinen EP-Habituationsindex zeigen, daß dieser vorwiegend mit allgemeiner Intelligenz assoziiert ist: In der bereits oben besprochenen Studie (vgl. Abschn. 3.2.4) wiesen die Zusammenhänge zwischen dem EP-Habituationsindex und den einzelnen Wechsler-Subtests eine systematische Beziehung zu den *g*-Ladungen eben dieser Subtests auf (Spearmans *Rho* = 0,91), d. h., Subtests mit höheren *g*-Ladungen korrelierten auch höher mit der EP-Habituation auf wiederholte, gleichförmige Stimulation.

Wenn auch die bislang berichteten Befunde insgesamt die Hypothese einer deutlichen Assoziation zwischen *g* und Informationsverarbeitungsgeschwindigkeit nahelegen, darf hier doch ein kritischer Punkt nicht unberücksichtigt bleiben: Gerade hypothesengenerierende Verfahren wie die (exploratorische) Faktorenanalyse lassen einen gewissen Spielraum hinsichtlich der statistischen Vorgangsweise bzw. der Ergebnisinterpretation zu, der dazu führen kann, daß die theoretische Orientierung des diese Verfahren anwendenden Wissenschaftlers das Ergebnis zumindest mitbestimmt. Zudem lassen derartige Verfahren zwar die Überprüfung von Zusammenhängen, nicht aber von Kausalbeziehungen zu. Zu bevorzugen sind hier eindeutig konfirmatorische statistische Verfahren wie z. B. die Anwendung linearer Strukturgleichungsmodelle (z. B. LISREL; Jöreskog und Sörbom, 1984). Derartige statistische Techniken haben erst jüngst eine Berücksichtigung im Bereich der Mental-speed-Forschung erfahren. Mittels einer konfirmatorischen Faktorenanalyse via LISREL beobachteten Bucik und Brenk (1993), daß die Leistung von 88 Personen in fünf verschiedenen ECTs letztlich auf *eine* latente Mental-speed-Variable (einen Faktor zweiter Ordnung) zurückführbar ist, und daß dieses latente Konstrukt als Ursache für interindividuelle Unterschiede in allgemeiner Intelligenz angesehen werden kann. In dieser Studie war die ECT-Seite zwar durch fünf Verfahren entsprechend vertreten, das Konstrukt der allgemeinen Intelligenz wurde jedoch nur durch zwei Verfahren erhoben, weshalb die Generalisierbarkeit dieser Ergebnisse erst in Replikationsversuchen geprüft werden muß.

Die Hypothese, daß Informationsverarbeitungsgeschwindigkeit die grundlegende Ursache interindividueller Unterschiede in allgemeiner Intelligenz sei, hat alles in allem beträchtliche Unterstützung erfahren, blieb aber nicht unwidersprochen. Ruchalla et al. (1985) berichten die bislang einzige Untersuchung, in der Intelligenz-(Sub-)-Tests mit höheren *g*-Ladungen *niedrigere* Zusammenhänge mit RZen aufwiesen (Rangkorrelation = –0,58); für diese Anomalie ist jedoch nach Vernon (1986) die geringe Komplexität der von Ruchalla et al. verwendeten RZ-Aufgaben (einfache RZ und Dreifach-Wahl-RZ) verantwortlich. Anhand einer Reanalyse zweier eigener Untersuchungen zeigt Vernon (1986), daß vor allem bei komplexeren ECTs (die längere mittlere RZen aufweisen, vgl. Abschn. 2.8) höhere *g*-Ladungen der Intelligenztests auch mit höheren RZ-Intelligenz-Korrelationen assoziiert sind. Eine Tendenz in die gegenläufige Richtung ist bei der leichtesten RZ-Aufgabe (Hick-Paradigma) zu beobachten, was nach Vernon – neben anderen methodischen Unterschieden – Ruchalla et al.'s Ergebnis hinreichend erklären kann. Im Lichte der oben referierten Studie von Smith und Stanley (1987), die – obwohl sie ebenfalls nur das Hick-Paradigma verwendete – trotzdem hypothesenkonforme Ergebnisse berichtete, erscheint Vernons Erklärungsversuch allerdings nicht restlos überzeugend.

Kritik an der *g*-Hypothese des Mental-speed-Ansatzes

Die von den *g*-Proponenten vertretene Position der „Singularität des Intellekts" („singularity of mind") wird von Ceci (1990) in seiner Kritik an der nahezu ausschließlichen *g*-Orientierung des Mental-speed-Ansatzes mit seiner Hypothese der „Spezifität des Intellekts" („specificity of mind") kontrastiert. Nach Ceci seien Zusammenhänge zwischen kognitiven Maßen auf der Mikroebene (RZen, EPs, etc.) und solchen auf der Makroebene (komplexere Aufgaben in Intelligenztests) nur durch eine gemeinsame Wissensbasis, wie Erfahrung im Umgang mit Zahlen, Buchstaben oder geometrischen Formen, begründet. Dementsprechend sollten ECTs nur dann bedeutsam interkorrelieren, wenn sie den Rückgriff auf eine gemeinsame Wissensbasis erfordern. Hingegen nimmt die „Singularitäts-Hypothese" in jedem Fall positive Interkorrelationen zwischen verschiedenen ECTs an, da letztlich alle in den ECTs geforderten Prozesse nur die Effizienz zentralnervöser Prozesse widerspiegeln. Cecis Kritik wurde von Lindley et al. (1993) einer empirischen Überprüfung unterzogen, indem sie 102 Studenten zwei Papier-Bleistift-Tests für Informationsverarbeitungsgeschwindigkeit, die nach Ceci verschiedene Wissensbasen haben sollten (alphanumerische Umkodierung, s. Abschn. 2.6, und Umkodierung geometrischer Formen), zusammen mit zwei IQ-Tests vorgaben. Beide Kodierungstests korrelierten bedeutsam positiv miteinander (um 0,30) sowie negativ mit psychometrischer Intelligenz (bis –0,39). Die Kombination beider Kodierungstests mittels multipler Regression konnte psychometrische Intelligenz nicht besser vorhersagen als die einzelnen Tests (maximales $R = 0{,}40$). Zudem konnten für den Vergleich der Korrelationen mit psychometrischen Tests für verbales und schlußfolgerndes Denken keine inhaltsspezifischen Korrelationen dahingehend gefunden werden, daß die alphanumerische Umkodierungsaufgabe höher mit verbaler Fähigkeit als mit den anderen IQ-Tests korreliert. Diese Ergebnisse lassen sich zwar als Hinweis auf die Gültigkeit der Singularitätshypothese interpretieren; ein wirklich stringenter Test dieser Hypothese hätte jedoch auch auf psychometrischer Seite die Vorgabe von IQ-Tests nicht nur für verbales und schlußfolgerndes Denken, sondern auch für visuell-räumliche Fähigkeiten erfordert (um auch auf der psychometrischen Kriteriumsseite einen der geometrischen Umkodierungsaufgabe entsprechenden Test zu haben). Der von Lindley et al. ebenfalls verwendete Wonderley-Test enthält zwar angeblich auch räumliche Items, die Autoren berichteten aber nur Ergebnisse für den Gesamtscore.

Ein stringenter Nachweis der Singularitätshypothese (und damit der *g*-Fundierung des Mental-speed-Ansatzes) müßte also zeigen, daß Tests für Verarbeitungsgeschwindigkeit, die verschiedenartiges Aufgabenmaterial (verbal, numerisch, räumlich) verwenden, *nicht* bevorzugt mit entsprechenden Intelligenzsubskalen (für verbale, rechnerische und räumliche Fähigkeiten) korrelieren.

Ein Versuch in diese Richtung wird von Mackenzie et al. (1991) berichtet: An einer Stichprobe von 59 Kindern verwendeten sie das klassische (nonverbale) IT-Paradigma und ein „verbales" IT-Paradigma (mit Buchstabenmaterial) sowie das Posner-„letter matching"-Paradigma. Diese ECTs wurden in Beziehung gesetzt zu einem verbalen (Neale Analysis of Reading Ability) und einem nonverbalen Intelligenztest (Ravens SPM). Die verbale IT-Aufgabe korrelierte höher mit dem Neale-Test als mit den SPM (–0,35 vs. –0,11, in dieser Reihenfolge); für die nonverbale IT-Aufgabe waren gegenläufige Zusammenhänge zu beobachten (–0,26 für die SPM vs. –0,17 für den Neale-Test). Aus der Tatsache, daß nur die beiden höheren Korrelationskoeffizienten Signifikanz erreichten, könnte man eher auf gemeinsame, materialspezifische Varianz als auf eine zugrundeliegende „general intelligence" schließen; diese Interpretation wird aber dadurch geschwächt, daß die Unterschiede der o. a. Korrelationskoeffizienten nicht Signifikanz erreichten.

Als bislang stringentester Versuch, die Generalität vs. Spezifität von RZ-Intelligenz-Korrelationen zu erheben, kann die Untersuchung von Levine et al. (1987) angesehen werden. Dabei wurde ein psychometrischer Intelligenztest (Cognitive Abilities Test, CogAT) mit Subskalen für verbale, numerische und räumliche Fähigkeiten an 200 Kindern in Beziehung zu verbalen, numerischen und räumlichen ECTs gesetzt, bei denen zumeist zwei simultan dargebotene Reize hinsichtlich der Gleichheit/Ungleichheit (ähnlich wie beim Posner-Paradigma) zu beurteilen waren. Anhand der gewonnenen Daten wurde analysiert, ob und inwieweit die modalitätsspezifischen (= inhaltsspezifischen) Korrelationen (z. B. räumlicher Intelligenztest mit räumlicher ECT) höher als die Korrelationen zwischen IQ-Tests und ECTs unterschiedlicher Modalitäten sind. Hierzu mittelten die Autoren die ECT-Intelligenz-Korrelationen für gleiche Modalitäten und verglichen diese mit den mittleren Korrelationen zwischen ECTs und psychometrischer Intelligenz für verschiedene Modalitäten. Für die drei Modalitäten mal drei Altersgruppen ergaben sich somit neun derartige Vergleiche, wobei in sieben Fällen die ECT-Intelligenz-Zusammenhänge gleicher Modalität höher als jene verschiedener Modalität waren; die Unterschiede waren aber eher gering: Berechnet man aus Levine et al.'s diesbezüglicher Tabelle (S. 606) eine mittlere Korrelation aus den modalitätsspezifischen Korrelationen (mittleres $r = 0{,}28$), so ist diese nur geringfügig höher als der mittlere Zusammenhang aus den ECT-Intelligenz-Korrelationen verschiedener Modalitäten (mittleres $r = 0{,}22$; Korrelationsmittelung via Fisher-Z-Transformation). Zudem zeigten sich in einer Faktorenanalyse sowohl für alle IQ-Tests als auch für die ECTs beträchtliche *g*-Ladungen (Ladungen zwischen 0,55 und 0,79 auf dem ersten unrotierten Faktor).

Zusammenfassend ergibt sich doch das Bild einer guten empirischen Fundierung der Hypothese, derzufolge Tests für Informationsverarbeitungsgeschwindigkeit eine wesentliche Grundlage allgemeiner Intelligenz erfassen. Allerdings muß hier berücksichtigt werden, daß sich – aufgrund der komplexen statistischen Methodologie, die zur Beantwortung dieser Frage notwendig ist – eine gewisse Abhängigkeit der Ergebnisse (und deren Interpretation) von der theoretischen Orientierung nicht ausschließen läßt. Dies zeigen Untersuchungen zu Zusammenhängen zwischen Mental speed und psychometrischer Intelligenz, die auf der Basis anderer Intelligenzmodelle initiiert und geplant wurden. Diese sollen im folgenden behandelt werden.

4.2 „Fluid" und „crystallized" Intelligenz

Versuche, die RZ-Intelligenz-Beziehung auch auf der Basis anderer Intelligenzmodelle zu untersuchen, wurden selten unternommen. Die meisten dieser Versuche orientierten sich an Cattells Modell der „fluid" (g_f) und „crystallized intelligence" (g_c) (R. B. Cattell, 1971; Horn und Cattell, 1966). Während g_f eher die Fähigkeit widerspiegelt, sich in flexibler (flüssiger) Weise neuen Situationen und Problemen anzupassen und häufig auch als grundlegende, angeborene kognitive Kapazität angesehen wird, repräsentiert g_c erworbene kognitive Fertigkeiten, die gleichsam verfestigt (eben kristallisiert) sind. Aus dieser Beschreibung läßt sich bereits eine konzeptuelle Ähnlichkeit von g_f mit Spearmans Konzept der allgemeinen Intelligenz (g) erkennen, und tatsächlich ist eine solche Gleichsetzung gerechtfertigt; nach Gustafsson (1984) ist ein g_f-Faktor zweiter Ordnung identisch mit einem g-Faktor dritter Ordnung.

Aus dieser Tatsache (und den bislang vorgestellten Annahmen der Mental-speed-Forschung) läßt sich bereits ableiten, daß Informationsverarbeitungsgeschwindigkeit eher mit g_f assoziiert sein sollte als mit g_c (ein indirekter Hinweis auf die Gültigkeit dieser Hypothese wird von Smith und Stanley, 1987, berichtet). Ebendiese Hypothese wurde von Jenkinson (1983) untersucht, indem sie 66 Kinder mit drei RZ-Aufgaben, der Mill-Hill-Vocabulary-Scale (als Maß für g_c) und Ravens Standard Progressiven Matrizen (als Maß für g_f) testete. Tatsächlich ergab sich jedoch kein Unterschied in der Höhe der Korrelationen; alle drei RZ-Tests (Sternberg-Paradigma, Satz-Verifikations-Test und ein Bildererkennungstest) korrelierten ungefähr gleich hoch (überwiegend zwischen –0,3 und –0,4) mit beiden Intelligenztests.

Raz et al. (1990) verwendeten Cattells Culture-Fair-Intelligenztest als Maß für g_f und den Wortschatztest aus der Wechsler-Intelligenz-Skala (für g_c) in ihrem Versuch, sensorische Diskriminationsfähigkeit (Frequenzunterschiedsschwelle für zwei Töne) mit Intelligenz in Beziehung zu setzen. Sie konnten die Hypothese höherer Zusammenhänge für g_f (–0,52) als für g_c (–0,00!) bestätigen (jeweils Korrelationen mit der Unterschiedsschwelle in einer Stichprobe von 49 Personen).

Die beiden referierten Untersuchungen sind allerdings hinsichtlich ihrer Aussagekraft insofern eingeschränkt, als sie nur jeweils einen Test für g_f und g_c verwendeten. Ein stringenter Test zur Überprüfung der o. a. Hypothese sollte besser multiple Intelligenzmaße erheben, die dann mittels Faktorenanalyse auf Cattells Sekundärfaktoren zurückführbar wären.

Solche multiplen Intelligenzmaße verwendeten Widaman et al. (1993) in ihrem Versuch, den Zusammenhang von g_f und g_c mit akustisch evozierten Potentialen zu erheben. Hierzu gaben sie 48 Studenten Ravens Standard Progressive Matrizen (für g_f) sowie sieben Wechsler-Subtests, von denen vier als Indikatoren für g_c und drei für g_f gelten, vor. Unter Verwendung konfirmatorischer Faktorenanalysen (mittels LISREL) konnten diese Zuordnungen bestätigt werden. Während EP-Latenzmaße nahezu überhaupt keine Zusammenhänge mit psychometrischer Intelligenz zeigten, waren Amplituden- und „String“-Maße (vgl. Abschn. 3.2.3) negativ mit psychometrischer Intelligenz assoziiert, wobei die Zusammenhänge mit g_c höher waren als mit g_f. In ihrer – wenig befriedigenden – Erklärung dieses unerwarteten Ergebnisses beziehen sich Widaman et al. auf die Annahme von P.E. Vernon (1984), derzufolge EP-Indizes eher kulturelle und bildungsbezogene Einflüsse widerspiegeln.

Ein ähnlicher Zugang wurde von Deary (1993) in seiner Untersuchung zur Inspection Time gewählt. Er gab neun Wechsler-Subtests vor (5 aus dem Verbalteil, 4 aus dem Handlungsteil), die, obwohl der Wechsler-Intelligenztest nicht im Hinblick auf eine bestimmte Intelligenztheorie entwickelt wurde, doch einen starken Bezug zu g_c (Verbaltests) und g_f (Handlungstests) aufweisen (siehe dazu die Evidenz, die Deary hierzu anführt). Die Auswertungen zeigten, daß fast nur die Handlungstests (bzw. g_f) bedeutsame Zusammenhänge mit der IT aufwiesen, nicht jedoch die Verbaltests (g_c); dieser Befund konnte auch in einer konfirmatorischen Faktorenanalyse bestätigt werden, in der ein Zweifaktorenmodell eine wesentlich bessere Modellanpassung zeigte als ein *g*-Modell (nur ein Faktor). Die zwei Faktoren korrespondierten sehr gut mit der Unterscheidung in Verbal- und Handlungstests, wobei die IT nur auf dem Handlungsfaktor lud.

Alle bislang berichteten Untersuchungen zu Cattells Theorie bezogen sich lediglich auf die zwei von Cattell selbst als am wesentlichsten erachteten Faktoren der „fluid“ und „crystallized“ Intelligenz. Dabei blieb unbeachtet, daß Horn und Cattell (1966) noch drei weitere Sekundärfaktoren fanden: g_r für Gedächtnis (retrieval capacity), g_v für räumliche Vorstellungsfähigkeit (spatial visualization), und g_s für kognitive Geschwindigkeit (speed). Vier dieser fünf Sekundärfaktoren (mit Ausnahme von g_r) wurden von Lansman et al. (1982) hinsichtlich ihrer Beziehung zu drei Informationsverarbeitungstests untersucht: mentale Rotationen (nach Shepard und Metzler, 1971), Posners „letter matching" und Satz-Verifikation. Konfirmatorische Faktorenanalysen zeigten überwiegend inhaltsspezifische Zusammenhänge. Mentale Rotationen waren am stärksten mit g_v assoziiert (0,78), das „letter matching" mit g_s (0,69), die Satz-Verifikations-Aufgabe mit g_c (0,28) und g_s (0,38). Diese Ergebnisse widersprechen auf den ersten Blick eindeutig der Singularitätshypothese (s. voriger Abschnitt), problematisch an dieser Untersuchung sind jedoch zwei methodische Unzulänglichkeiten. Zum einen war g_f, wie die Autoren selbst zugeben, „most poorly defined" (aufgrund sehr geringer Reliabilitäten und in der Folge geringer Faktorenladungen der dafür verwendeten Tests). Zum anderen wurde diese Untersuchung nicht auf dem Hintergrund des Mental-speed-Ansatzes geplant, weshalb zwei der drei verwendeten Informationsverarbeitungstests offensichtlich so komplex waren, daß sie nicht mehr als „elementare kognitive Aufgaben" gelten können. Die verwendete Version des Satz-Verifikations-Tests sowie die mentalen Rotationen wiesen zum Teil mittlere RZen im Bereich von über zwei bis 4 Sekunden auf und entsprechen daher nicht mehr Jensens Annahme des Test-Speed-Paradoxons (vgl. Abschn. 2.8 und 5.2), wonach nur Tests mit mittleren RZen bis zu zwei Sekunden bedeutsam mit Intelligenz korrelieren.

Zusammenfassend läßt sich festhalten, daß die Relation von Mental-speed-Maßen zu Cattells Modell der flüssigen vs. kristallisierten Intelligenz noch weitestgehend ungeklärt erscheint. Die konzeptuelle Ähnlichkeit der flüssigen Intelligenz mit Spearmans Konzept der allgemeinen Intelligenz impliziert die Hypothese, daß Mental-speed-Maße eher mit g_f als mit g_c assoziiert sein sollten. Diese Hypothese konnte teils bestätigt werden, teilweise wurden aber auch keine Unterschiede in der Höhe der Zusammenhänge mit beiden Faktoren gefunden; eine Untersuchung konnte sogar den gegenteiligen Effekt höherer Korrelationen mit g_c beobachten. Diese Heterogenität der Ergebnisse ist sicher auch durch die erheblichen Unterschiede in den methodischen Vorgangsweisen der Untersuchungen begründet. Letztendlich muß der theoretische Erklärungswert derartiger Studien kritisch hinterfragt werden: Ließen sich nämlich zukünftig bedeutsamere Zusammenhänge von Mental speed mit g_f als mit g_c nachweisen, so wäre dies – auf Basis der konzeptuellen Ähnlichkeit von g und g_f –

nur eine Untermauerung der *g*-Hypothese des Mental-speed-Ansatzes. Die Tatsache, daß dies bislang nicht eindeutig gelungen ist, läßt somit auch Zweifel an der *g*-Hypothese des Mental-speed-Ansatzes aufkommen. Um die Frage nach der Generalitätsebene der Zusammenhänge zwischen Mental speed und Intelligenz klären zu können, sind daher Anbindungen an differenziertere Intelligenzmodelle notwendig. Derartige Versuche sind bislang nur für das Berliner Intelligenz-Struktur-Modell bekannt und sollen im folgenden vorgestellt werden.

4.3 Berliner Intelligenz-Struktur-Modell

Das Berliner Intelligenz-Struktur-Modell (BIS; Jäger, 1982) stellt im Hinblick auf eine Anbindung an die Mental-speed-Forschung sicherlich eine der interessantesten neueren Konzeptionen dar, da in diesem bimodalen hierarchischen Modell neben den inhaltsspezifischen Komponenten (verbal, numerisch, figural) auch eine Komponente „Bearbeitungsgeschwindigkeit" (unter den operativen Komponenten, neben Gedächtnis, Einfallsreichtum und Verarbeitungskapazität) postuliert wird. Abbildung 15 veranschaulicht, daß sich aus der Kombination der drei Inhalte mit den vier Operationen insgesamt zwölf intellektuelle Teilleistungen ergeben, die jeweils mittels spezifischer Subtests gemessen werden.

Die konzeptuelle Ähnlichkeit des Faktors Bearbeitungsgeschwindigkeit (B) mit Informationsverarbeitungsgeschwindigkeit in ECTs konnte bereits von Hussy (1990) empirisch nachgewiesen werden: B korrelierte bedeutsam mit RZen in diversen ECTs. Derselbe Autor konnte in einer anderen Studie aber auch zeigen, daß B überraschenderweise mit der Leistung in einem Test zum komplexen Problemlösen überzufällig assoziiert ist (Hussy, 1989). Jäger selbst beobachtete, daß B mit allen anderen Komponenten des BIS korreliert (Jäger, 1988, zitiert nach Hussy, 1990). Auf der Basis dieser Evidenz stellt Hussy (1990) die Frage, „ob es sich bei B um eine *eigenständige* operative Einheit handelt" (S. 284) oder ob B dem Intelligenzbereich zugeordnet werden kann? Es wird bei Hussy allerdings nicht ganz klar, was mit „eigenständiger operativer Einheit" gemeint ist. Auf Basis des Mental-speed-Ansatzes läßt sich diese Frage vielleicht so umformulieren: Ist B die – allen intelligenten Leistungen zugrundeliegende – Geschwindigkeit der Informationsverarbeitung, oder gibt es (wie in der bisherigen Konzeption des BIS) verschiedene, inhaltsspezifische

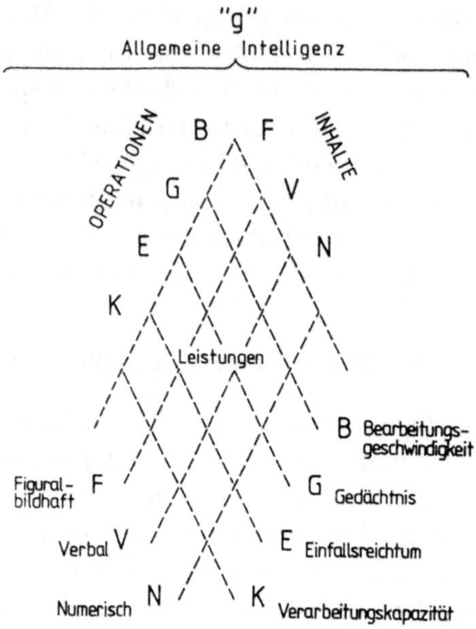

Abb. 15. Das Berliner Intelligenz-Struktur-Modell (Jäger, 1982, Abb. 8)

„Bearbeitungsgeschwindigkeiten" (verbal, numerisch, figural)? Im ersteren Fall wäre B (als Mental speed) auf der höchsten Ebene, also dem *g*-Faktor, anzusiedeln, im zweiten Fall hingegen auf einer niedrigeren, spezifischeren Ebene (wie im BIS). Diese Frage läßt sich im Hinblick auf traditionelle ECTs fortführen: Korreliert beispielsweise das Hick-Paradigma nur (oder zumindest bevorzugt) mit B, so müßte Mental speed auf einer niedrigeren Generalitätsebene zu lokalisieren sein, weist es hingegen ähnliche Zusammenhänge mit allen BIS-Komponenten auf, so wäre die *g*-Interpretation gerechtfertigt.

Einen ersten Hinweis auf die Beantwortung dieser Frage liefert eine Studie von Beauducel und Brocke (1993): In einer Stichprobe von 73 Personen (hauptsächlich Studenten) korrelierten Parameter aus dem Hick-Paradigma (Median RZen und intraindividuelle Standardabweichungen) signifikant mit allen inhaltsspezifischen Komponenten des BIS (am geringsten mit figuralen, am höchsten mit numerischen Komponenten) sowie mit drei der vier operativen Fähigkeiten (Bearbeitungsgeschwindigkeit, Verarbeitungskapazität, etwas geringer mit Gedächtnis); lediglich „Einfallsreichtum" wies kaum bedeutsame Zusammenhänge mit Hick-Parametern auf. Obwohl in dieser Arbeit keine Versuche unternommen wurden, die Generalitätsebene der RZ-Intelligenzbeziehung mittels Faktorenanalyse oder linearer Strukturgleichungsmodelle zu untersuchen, weisen die ähnlichen Korrrelationen zwischen Hick-Parametern und nahezu allen inhaltsspezifischen und operativen Komponenten doch daraufhin, daß mit dem Hick-Paradigma die – für nahezu alle Teilbereiche der Intelligenz – grundlegende Informationsverarbeitungsgeschwindigkeit erfaßt wird. Auch wenn die Bedeutung dieser Befunde erst in Replikationsversuchen zu demonstrieren sein wird, so lassen sich diese Ergebnisse (auch unter Berücksichtigung von Jägers o. a. Beobachtung positiver Zusammenhänge von B mit allen anderen Komponenten des BIS) doch als ein weiterer Hinweis auf die Gültigkeit der Hypothese, derzufolge „mental speed" die grundlegende Basis aller intellektuellen Teilfähigkeiten und damit allgemeiner Intelligenz ist, werten.

Ein wirklich stringenter Test dieser Hypothese und damit der Frage nach der Generalitätsebene des Mental-speed-Intelligenz-Zusammenhangs steht allerdings noch aus: Ein solcher müßte multiple Prädiktoren (ECTs mit unterschiedlichen inhalts- bzw. prozeßspezifischen Anforderungen) in Beziehung zu entsprechend symmetrischen Kriterien (Intelligenztests mit zumindest ähnlichen inhalts- und prozeßspezifischen Anforderungen wie in den ECTs) setzen. Eine – zumindest vorläufige – Schlußfolgerung bezüglich der Frage nach der Generalität vs. Spezifität der RZ-Intelligenz-Korrelation soll im abschließenden Kapitel vorgestellt werden.

5 Theorien des Zusammenhangs zwischen Intelligenz und Informationsverarbeitungsgeschwindigkeit

Die wesentlichsten theoretischen Gedanken zur Erklärung von Zusammenhängen zwischen psychometrischer Intelligenz und Informationsverarbeitungsgeschwindigkeit wurden bereits bei der Darstellung empirischer Befunde kurz umrissen. In diesem Kapitel sollen nun die verschiedenen theoretischen Modelle ausführlicher dargestellt und diskutiert werden. Die bislang referierten Befunde zu Zusammenhängen von Leistungen in elementaren kognitiven Aufgaben und von physiologischen Parametern mit psychometrischer Intelligenz werden von den Proponenten dieser Forschungsrichtung als Grundlage für Intelligenzmodelle herangezogen, die die Rolle des biologischen Substrats – und damit verbunden einer überwiegend genetischen Determinierung – der Intelligenz betonen. Als Basis für die meisten dieser Ansätze kann Eysencks Modell dienen (1986, 1987), das veranschaulicht, warum elementare kognitive Aufgaben und physiologische Parameter besser als traditionelle IQ-Tests geeignet sind, „biologische Intelligenz" zu erfassen. Eysenck greift dabei auf Hebbs (1949) und P.E. Vernons (1979) Modell zurück, die drei Konzepte des Begiffes „Intelligenz" unterschieden: Die biologische Intelligenz A entspricht dem physiologischen, neurologischen, biochemischen und hormonellen Substrat, das es dem Menschen ermöglicht, Probleme zu lösen, zu lernen und viele andere kognitive Funktionen auszuführen. Die psychometrische Intelligenz B entspricht dem IQ, wie er mit den traditionellen Intelligenztests erfaßt wird, und der umfassendste Begriff ist schließlich die soziale Intelligenz C. Eysenck (1986, 1987) hat diese drei Intelligenzkonzeptionen in eine Kausalreihe gebracht und zeigt die möglichen Einflußgrößen wie auch die möglichen Maße auf jeder Ebene (s. Abb. 16).

Die biologische Intelligenz A ist demzufolge nur durch physiologische, genetische und biochemische Einflüsse determiniert und kann am besten mittels physiologischer Maße (EEG; AEP, Averaged Evoked Potential; CNV, Contingent Negative Variation) und durch elementare kognitive Aufgaben (RT, Reaction Time) gemessen werden. Die biologische Intelligenz beeinflußt die psychometrische Intelligenz B, die mit traditionellen IQ-Tests erfaßt wird, und diese wiederum die soziale Intelligenz C. Bislang hat man Intelligenz mit psychometrischen Intelligenztests gemessen. Da die psychometrische Intelligenz aber nicht nur durch die biologische Intelligenz, sondern auch durch verschiedene Umwelt- oder Sozialisationseinflüsse beeinflußt wird (s. Abb. 16), kann das Ziel einer kulturfairen IQ-Messung nur durch die Verwendung von physiologischen Maßen und elementaren kognitiven Aufgaben erreicht werden.

Wie aus der Vorstellung von Eysencks Modell bereits hervorgeht, vertreten die meisten Proponenten des Mental-speed-Ansatzes die Sichtweise einer bedeutsamen genetischen Determiniertheit der Intelligenz A und damit der Parameter, die mittels physiologischer Methoden oder elementarer kognitiver Aufgaben gewonnen werden. Obwohl die Frage nach dem Einfluß von Anlage- und Umweltfaktoren auf die menschliche Intelligenz im Rahmen der Mental-speed-Forschung eine nicht unbedeutende Rolle spielt, würde eine Darstellung dieser Thematik den Rahmen dieses Buches sprengen. Es sollte nur erwähnt werden, daß dieser Ansatz in der wissenschaftlichen Intelligenzforschung auch zu einem erneuten Aufleben der Anlage-Umwelt-Debatte geführt hat (s. z. B. Ceci, 1990; Jensen, 1989; Mackintosh, 1986).

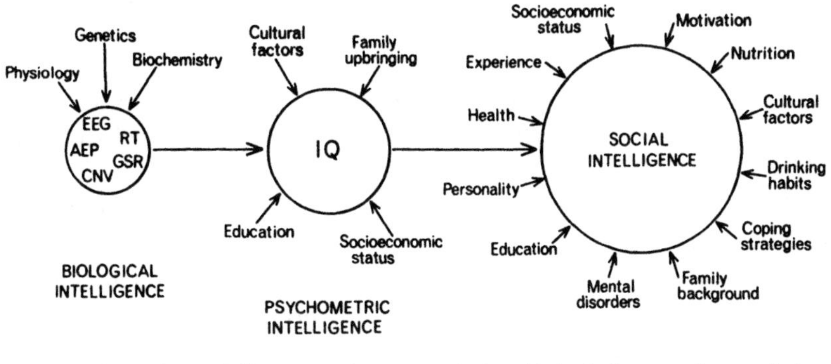

Abb. 16. Eysencks Modell der Beziehungen zwischen biologischer, psychometrischer und sozialer Intelligenz (Eysenck, 1986, Abb. 1)

5.1 Das biochemische Modell von A. E. und D. E. Hendrickson

Das äußerst komplexe Modell von A. E. und D. E. Hendrickson (Hendrickson und Hendrickson, 1980; A. E. Hendrickson, 1982; D. E. Hendrickson, 1982) geht von der Metapher des menschlichen Gehirns als Computer aus (obgleich sie betonen, daß unser Gehirn nicht wie ein Computer arbeitet). Intelligentes Verhalten dient einem bestimmten Ziel, z. B. der Lösung eines Problems. Das intelligente Verhalten setzt sich zumeist aus einer Vielzahl von Teilschritten zur Erreichung dieses Ziels zusammen, die wir als Sequenzen von Aktionen betrachten können. Solche Sequenzen können auch als „Programme" (wie beim Computer) betrachtet werden, die der Reihe nach abgearbeitet werden müssen, um das Ziel zu erreichen. Jeder einzelne Teilschritt des Programms benötigt eine gewisse (mehr oder weniger) konstante Zeit zu seiner Durchführung. Bessere Programme führen eher zur Erreichung des Ziels (z. B. zur Problemlösung), benötigen weniger Zeit (da sie weniger Teilschritte enthalten) und in der Folge auch geringere Energieressourcen.

Interindividuelle Unterschiede in der Intelligenz können demzufolge auf zwei Ursachen zurückgeführt werden: Auf die Verwendung unterschiedlich effizienter Programme und auf die interindividuell unterschiedliche Qualität in der Ausführung der Programme. Nach Hendrickson und Hendrickson entsprechen diese zwei Quellen interindividueller Varianz Cattells kristallisierter und flüssiger Intelligenz. Kristallisierte Intelligenz würde demnach die Verfügbarkeit von (mehr oder weniger) effizienten Programmen widerspiegeln, flüssige Intelligenz die Qualität in der Ausführung dieser Programme. Um interindividuelle Unterschiede in flüssiger Intelligenz diagnostizieren zu können, ist es notwendig, die andere Seite konstant zu halten, d. h., Aufgaben vorzugeben, für die es keine (oder zumindest nur wenige) gespeicherte Programme gibt. Dieses Ziel verfolgen bekannterweise die sogenannten „kulturfairen" oder zumindest „kulturreduzierten" Tests.

Die der flüssigen Intelligenz zugrundeliegende unterschiedliche Qualität der „Programmausführung" hat nach Hendrickson und Hendrickson eine biologische Ursache. Interindividuelle Unterschiede in der Kapazität der „Hardware" (Neuronen und Synapsen), synaptische Impulse fehlerfrei zu übertragen, seien die biologische Basis für interindividuelle Unterschiede in der Intelligenz einerseits und in EP-

Parametern andererseits: Je größer die fehlerfreie Übertragungskapazität, desto höher die Intelligenz.

Hier stellt sich natürlich die Frage nach der Ursache der interindividuellen Unterschiede in der fehlerfreien Übertragungskapazität. Zur Erklärung derselben rekurrieren Hendrickson und Hendrickson auf biochemische Prozesse. Im folgenden soll ihr äußerst komplexer Erklärungsansatz in vereinfachter Form dargestellt werden: Neuronen im menschlichen Gehirn haben die grundlegende Aufgabe, einlangende „Information" (in Form von Impulsen bzw. Impulsfolgen) aufzunehmen und zur weiteren Verarbeitung eine entsprechende „Botschaft" an andere Neuronen weiterzuleiten. Wenn ein Impuls bei einer Synapse eintrifft, so reagiert diese mit einer Ausschüttung von Acetylcholin (aus synaptischen Vesikeln). Das Acetylcholin öffnet Kanäle zwischen dem synaptischen Spalt und der „postsynaptic density" (= PSD, Material an der Innenseite der postsynaptischen Membran), so daß Natriumionen in die PSD-Kammer einströmen können. Innerhalb dieser Kammer befindet sich eine spezielle Form der RNA, die sogenannte Engramm-RNA (eRNA, die die biologische Basis des Gedächtnisses darstellt). Diese eRNA setzt sich (wie jede RNA) aus den vier Nucleotiden Guanin, Cytosin, Adenin und Uracil (in einer Zufallreihenfolge) zusammen, nur daß die eRNA sehr kurz ist (vermutlich nur 21 Basen lang). Die eRNA ist mittels Wasserstoffverbindungen an ein Enzymsubstrat gebunden. Diese Wasserstoffketten werden durch den Einstrom von positiv geladenen Kaliumionen in die postsynaptische Kammer geschwächt, wodurch sich einige der eRNA-Basen ablösen. Inzwischen wurde das Kalium wieder in den synaptischen Spalt zurückgepumpt. Eine neuerliche Ausschüttung von Kaliumionen in die PSD-Kammer erfolgt nur, wenn weitere Impulse bei der Synapse eintreffen. Die Anzahl bzw. das Muster derartiger Impulsfolgen hängt vom ursprünglichen sensorischen Stimulus ab. Der Prozeß der Kaliumausschüttung mit nachfolgender Ablösung von eRNA-Basen kann sich so lange wiederholen, bis die eRNA vollständig vom Enzymsubstrat abgelöst ist. Nach A. E. und D. E. Hendrickson kann man sich die eRNA als eine Art Kodierung oder Schablone einer bestimmten Impulsfolge vorstellen, wobei jede der vier eRNA-Basen (Guanin, Cytosin, Adenin oder Uracil) für ein bestimmtes Zeitintervall zwischen einzelnen Impulsen steht, bzw. dieses „kodiert". Da die eRNA vermutlich 21 Basen umfaßt, muß eine Impulsfolge 22 einzelne Impulse von jeweils 11 Millisekunden Dauer umfassen, so daß eine Impulsfolge ungefähr 230 Millisekunden andauert. Nur bei einer perfekten Übereinstimmung der – durch die einlangenden Impulsfolgen gesteuerten – Schwankungen der Kaliumkonzentration mit der Basensequenz der eRNA, in der die Impulsfolge kodiert ist, erfolgt eine vollständige Ablösung der eRNA. Eine vollständige Ablösung der eRNA bedeutet, daß der Stimulus, der eine bestimmte Impulsfolge hervorgerufen hat, gleichsam „erkannt" oder identifiziert wurde. Tritt ein Übertragungsfehler auf, so resultiert keine perfekte Übereinstimmung von eRNA und den Wechseln der Kaliumkonzentration; der Stimulus wird nicht erkannt. Nach Hendrickson und Hendrickson sei diese molekulare Wiedererkennung die Basis des Gedächtnisabrufs.

Beim Lernen neuer Information müssen häufig auch neue Reize verarbeitet werden. Solche neuen Reize produzieren Impulsfolgen, die von bestehenden eRNA-Molekülen nicht erkannt werden. Deshalb muß ein neuer eRNA-Strang gebildet werden, was nach den Hendricksons durch Freisetzung von Diphosphorpyridinnukleotiden (Vorläufer der RNA), die durch ein hypothetisch angenommenes Lernenzym (evtl. polynucleotide Phosphorylene) aneinander gebunden werden, bewerkstelligt wird. Der neue RNA-Strang wird dann an leere Enzymsubstrate gebunden und kann von nun an zur Wiedererkennung des (ursprünglich neuen) Reizes – in der oben beschriebenen Weise – dienen; der Reiz wurde „gelernt". Schließlich können auch Neuronen selber „sekundäre" Impulsfolgen aussenden, die zur Bildung von eRNAs in anderen Neuronen führen. Solche „sekundären" eRNAs seien nach den Hendricksons die Grundlage komplexerer kognitiver Aktivitäten und damit der menschlichen Intelligenz.

Diese hypothetischen Annahmen über die biochemischen Prozesse des Lernens und Gedächtnisses erklären jedoch noch nicht interindividuelle Unterschiede in der menschlichen Intelligenz. Für diese Unterschiede sind nach Hendrickson und Hendrickson zwei Arten von Fehlern, die bei der Ablösung von eRNA-Strängen vom Enzymsubstrat (und damit bei der Erkennung von Reizen) auftreten können, verantwortlich. Zum einen können die Natriumionen zu schnell wieder aus der PSD-Kammer zurückgepumpt werden – mit dem Ergebnis einer nur teilweisen Ablösung der eRNA, wodurch ein bereits gelernter, bekannter Reiz nicht wiedererkannt wird, obwohl ein entsprechender eRNA-Strang existiert. In diesem Fall unterbleibt zudem die Weiterleitung der „sekundären" Impulsabfolge. Zum anderen können die Natriumionen zu langsam aus der PSD-Kammer zurückgepumpt werden; die zu hohe Natriumkonzentration bewirkt eine vollständige Ablösung des eRNA-Strangs und damit eine fälschliche oder irrelevante Erkennung eines Reizes.

Die Wahrscheinlichkeit des Auftretens dieser zwei Fehlerarten ist nach Hendrickson und Hendrickson die wesentliche Ursache interindividueller Unterschiede in der menschlichen Intelligenz. Demzufolge unterscheiden sich Menschen hinsichtlich der Wahrscheinlichkeit *R*, mit der eine bestimmte Impulsfolge durch eine einzelne eRNA korrekt erkannt wird. Da die Hendricksons weiters eine intraindividuelle Konstanz dieser Wahrscheinlichkeit *R* für alle Synapsen annehmen, wird eine Impulskette aus *N* unabhängigen Impulsfolgen mit einer Wahrscheinlichkeit von R^N erfolgreich übertragen. Umgekehrt läßt sich für jede Person aus $1/(1-R)$ die Länge einer Impulsfolge *N*, die erfolgreich (d. h. ohne Zusammenbruch der Informationsverarbeitung) übertragen werden kann, schätzen. Bereits geringe Unterschiede in der korrekten Erkennung *R* bewirken beträchtliche Unterschiede in der Länge *N* der Impulsfolge, die erfolgreich übertragen und verarbeitet werden kann. Eine Person A mit $R = 0{,}9900$ könnte demzufolge Ketten von $N = 100$ Impulsfolgen übertragen, bei einer Person B mit $R = 0{,}9990$ beträgt *N* bereits 1000, bei einer Person C mit $R = 0{,}9999$ wäre $N = 10000$. Da die Hendricksons als mittlere Zeit für die Exekution einer Impulsfolge 230 Millisekunden annehmen (s. o.), lassen sich daraus – auch in Analogie zum Computer – die mittleren Zeiten zwischen Fehlern (MTBF, mean time between failure) berechnen. Die Personen A, B und C hätten demzufolge MTBFs von 23, 230 und 2300 Sekunden, in dieser Reihenfolge.

Inwieweit sich diese Unterschiede in *R* auf das Verhalten auswirken, hängt von der Schwierigkeit des Problems und damit von der Kettenlänge *N* ab. Alltägliche Probleme erfordern nach den Hendricksons beispielsweise nur 10 Teilschritte ($N = 10$). Nach R^N ergeben sich für die drei oben beschriebenen Personen Erfolgswahrscheinlichkeiten von 0,904, 0,990 und 0,999, in dieser Reihenfolge. Ähnliche Verhältnisse müßten sich für einfache Intelligenztestitems zeigen, die in diesem Bereich nicht mehr entsprechend differenzieren können. Nimmt man hingegen ein sehr komplexes Intelligenztestitem her, das 1000 Teilschritte (mal 213 ms, also ungefähr 213 Sekunden) erfordert, unterscheiden sich die oben beschriebenen Personen beträchtlich in ihrer Lösungswahrscheinlichkeit: Die Informationsverarbeitung der Person A würde – bei einer zeitlich begrenzten Vorgabe des

Items – aufgrund der häufigen Übertragungsfehler völlig zusammenbrechen, die Erfolgswahrscheinlichkeit läge bei $0{,}99^{1000} = 0{,}00004$; für Person B wäre das Item eher schwierig mit einer Erfolgswahrscheinlichkeit von 0,368; hingegen wäre das Item für die Person C bei einer Erfolgswahrscheinlichkeit von 0,904 noch als leicht zu bezeichnen.

Im Anschluß an die Vorstellung dieser Theorie stellt sich natürlich die Frage nach der Operationalisierung von *R*. Auf der Basis früherer Untersuchungen, die eine weitgehende Korrespondenz zwischen der Häufigkeit von Impulsen bei Einzelzellableitungen und der Amplitudenausprägung des evozierten Potentials nachweisen konnten, stellt nach A. E. Hendrickson (1982) die Wellenform des evozierten Potentials gleichsam ein „Abbild" der individuellen Impulsfolgen, die durch einfache akustische oder visuelle Reize ausgelöst wurden, dar. Demzufolge sollten Personen mit hohen *R*-Werten durch viele einzelne Impulsfolgen und damit durch stärkere und länger andauernde Amplituden nach der Reizung gekennzeichnet sein, im Gegensatz zu Personen mit niedrigen *R*-Werten, die auf der Ebene einzelner Zellen weniger Impulsfolgen und daher auch geringere und nur kürzer andauernde Amplituden im EP aufweisen. Zur Operationalisierung dieser Unterschiede leiteten die Hendricksons einen Parameter aus dem EP ab, der bereits im Kapitel zu den physiologischen Korrelaten der Intelligenz (Abschn. 3.2.3) vorgestellt wurde. Die komplexere Wellenform intelligenterer Personen (mit höheren *R*-Werten) sollte demnach am besten durch das Maß der „string length" zu beschreiben sein: Stellt man sich die Wellenform des EPs als eine Schnur vor, zieht man diese Schnur in die Länge und mißt, wie lang dieselbe ist, so sollten Personen mit höheren *R*-Werten längere „Strings" aufweisen als Personen mit niedrigeren *R*-Werten (die weniger intelligent sind).

Wenn auch die String-Intelligenz-Korrelationen, die die Hendricksons selber berichteten (D. E. Hendrickson, 1982), ihre Theorie bestätigten, so waren die Befunde in diversen Replikationsversuchen sehr heterogen (vgl. Abschn. 3.2.3). Noch problematischer an der Theorie der Hendricksons erscheint aber deren über weite Strecken eher spekulativer Charakter. Zur Erklärung der Korrelationen zwischen menschlicher Intelligenz und EP-Komponenten bedient sich die Theorie einer Vielzahl von Grundannahmen (bezüglich biochemischer Vorgänge bei Lern- und Gedächtnisprozessen, Fehlerarten bei der Wiedererkennung, Ableitung des Parameters *R*, Annahmen über

Anzahl von Teilschritten beim Problemlösen), die experimentell z. T. nicht hinreichend, z. T. überhaupt nicht belegt sind (vgl. Robinson, 1993). Dies wäre in den Bereichen, in denen unser Wissen tatsächlich noch äußerst gering ist (z. B. Biochemie des Lernens/Gedächtnisses), noch tolerabel; es läßt sich leicht argumentieren, daß wir hier noch nicht über die entsprechend entwickelte Methodologie verfügen. Daß aber für andere Grundannahmen der Theorie, z. B. zur Abhängigkeit des Schwierigkeitsgrades einer Intelligenztestaufgabe von der Anzahl der Teilschritte, bislang nicht einmal Versuche einer experimentellen Überprüfung unternommen wurden, ist nicht verständlich.

In der derzeitigen wissenschaftlichen Rezeption dieser Theorie erscheint ihre Bedeutung daher auch zunehmend historischer Natur, ein Eindruck, der sich beim Vergleich mit den anderen – noch vorzustellenden – Theorien noch verstärkt, da diese auch jüngst noch Gegenstand intensiver Forschungsbemühungen und in der Folge konzeptueller Weiterentwicklungen sind. Dem aufmerksamen Leser wird auch nicht entgangen sein, daß dieses Modell, obgleich es im Bereich der Mental-speed-Forschung immer wieder als grundlegender Ansatz zitiert wird, im wesentlichen nur Zusammenhänge zwischen dem EP-String-Maß und psychometrischer Intelligenz erklärt. Es wird bei den Hendricksons nicht deutlich, wie mit ihrem Modell andere empirische Beobachtungen, wie Zusammenhänge von anderen EP-Parametern und von Reaktionszeiten in elementaren kognitiven Aufgaben mit Intelligenz, erklärt werden können. Zur Erklärung derartiger Beobachtungen entwickelte Jensen (1982) sein kognitives Modell der Verarbeitungsgeschwindigkeit, das – neben der Hendricksonschen Theorie – den zweiten wesentlichen (und vielfach zitierten) Erklärungsansatz darstellt.

5.2 Das kognitiv-physiologische Modell von Jensen

In der Einleitung seines theoretischen Erklärungsansatzes betont Jensen (1982) eine seiner wesentlichen Grundannahmen, das „test-speed paradox“, demzufolge bei kognitiven Leistungen Geschwindigkeit und Fähigkeit nicht grundsätzlich korreliert sind. Man könnte versucht sein, Zusammenhänge zwischen Intelligenz und RZen mit solchen Allgemeinplätzen wie „the bright mind is the quick mind“ (S. 121) oder mit einem allgemeinen Faktor „Arbeitsgeschwindigkeit“ zu erklären. Nichts wäre nach Jensen falscher als derartige Simplifizierungen, da gerade die Geschwindigkeit bei der Bearbeitung komplexerer Aufgaben zumeist nicht mit Intelligenz korreliert ist (mögliche Ursachen hierfür wurden bereits in Abschn. 2.8 dargelegt). Nur die RZen in einfachen, elementaren kognitiven Aufgaben korrelieren bedeutsam mit psychometrischer Intelligenz.

Wie läßt sich dieses Phänomen erklären, daß gerade die Geschwindigkeit in verhältnismäßig einfachen RZ-Aufgaben, die – zumindest auf den ersten Blick – inhaltlich mit Intelligenztestaufgaben kaum etwas gemeinsam haben, mit der Leistung in Intelligenztests korreliert? In seinem Erklärungsansatz rekurriert Jensen auf einige „klassische" Konzepte der kognitiven Psychologie. Jensens erste Grundannahme ist die einer begrenzten Informationszuflußkapazität des Gehirns („one channel"-Hypothese). Informationen, die z. B. zur Problemlösung benötigt werden, können aber nicht nur aus externen, sensorischen Quellen stammen, sondern auch aus dem Kurzzeit- und/oder Langzeitgedächtnis. Auch hier limitiert eine begrenzte Kapazität die Anzahl möglicher Operationen pro Zeiteinheit, die auf der Basis derartiger Informationen durchgeführt werden können (wobei in Jensens Darstellung allerdings nicht klar wird, was er in diesem Zusammenhang mit „Kapazität" meint). Eine hohe Geschwindigkeit sowohl der externen Informationsaufnahme als auch der Abrufe aus Kurzzeit- und Langzeitgedächtnis ist insofern von Vorteil, als in der gleichen Zeit mehr kognitive Operationen pro Zeiteinheit „abgearbeitet" werden können, ohne daß es zu einer Überlastung des Systems kommt. Diese Annahme allein kann allerdings noch nicht erklären, warum „schnelle Informationsverarbeiter" auch in Intelligenztests, die zeitlich unbegrenzt vorgegeben werden, höhere Leistungen erzielen (vgl. Abschn. 6.7). Hierzu ist eine zweite Grundannahme, auf die Jensen rekurriert, notwendig. Wahrgenommene sensorische Informationen unterliegen bekanntlich einem schnellen Zerfall, so daß eine hohe Verarbeitungsgeschwindigkeit den Vorteil hat, daß die Informationen noch verarbeitet werden können, solange sie verfügbar sind. Zudem muß der informationsverarbeitende Mensch aufgrund der begrenzten Kapazität der Informationsaufnahme und des laufenden Informationszerfalls einen Teil der Information ins nahezu unbegrenzte Langzeitgedächtnis einspeichern; dieser Prozeß der Einspeicherung beansprucht aber ebenfalls Zeit und Kanalkapazität, weshalb er in einer Art „Wettlauf" mit ständig eintreffenden, neuen sensorischen Informationen steht.

Je komplexer die Informationen und die erforderlichen Operationen sind, desto mehr Zeit wird z. B. für das Problemlösen benötigt und umso größer ist der Vorteil einer hohen Geschwindigkeit in der Ausführung elementarer Prozesse. Der zur Problemlösung erforderliche Abruf sowie auch die Einspeicherung von Langzeitgedächtnisinhalten können, wenn sie nicht schnell genug erfolgen, von einem gleichzeitigen Zerfall der neu aufgenommenen Information begleitet sein. In diesen Fällen kann es zu einem „Zusammenbruch" der Informationsverarbeitung derart kommen, daß das informationsverarbeitende System (das Gehirn) nicht mehr alle – für die Problemlösung erforderlichen – Teilelemente gleichzeitig im Arbeitsspeicher halten kann. Wie bereits erwähnt, lassen sich nach Jensen die soeben beschriebenen Prozesse, wie Geschwindigkeit der Informationsaufnahme, Einspeicherung und Abruf aus Kurzzeit- und Langzeitgedächtnis, am besten mittels elementarer kognitiver Aufgaben messen, da diese so einfach sind, daß kein Zusammenbrechen der Informationsverarbeitung anzunehmen ist. Aus derartigen RZ-Aufgaben sollte sich – nach den obigen Überlegungen – der Punkt voraussagen lassen, ab dem die Informationsverarbeitung beim Lösen komplexerer Aufgaben zusammenbricht. Dementsprechend lassen sich RZ-Intelligenz-Zusammenhänge damit erklären, daß Personen niedriger Intelligenz nur die einfachsten Aufgaben eines Intelligenztests ohne Zusammenbrechen der Informationsverarbeitung bearbeiten und daher lösen können; hingegen werden hoch intelligente auch schwierigere (bis sehr schwierige) Items lösen können; erst bei den schwierigsten Items werden diese einem Zusammenbruch der Informationsverarbeitung unterliegen und daher nicht mehr zu einer richtigen Lösung finden.

Es gibt allerdings einige Voraussetzungen, die erst die Annahme rechtfertigen können, daß mit RZ-Aufgaben tatsächlich interindividuelle Unterschiede in elementaren kognitiven Prozessen erfaßt werden können. Beim Nachweis dieser Grundvoraussetzungen auf RZ-Seite bezieht sich Jensen auf Woodworth und Schlosberg (1954):

1. Interindividuelle Unterschiede in RZen sind nicht modalitätsspezifisch, d. h., sie sind weitgehend unabhängig von verschiedenen sensorischen Modalitäten und verschiedenen Antwortmodi. Jensen schließt daraus, daß es einen substantiellen Generalfaktor der RZ gibt.

2. Die RZ hängt von der Stimulus-Intensität ab: je stärker der Stimulus, desto kürzer die RZ. Diese Abhängigkeit erklärt Jensen damit,

daß stärkere Reize eine größere Anzahl von „(neural) elements" (was Jensen mit Elementen meint, wird nicht klar) aktivieren. Dies zieht in der Folge eine höhere Wahrscheinlichkeit für eine (korrekte) Antwort nach sich, da „neural activation will converge on the final common path for response evocation" (S. 122).

3. Mit zunehmender Stimulus-Intensität sinkt nicht nur die RZ, sondern auch deren intraindividuelle Variabilität. Auch dies ist ein Effekt der größeren Anzahl aktivierter „Elemente", da nach Jensen anzunehmen ist: „If a critical number (*n*) of a pool of *N* activated elements, with random-excitatory oscillations, must converge simultaneously to exceed a threshold for response evocation, the probability that *n* will occur within a given interval of time during which *N* oscillation elements are activated will increase as *N* increases." (S. 123). Aber auch mit zunehmender Dauer des Stimulus sollte die RZ und deren Variabilität geringer werden, da auch hierdurch die Anzahl der aktivierten neuronalen Elemente vergrößert wird.

Auf Basis dieser – überwiegend gut gesicherten – Gesetzmäßigkeiten (für die sich auch Entsprechungen im Bereich der Psychophysik finden lassen) nimmt Jensen zwei Eigenschaften des Zentralnervensystems als Basis für interindividuelle Unterschiede in RZen an: a) die Anzahl der durch einen Stimulus aktivierten neuronalen Elemente und b) die Frequenz exzitatorisch-refraktorischer Phasen in den aktivierten neuronalen Elementen (= Oszillationsfrequenz). Die zweite Eigenschaft der Oszillationsfrequenz ist nach Jensen die zentrale, da sich das Phänomen der Oszillation im Zentralnervensystem auf verschiedenster Ebene nachweisen läßt: In einzelnen Neuronen ebenso wie in der synchronisierten Aktivität in Verbänden von Millionen Neuronen (deren Oszillationen bekanntlich mittels EEG meßbar sind) und auch auf neurochemischer Ebene.

Wie lassen sich nun interindividuelle Unterschiede in RZen, beispielsweise im Hick-Paradigma, auf der Basis einer unterschiedlichen Oszillationsfrequenz bzw. unterschiedlicher Refraktärzeiten von Neuronen erklären. Hicks eigene Erklärung für das nach ihm benannte Gesetz läßt sich am besten durch Abb. 2 veranschaulichen, wonach ein von ihm postulierter „Suchprozeß" am ehesten in Form sukzessiver dichotomer Entscheidungen vorstellbar ist, von denen jede einzelne eine bestimmte, konstante Zeit benötigt. Wenn auch die genaue Vorgangsweise bei diesem Suchprozeß nach wie vor unklar ist, so weist das Hicksche Modell doch eine bemerkenswerte Übereinstimmung mit den empirischen Daten auf. Jede sukzessive dichotome Entscheidung (von der Spitze des Entscheidungsbaums bis zur Reaktion) dient der (binären) Reduktion der Entscheidungsunsicherheit. Jensen nimmt nun eine zum Entscheidungsbaum isomorphe Struktur auch in den neuronalen Netzen des Kortex an, wobei jeder binäre „Entscheidungspunkt" einem „Erregungsknoten" im Gehirn entspricht. Dementsprechend variiert die Anzahl der Erregungsknoten, die aktiviert werden müssen, mit der Entscheidungsunsicherheit (s. Abb. 2): Bei der Achtfach-Wahl-RZ müssen vier Knoten, bei Vierfach-Wahl müssen drei Knoten, bei Zweifach-Wahl zwei Knoten durchlaufen werden, auch bei der einfachen RZ ist noch ein Knoten involviert (aufgrund der Unsicherheit, wann der Reiz auftritt). Jeder einzelne Knotenpunkt oszilliert, wenn er aktiviert wird, so daß der Knotenpunkt die Hälfte der Zeit refraktär (inaktiv) ist. In dieser Refraktärzeit kann aber die Erregung nicht zum nächsten Knotenpunkt weitergeleitet werden, so daß es zu zeitlichen Verzögerungen kommt, deren Ausmaß eben von der Oszillationsrate abhängt. Je höher die Oszillationsfrequenz, desto schneller kann die Erregung weitergeleitet werden.

Daraus läßt sich ableiten, daß die RZ im Hick-Paradigma im wesentlichen von zwei Faktoren abhängen muß: 1. von der Anzahl der Knoten, die die Erregung durchlaufen muß, und 2. von der Oszillationsrate der einzelnen Knotenpunkte (bzw. deren Refraktärzeit). Da der 1. Faktor für alle Personen gleich ist, bleibt als wesentliche Quelle interindividueller Varianz die Oszillationsfrequenz. Je höher dieselbe, desto schneller kann die Erregung an jedem einzelnen Knotenpunkt weitergeleitet werden und umso kürzer ist die resultierende RZ. Auch die interindividuellen Unterschiede in der intraindividuellen Variabilität der RZ lassen sich mit diesem Ansatz erklären: Je höher die Oszillationsfrequenz, desto geringer werden – in einer Serie von RZ-Durchgängen – die zeitlichen Schwankungen in der Weiterleitung der Erregung und damit in der RZ selber sein.

Für die Berechnung der Wahrscheinlichkeiten unterschiedlicher Verzögerungen in der Erregungsweiterleitung von Knoten zu Knoten nimmt Jensen die Binomialverteilung an: Für eine Reaktion der Versuchsperson muß die Erregung n Knoten durchlaufen, wobei n = bits + 1 (s. o.). Jeder Knoten ist die Hälfte der Zeit refraktär, kann also die Erregung nicht weiterleiten. Die Wahrscheinlichkeit, daß ein Knoten bei Eintreffen einer Erregung refraktär ist, sei $p = 0{,}5$, dementsprechend muß die Gegenwahrscheinlichkeit für eine exzitatorische Phase $q = 0{,}5$ sein. Tabelle 9 zeigt die hypothetisch angenommene (binomiale) relative Häufigkeitsverteilung von Verzögerungen in n Knoten in Abhängigkeit des Informationsgehalts (bits). So ist z. B. für die Zweifach-Wahl-RZ (1 bit) die Wahrscheinlichkeit, daß beide zu durchlaufenden Knoten ($n = 2$) in der exzitatorischen Phase sind, mit 0,25 anzunehmen; in diesem Fall kommt es zu keiner Verzögerung. Die gleiche Wahrscheinlichkeit resultiert für den Fall zweier refraktärer Knoten (hier ist die Anzahl der Verzögerungen = 2). Hingegen gibt es zwei (von vier) Möglichkeiten, daß einer der beiden Knoten refraktär ist (entweder der höher- oder der tiefergelegene Knoten). In beiden Fällen resultiert eine Verzögerung.

Die Mittelwerte in Tabelle 9 ergeben sich jeweils aus der Multiplikation der Wahrscheinlichkeiten mit der Häufigkeit der Verzögerungen. Diese zeigen eine gute Anpassung an das Hicksche Gesetz. Die theoretisch abgeleiteten Standardabweichungen steigen zwar auch mit dem Informationsgehalt (bits), weisen allerdings keine lineare, sondern eine negativ beschleunigte Funktion auf. Dies steht im Widerspruch zu einer Vielzahl empirischer Untersuchungen, in denen nachgewiesen wurde, daß die RZ-Variabilität linear mit der Anzahl der Stimulus-Alternativen steigt, und daher mit dem Informationsgehalt in einer positiv beschleunigten Funktion anwächst (vgl. Abschn. 2.1).

Dies ist nicht die einzige Unzulänglichkeit des Modells: Auch die aus dem Binomialmodell ableitbare RZ-Verteilung (pro bit-Stufe) ist von symmetrischer Form, während aus der RZ-Forschung hinlänglich bekannt ist, daß empirische RZ-Verteilungen zumeist rechtsschief verteilt sind (d. h., eine Häufung bei kurzen RZen und wenige lange RZen aufweisen). Jensen ist sich dieser beiden wesentlichen Unzulänglichkeiten seines Modells bewußt und verspricht für die Zukunft Weiterentwicklungen des Modells in Richtung komplexerer mathematisch-neurologischer Ansätze, auch mittels Computersimulationen. Inzwischen sind mehr als zehn Jahre vergangen, und Weiterentwicklungen in diese Richtung sind bislang nicht publiziert worden.

Abgesehen von diesen Anomalien in Jensens Theorie, muß eine abschließende Bewertung von Jensens Theorie getrennt für deren beide Teilaspekte, nämlich den kognitiven versus den physiologischen Teil vorgenommen werden. Zunächst sollte festgehalten wer-

Tabelle 9. Relative Häufigkeitsverteilung von Verzögerungen in *n* Knoten in Abhängigkeit des Informationsgehalts (nach Jensen, 1982, Tabelle 3 auf S. 129)

Anzahl der Verzögerungen	Informationsgehalt (bits)			
	0	1	2	3
0	0,50	0,25	0,125	0,0625
1	0,50	0,50	0,375	0,2500
2		0,25	0,375	0,3750
3			0,125	0,2500
4				0,0625
Mittelwert	0,50	1,00	1,50	2,00
Stand.-Abw.	0,50	0,71	0,87	1,00
Varianz	0,25	0,50	0,75	1,00

den, daß Jensens Ansatz im Vergleich zur Hendricksonschen Theorie weniger elaboriert, dafür aber auch weniger spekulativ erscheint, da sie sich doch überwiegend auf experimentell gesicherte Grundannahmen stützt, sowohl auf der kognitiven Seite (begrenzte Informationszuflußkapazität, Bedeutung von Kurzzeit- und Langzeitgedächtnisprozessen für das Problemlösen, Gesetzmäßigkeiten aus der RZ-Forschung, Hicksches Gesetz) als auch auf der physiologischen Seite (exzitatorische und refraktorische Phasen). Als spekulativ muß im wesentlichen die Annahme interindividueller Unterschiede in der Oszillationsfrequenz angesehen werden, für die bislang keine experimentellen Beweise vorgelegt wurden; allerdings ist gerade dies die wesentlichste Grundannahme der physiologischen Seite von Jensens Modell. Zudem erscheint es problematisch, daß Jensen sein „Oszillator"-Modell nur auf eine elementare kognitive Aufgabe, das Hick-Paradigma, angewandt hat. Ob und wie beispielsweise die Abhängigkeit der RZ von der Größe des Memory sets im Sternberg-Paradigma damit erklärt werden kann, bleibt unklar; es liegen bislang keine Versuche der Anwendung des Oszillatormodells auf andere elementare kognitive Aufgaben vor (obgleich Jensen einen Erklärungsvorschlag für interindividuelle Unterschiede in sensorischen Diskriminationsfähigkeiten skizziert; 1982, S. 125). Aus diesen Gründen kann der physiologische Erklärungsansatz derzeit zwar als plausibel, aber empirisch nur schwach fundiert betrachtet werden.

Anders verhält es sich hingegen mit dem kognitiven Teil von Jensens Theorie. Die in Kap. 2 vorgestellten Untersuchungen zu Zusammenhängen zwischen den Leistungen in elementaren kognitiven Aufgaben und psychometrischer Intelligenz lassen insgesamt – trotz einiger widersprüchlicher Befunde – den Schluß auf eine substantielle Beziehung zwischen der Intelligenz und der Geschwindigkeit elementarer Prozesse zu. Die mittels verschiedenster ECTs vielfach replizierten RZ-Intelligenz-Korrelationen lassen sich zwar auch auf der Basis anderer Modelle erklären, in Kap. 6 soll aber gezeigt werden, daß die meisten dieser alternativen Erklärungsansätze nicht hinreichend geeignet erscheinen, das Phänomen zu erklären. Vor allem muß man Jensens Theorie zugute halten, daß sie Forschungsbemühungen in die Richtung stimuliert hat, nicht nur einzelne ECTs, sondern Batterien von elementaren kognitiven Aufgaben vorzugeben, in der – durch Jensens Ansatz stimulierten – Annahme, daß sich damit psychometrische Intelligenz besser vorhersagen läßt als durch einzelne elementare kognitive Aufgaben (s. Abschn. 2.7).

Hier wird allerdings auch ein gewisser Widerspruch zwischen dem physiologischen und dem kognitiven Ansatz von Jensens Theorie deutlich. Nach Jensens physiologischem Ansatz sollten sich die interindividuellen Unterschiede in der Verarbeitungsgeschwindigkeit (und deren Variabilität) letztlich auf die Oszillationsfrequenz der an der Informationsverarbeitung beteiligten neuronalen Elemente zurückführen lassen. Die individuelle Oszillationsfrequenz sollte sich letztlich auf die RZen in verschiedensten ECTs in zumindest ähnlicher Weise auswirken, d. h., verschiedene ECTs sollten hoch interkorrelieren, bzw. es sollte einen Generalfaktor der RZ bzw. der Verarbeitungsgeschwindigkeit geben (von dem auch Jensen, 1982, ausgeht). Bei hohen Interkorrelationen der ECTs als Prädiktoren ist es allerdings nicht mehr plausibel, warum multiple ECTs bei einer regressionsanalytischen Kombination psychometrische Intelligenz signifikant besser vorhersagen können sollten als einzelne RZ-Tests (vgl. Abschn. 2.7). Wenn das möglich wäre, dann ließe das den Verdacht aufkommen, daß mit den ECTs doch auch voneinander unabhängige elementare Prozesse erfaßt werden und gerade hierfür glaubt Jensen in jüngster Zeit Hinweise gefunden zu haben (Kranzler und Jensen, 1991a). Für eine Darstellung dieser Befunde sei der Leser um Geduld bis zum abschließenden Kapitel gebeten, in dem auch der Versuch einer Klärung dieses Widerspruchs unternommen werden soll.

5.3 Vernons Modell der neuronalen Effizienz

Vernons Modell zur Erklärung der Beziehung zwischen Intelligenz und Informationsverarbeitungsgeschwindigkeit (1985, 1993b) ist genaugenommen kein neuer Erklärungsansatz, sondern einerseits – in seinem kognitiven Teil – eine Weiterentwicklung des Jensenschen Ansatzes und andererseits – im physiologischen Teil – der Versuch einer Integration des Jensen/Vernonschen kognitiven Ansatzes mit dem physiologischen Ansatz der „neural adaptability" von Schafer sowie mit Befunden aus anderen Untersuchungen zum physiologischen Substrat der menschlichen Intelligenz.

Zunächst zum ersten Teil, der Weiterentwicklung von Jensens kognitivem Modell. Auch Vernon bezieht sich auf einige grundlegende Prinzipien der Allgemeinen Psychologie, wie z. B. die Unterscheidung von Kurzzeit- und Langzeitgedächtnis. Im Unterschied zu Jensens Ansatz wird bei Vernon ein stärkerer Schwerpunkt auf Gedächtnisprozesse, vor allem auf Eigenschaften des Kurzzeit- oder Arbeitsspeichers gelegt. Eigenschaften des Arbeitsspeichers sind für die Lösung komplexerer Probleme insofern von größter Bedeutung, als die hierzu erforderlichen kognitiven Operationen in ebendiesem Kurzzeit- oder Arbeitsspeicher durchgeführt werden. Die Qualität der Problemlösung muß demzufolge von den (interindividuell variierenden) Eigenschaften dieses Speichers abhängen. Drei Eigenschaften erscheinen Vernon hier von besonderer Bedeutung:

1. Die begrenzte Kapazität: Die meisten Menschen können ungefähr sieben Elemente im Arbeitsspeicher halten, solange sie nicht irgendwelche mnemonischen Strategien oder „chunking" (das Verbinden von Einzelelementen zu sinnvolleren, größeren Elementen) verwenden (Miller, 1956).

2. Der schnelle Zerfall: Inhalte des Kurzzeitgedächtnisses sind einem schnellen Zerfall oder gar vollständigem Verlust unterlegen, wenn sie nicht ständig wiederholt, d. h., aus dem Kurzzeitspeicher abgerufen werden.

3. Der Wettlauf zwischen Informationsspeicherung und Informationsverarbeitung: Das Arbeitsgedächtnis kann nur einen bestimmten Betrag an Information speichern und gleichzeitig andere (oder auch die gespeicherte) Information verarbeiten (in Form einer konkurrierenden Aufgabe). Wenn die Grenze der Speicherkapazität erreicht ist,

kommt es zu einem „Wettlauf" zwischen gespeicherter Information und der konkurrierenden Aufgabe, mit dem Ergebnis, daß entweder der Inhalt des Kurzzeitgedächtnisses verloren geht oder die konkurrierende Aufgabe nicht mehr richtig gelöst werden kann (oder auch beides geschieht).

Zur Verdeutlichung dieser drei Eigenschaften des Arbeitsspeichers zieht Vernon das bekannte Beispiel des kurzfristigen Merkens einer Telefonnummer, die man soeben im Telefonbuch nachgeschlagen hat, heran:

ad 1. Die meisten Menschen haben keine Probleme, sich eine siebenstellige Telefonnummer zu merken, hingegen bereitet das Merken einer (unbekannten) zehnstelligen Nummer größere Probleme, sofern nicht bestimmte Gedächtnisstrategien (mnemonischer Natur oder durch „chunking") eingesetzt werden.

ad 2. Wenn die Ziffern der Telefonnummer nicht ständig wiederholt werden, vergißt man sie üblicherweise sehr rasch wieder.

ad 3. Wenn man sich eine Telefonnummer gerade gemerkt hat und laufend wiederholt, stört eine zusätzliche kognitive Aufgabe das Merken der Nummer, wobei das Ausmaß der Störung von der Schwierigkeit und Ähnlichkeit der zusätzlichen Aufgabe abhängt.

Die drei Eigenschaften des Kurzzeitgedächtnisses können nach Vernon auch den Zusammenhang zwischen Intelligenz und Informationsverarbeitungsgeschwindigkeit erklären. Die Bearbeitung bzw. Lösung verschiedenster Intelligenztestaufgaben (wie Matrizenitems, Wortschatzaufgaben, Rechenaufgaben u. v. a.) erfordert den Rückgriff auf verschiedene elementare kognitive Prozesse, wie Reizenkodierung, Einspeicherung und Abruf von Kurzzeitgedächtnisinhalten, sowie Informationsverarbeitung im Arbeitsspeicher selber und Abrufe aus dem Langzeitgedächtnis. Je komplexer die zu bearbeitende Aufgabe ist, desto mehr Informationen müssen in den „Arbeitsspeicher" des Gehirns aufgenommen und desto mehr kognitive Operationen müssen mit diesen Informationen durchgeführt werden. Informationen, die in den Arbeitsspeicher des Gehirns aufgenommen werden, können – aufgrund von Interferenzen – das System zum Überlaufen bringen, sofern sie nicht schnell genug umkodiert und in Form größerer Informationseinheiten (chunks) zwischengespeichert werden.

Dadurch wird auch das Gesamtausmaß an zu speichernder Information reduziert, wodurch mehr Informationsverarbeitung simultan durchgeführt werden kann. Je schneller einlangende Informationen enkodiert werden, desto geringer ist die Gefahr, daß bereits im Arbeitsspeicher befindliche Information zerfällt und somit nicht mehr verfügbar ist. Zusammenfassend: Je schneller elementare Prozesse ausgeführt werden können, desto weniger wahrscheinlich ist eine Informationsüberlastung des Systems und um so größer die Wahrscheinlichkeit, daß eine Intelligenztestaufgabe gelöst wird.

Aus dieser Beschreibung wird bereits die konzeptuelle Ähnlichkeit der kognitiven Erklärungsansätze von Jensen und Vernon deutlich. Wie läßt sich nun dieser Jensen/Vernonsche „speed of processing"-Ansatz mit anderen biologischen Theorien in Einklang bringen? Vernon (1985) versucht eine derartige Integration seines (und Jensens) Modells mit jenem von Schafer („neural adaptability"). Der Ansatz von Hendrickson und Hendrickson ist nach Vernon hier nicht unbedingt zu berücksichtigen, da dieser zum einen experimentell nicht gut fundiert ist und sich zum anderen die Ergebnisse der Hendricksons zu String-Intelligenz-Korrelationen auch auf der Basis von Schafers Modell erklären lassen (s. Abschn. 3.2.4).

Zwischen Schafers „neural adaptability" und Jensens und Vernons „speed of processing" besteht laut Vernon kein Widerspruch. Der letztere Ansatz nimmt an, daß eine hohe Verarbeitungsgeschwindigkeit eine *effiziente* Nutzung der begrenzten Verarbeitungs- und Speicherressourcen des Arbeitsspeichers erlaubt. Je höher die Verarbeitungsgeschwindigkeit, desto geringer die Gefahr einer Informationsüberlastung, und desto mehr Informationsverarbeitung kann pro Zeiteinheit durchgeführt werden. Mehr Informationsverarbeitung würde sich nach Vernon aber auch in einer verstärkten kortikalen Aktivität zeigen, und zwar auch in so einfachen Situationen wie der Reizung durch „Clicks" oder „Lichtblitze". Nach Schafer läßt sich das Phänomen der „neural adaptability" auch als effiziente Nutzung neuronaler Energie interpretieren: Im Falle vorhersagbarer, erwarteter Reize verbrauchen intelligentere Personen weniger Energie, diese wird also gleichsam „gespart" für Situationen, in denen unvorhersehbare bzw. unerwartete Reize verarbeitet werden müssen. In beiden Theorien geht es also um eine effiziente Nutzung von Kapazitätsreserven, bei Jensen und Vernon hinsichtlich der kognitiven Verarbeitungskapazität, bei Schafer bezüglich zentralnervöser Prozesse. Auch die biochemische Theorie der Hendricksons läßt sich, laut Vernon, vielleicht eines Tages in dieses Konzept der „Neural Efficiency" (wie er es bezeichnet) integrieren.

Im Vergleich zu den beiden vorher diskutierten Theorien von Jensen und den Hendricksons muß man bei Vernons Ansatz, zumindest für die bislang vorliegende Form, doch die Frage stellen, inwieweit es sich hier überhaupt um eine (eigenständige) Theorie handelt. Vernons Versuch der Integration seines eigenen (bzw. Jensens) Modells mit dem von Schafer besteht im wesentlichen aus der Schlußfolgerung, hohe „neural adaptability" sei, ebenso wie hohe Informationsverarbeitungsgeschwindigkeit, einfach „effizient". Die Gemeinsamkeiten beider Ansätze werden also vorwiegend auf einer semantischen Ebene abgehandelt.

Der andere Teil von Vernons Modell („Geschwindigkeit der Informationsverarbeitung") besteht im wesentlichen aus von Jensen übernommenen Annahmen, wobei lediglich die Rolle des Kurzzeitgedächtnisses bei der Problemlösung stärker betont wird. Die Bedeutsamkeit der Funktionalität des Arbeitsspeichers für die Leistungsfähigkeit in Intelligenztests wurde auch jüngst von Miller und Vernon (1992) empirisch nachgewiesen. Eine Batterie von Kurzzeitgedächtnistests (bzw. deren *g*-Faktor = *g*-Memory) korrelierte bedeutsam ($r = 0{,}461$, $p < 0{,}001$) mit psychometrischer Intelligenz (*g*-Faktor aus Multiple Aptitude Battery = *g*-IQ), d. h., höhere Intelligenz ging einher mit besseren Kurzzeitgedächtnisleistungen. Problematischer für Vernons Mental-speed-Theorie ist allerdings die Tatsache, daß *g*-IQ signifikant ($p < 0{,}05$) niedriger mit dem *g*-Faktor aus einer Batterie diverser elementarer kognitiver Tests (*g*-RZ) korrelierte, obgleich auch dieser Zusammenhang Signifikanz erreichte ($r = -0{,}255$, $p < 0{,}001$). Die Berechnung verschiedener Partialkorrelationen zeigte zudem, daß sich der erstere Zusammenhang zwischen *g*-Memory und *g*-IQ auch bei rechnerischer Eliminierung von *g*-RZ nur geringfügig veränderte ($r = 0{,}408$, $p < 0{,}001$), hingegen die Korrelation zwischen *g*-RZ und *g*-IQ bei Eliminierung von *g*-Memory auf ein nicht signifikantes Niveau absank ($r = -0{,}101$, $p > 0{,}05$). Diese Ergebnisse werden von Miller und Vernon dahingehend interpretiert, daß RZ-Intelligenz-Zusammenhänge zum Großteil durch Gedächtnisprozesse vermittelt werden, was noch im Einklang mit Vernons Modell interpretierbar wäre. Man könnte diese Befunde aber auch in die Richtung interpretieren, daß nicht Informationsverarbeitungsgeschwindigkeit, sondern die Qualität des Arbeitsspeichers die eigentliche Grundlage menschlicher Intelligenz ist, wie dies Weiss (1986) und Larson und Saccuzzo (1989) annehmen. Miller und Vernons Ergebnisse sind – solange keine Replikationen vorliegen – mit Vorbehalt zu interpretieren, vor allem da die Autoren sitzungsspezifische Effekte nicht ausschließen können: Die RZ-Tests wurden zu einem anderen Zeitpunkt als die Intelligenz- und Gedächtnistests vorgegeben. Zudem war in dieser Untersuchung der Zusammenhang zwischen ECTs und Intelligenz niedriger als in vergleichbaren Studien von Vernon (1989b). Sollten Miller und Vernons Ergebnisse aber repliziert werden, so muß man sich die Frage stellen, ob ein Mentalspeed-Ansatz der Intelligenz nicht durch einen Kurzzeitgedächtnisfaktor ergänzt werden sollte. Ein solcher Ansatz, der beide Komponenten vereinigt, wurde bereits im Zusammenhang mit Papier-Bleistift-Verfahren für Verarbeitungsgeschwindigkeit kurz umrissen: das Modell der „Erlangen Schule" von Lehrl und Fischer; es soll im folgenden ausführlicher vorgestellt werden.

5.4 Die „Basic Period of Information Processing" (Lehrl und Fischer)

Lehrl und Fischer (1988, 1990) begründen ihren Ansatz auf dem Konzept der „Maximum Rate of Information Acceptance" (MIA) von Harwood und Naylor (1969). Bei diesem MIA-Ansatz werden die Versuchspersonen in die Lage versetzt, ihren Informationszufluß selber zu steuern, indem ihnen z. B. Ziffern zwischen 1 und 9 oder Zahlen zwischen 1 und 32 so lange dargeboten werden, wie eine Taste gedrückt wird. Die Aufgabe der Person ist es, sich die Reize nur so lange darbieten zu lassen, bis sie dieselben erkennen können. Der Informationsgehalt eines einzelnen Reizes aus dem Stimulusrepertoire läßt sich, wie beim Hick-Paradigma, über die Anzahl der notwendigen binären Entscheidungen (Logarithmus zur Basis 2) ermitteln; so beträgt dieser bei 9 Ziffern $2^{3,17}$, also 3,17 bit; bei Zahlen zwischen 1 und 32 beträgt er 2^5, also 5 bit. Aus der selbstgesteuerten Darbietungszeit und dem Informationsgehalt berechneten Harwood und Naylor das Ausmaß an Information, das eine Person pro Zeiteinheit verarbeiten kann. Das wesentliche Ergebnis von Harwood und Naylor waren aber die hochsignifikanten Korrelationen (um 0,50) der MIA mit Ergebnissen aus der Wechsler-Intelligenz-skala. Daraus schlossen die Autoren bereits 1969 auf eine biologische Fundierung der Intelligenz; die MIA sei demnach imstande, die *Effizienz* des „cerebral data processing“ zu messen (die Ähnlichkeit zu den Termini, die in den 80er Jahren von Jensen und Vernon verwendet werden, ist nicht zu übersehen).

Lehrl und Fischer zufolge können diese Korrelationen der MIA mit Intelligenz auf eine grundlegende Variable zurückgeführt werden, die in der MIA bereits enthalten ist, nämlich auf die „basic period of information processing“ (BIP). Für die Entwicklung dieses Konzepts waren aber noch andere, sehr frühe Beobachtungen ausschlaggebend, wie z. B. jene von Wundt (1874), derzufolge die Dauer eines „psychischen Moments“ zwischen 1/18 und 1/16 Sekunde beträgt. Dieses Phänomen ist insofern grundlegend, als es in verschiedensten sensorischen Modalitäten zu beobachten ist: Im Bereich des Hörens kann der Mensch mehr als 18 akustische Wellen pro Sekunde nicht mehr als einzelne Töne hören, beim Film müssen zumindest 18 Bilder pro Sekunde dargeboten werden, um eine kontinuierliche Bewegung wahrnehmen zu können etc. (siehe Lehrl und Fischer, 1990). Die Übereinstimmung dieser Phänomene mit der Zeitdauer, in der normale Erwachsene 1 bit Information verarbeiten können (1/16 Sekunde), wurde erstmalig von Frank (1959, zitiert nach Lehrl und Fischer, 1990) aufgezeigt, der dafür den Terminus „subjektives Zeitquant“ (SZQ) einführte. Ebenso entsprechen die von Hick (1952) berichteten Werte für den Anstieg der RZ in Wahlreaktionszeitversuchen diesem SZQ. Aus diesen Befunden entwickelten Lehrl und Fischer das Konzept der „Basic Period of Information Processing“ (BIP), die – unter der Annahme einer sequentiellen Informationsverarbeitung des Menschen – als minimale Zeit zur Verarbeitung von 1 bit Information definiert wird. Wie bereits bei der Vorstellung der BIP im Abschn. 2.5 dargelegt wurde, läßt sich die BIP mittels Aufgaben messen, bei denen Zufallsfolgen von Buchstaben, Ziffern oder Zahlen möglichst schnell zu lesen sind. Eine zentrale Eigenschaft der BIP ist nach Lehrl und Fischer, daß sie nicht vom Informationsgehalt der verwendeten Einzelreize (im Sinne der Informationstheorie) abhängt. Der Informationsgehalt eines einzelnen Reizes selber hängt logischerweise vom Gesamtrepertoire möglicher Reize ab; so hat die Zahl 3 einen Informationsgehalt von 3 bit, wenn das Gesamtrepertoire die Ziffern 1 bis 8 umfaßt ($2^3 = 8$), d. h., es sind zur Bestimmung des Stimulus 3 binäre Entscheidungen notwendig. Ist derselbe Reiz hingegen Teil eines Repertoires der Zahlen von 1 bis 32, so sind 5 binäre Entscheidungen notwendig ($2^5 = 32$; vgl. Abb. 2).

Die erste wesentliche Voraussetzung für eine valide Erfassung der BIP ist daher die entsprechende Instruktion der Versuchspersonen über das Gesamtrepertoire; dann sollte sich nach Lehrl und Fischer für ein und dieselbe Person immer der gleiche numerische BIP-Wert ergeben, egal mit welchem Stimulusmaterial und welchem Stimulusrepertoire er gemessen wird. Wichtig ist dabei, daß die Personen mit dem verwendeten Stimulusmaterial vertraut sind, bzw. daß es sich um stark überlerntes Material wie Buchstaben, Zahlen oder auch geometrische Figuren handelt. Eine zweite wesentliche Voraussetzung für eine valide BIP-Messung ist die Elimination motivationaler Effekte sowie von Ermüdungseffekten. Die Motivation sollte maximal sein; Ermüdung kann nach Lehrl und Fischer dadurch ausgeschlossen werden, daß die BIP nur in Lesedurchgängen von bis zu 10 Sekunden gemessen wird. Die konkrete Ermittlung und Berechnung der BIP (über die Zuflußkapazität zum Kurzzeitspeicher, C_K) wurde bereits beschrieben (vgl. Abschn. 2.5). In einer Reihe von Untersuchungen an psychiatrischen, wie an gesunden Stichproben wurde der Zusammenhang der BIP mit psychometrischer Intelligenz ermittelt. Lehrl und Fischer (1990) geben einen Überblick über diese Studien: Die Zusammenhänge liegen zwischen –0,29 und –0,80 (im Mittel bei –0,60), d. h., eine kurze BIP geht mit hoher Intelligenz einher. Daraus schließen Lehrl und Fischer (1990), daß die BIP ein genereller Indikator für die allgemeine mentale Effizienz im Sinne Spearmans ist.

Aus einer Reihe von eigenen Untersuchungen zur BIP gelangen Lehrl und Fischer (1990) zum Schluß, daß die BIP auch insofern ein allgemeingültiger Parameter ist, als die für eine Person berechneten Werte unabhängig von Faktoren wie sensorischen Stimulusmodi oder motorischen Reaktionsmodi, wie Stimulus- und/oder Reaktionsrepertoire oder physikalischen Eigenschaften der Reize seien. Aus der Korrelation mit Intelligenz wird geschlossen, daß die BIP Prozesse wie Apperzeption, assoziatives Denken, Vergleichen, Informationsgeneration und Gedächtnisabruf determiniert. Ein wesentlicher Vorteil gegenüber traditionellen Intelligenztests sei zudem die Rationalskalenqualität von BIP und C_K, da beide Maße aus der Informationseinheit *bit* und der Zeiteinheit *Sekunde* oder *Millisekunde* berechnet werden, also aus Variablen, für die sowohl metrisches Niveau als auch ein absoluter Nullpunkt gegeben sind. Dies läßt Aussagen der Form zu, daß die C_K eines Patienten drei Stunden nach einem chirurgischen Eingriff 60 % ihres präoperativen Werts beträgt, eine Aussage, wie sie für Intelligenztests (deren Scores bekanntlich nur Intervallskalenqualität aufweisen, da es keinen absoluten Nullpunkt gibt) nicht möglich ist. Für korrelationsanalytische Zwecke sei nach Lehrl und Fischer (1990) das C_K- dem BIP-Maß vorzuziehen, da ersteres normalverteilt ist (bei der BIP weise nur dessen Logarithmus diese Eigenschaft auf).

Neben der BIP als zentralem Maß berücksichtigt das Modell von Lehrl und Fischer aber auch noch einen zweiten elementaren kognitiven Prozeß, für den – nicht ganz korrekt – synonym die Begriffe Gedächtnisspanne, Präsenzzeit, unmittelbares Gedächtnis oder Gegenwartsdauer verwendet werden. Tatsächlich wird – wie bereits im Abschn. 2.5 dargelegt – die Gedächtnisspanne gemessen, indem Buchstaben- oder Zahlenreihen (die zwischen einem und 9 Zeichen lang sind) nachgesprochen werden müssen. Je mehr Zeichen ein Proband korrekt nachsprechen kann, desto höher ist seine Präsenzzeit oder Gedächtnisspanne, die mit T_R bezeichnet wird (und beim durchschnittlichen Erwachsenen 5,4 Sekunden beträgt). Die Gesamtkapazität des Kurzzeitspeichers, K_K, hängt sowohl von der Zuflußkapazität C_K als auch von der Präsenzzeit T_R ab (Lehrl und Fischer, 1988), wobei C_K und T_R multiplikativ zu verknüpfen sind:

$$K_K\,(\text{bit}) = C_K \cdot T_R.$$

Beim durchschnittlichen Erwachsenen beträgt K_K 80 bit. Die Kapazität des Kurzzeitspeichers, K_K, läßt sich nach Lehrl und Fischer auch als zentrale Informationsverarbeitungsgröße betrachten, die im wesentlichen die Problemlösefähigkeit bzw. psychometrische Intelligenz determiniert. Wie für C_K wird auch für T_R Unspezifität postuliert, d. h., auch die Gedächtnisspanne sollte weder von der sensorischen Modalität noch vom Stimulusrepertoire abhängig sein. Dies muß dann natürlich auch für K_K gelten (da diese vollständig durch C_K und T_R determiniert ist).

Nach Lehrl und Fischer kann die Gedächtnisspanne das BIP-Maß bzw. C_K in der Vorhersage der Intelligenz quasi „ergänzen“, wie in zwei von Lehrl und Fischer (1990) beschriebenen Untersuchungen gezeigt wurde. In beiden ergaben sich für die Kurzzeitspeicherkapazität K_K um einen Betrag von 0,1 höhere Zusammenhänge mit Intelligenz als für die BIP allein. Das weist daraufhin, daß mit der Gedächtnisspanne zusätzliche Varianzanteile psychometrischer Intelligenz aufgeklärt werden können; die Korrelationen liegen für das kombinierte Maß nach Lehrl und Fischer bereits auf einem so hohen Niveau (um –0,70), daß nach Berücksichtigung des Meßfehlers nur mehr wenig zusätzliche Varianz zur Aufklärung des IQ verbleibt, obwohl sie nicht ausschließen, daß es hier noch weitere – bislang nicht auf gleichem Niveau operationalisierte – elementare Prozesse geben könnte. Daß die Korrelation für die Kombination aus BIP und Präsenzzeit nicht eine deutlichere Verbesserung der Vorhersage psychometrischer Intelligenz nach sich zieht, weist daraufhin, daß beide Maße auch substantiell interkorreliert sein müssen. Lehrl und Fischer (1988) zitieren eine frühere Untersuchung, wonach die Interkorrelation 0,65 beträgt. Dies stellt allerdings einen gewissen Widerspruch zu Lehrl und Fischers Postulat (1988) dar, wonach beide Parameter grundlegender Natur und daher voneinander unabhängig sein sollten; ein Widerspruch, der von Lehrl und Fischer unter Verweis auf differentielle Effekte von Medikamenten auf C_K und T_R allerdings wenig plausibel erklärt wird. Das Unabhängigkeitspostulat steht zudem im Widerspruch zu anderen Autoren, wie Jensen, Eysenck und Weiss (vgl. Lehrl und Fischer, 1988), die eine explizite Abhängigkeit der Gedächtnisspanne von der Zuflußgeschwindigkeit annehmen.

Vielleicht ist es dieser Widerspruch, der Lehrl und Fischer in ihrer letzten überblicksartigen Darstellung (1990) veranlaßt hat, die Gedächtnisspanne eher „en passant" und wenig elaboriert darzustellen, um damit deren Bedeutsamkeit letztlich herunterzuspielen. Welche Rolle der Gedächtnisspanne in Lehrl und Fischers Modell nun wirklich zukommt, erscheint derzeit unklar. Wie schon bei der Darstellung von Vernons Ansatz sind wir hier erneut mit der Kernfrage nach der „Nature of Psychometric *g*: Unitary Process or a Number of Independent Processes?" (Kranzler und Jensen, 1991a) konfrontiert (für den Versuch einer Beantwortung dieser Frage siehe Kap. 7).

Zusammenfassend kann festgehalten werden, daß Lehrl und Fischers Konzept der „Basic Period of Information Processing" vor allem durch seine stringente informationstheoretische Fundierung überzeugt. Die publizierten empirischen Daten wirken zwar schlüssig; leider wurde dieser Ansatz bislang kaum von anderen Wissenschaftlern aufgegriffen. Eine wesentliche Anforderung an wissenschaftliche Theorien ist bekanntlich die nach Replikationen in anderen, unabhängigen Labors. Diese Anforderung kann für Lehrl und Fischers Theorie bislang nicht als erfüllt gelten, was eine Bewertung ihres Ansatzes erheblich erschwert.

Zudem erscheint die von Lehrl und Fischer zur Messung der BIP verwendeten Aufgabe (Lesen von Zufallsfolgen von Buchstaben) fragwürdig: Das Problem einer erhöhten Fehlervarianz durch die manuelle Zeitnehmung wurde bereits dargelegt (vgl. Abschn. 2.5). Neben diesem Meßproblem muß aber auch die von Lehrl und Fischer postulierte Allgemeingültigkeit des BIP-Parameters angezweifelt werden: Die Behauptung, daß die Ermittlung der BIP über das Lesen von Zufallsreihen von Buchstaben numerisch gleiche Ergebnisse liefern sollte, unabhängig davon, ob stumm oder laut gelesen wird, erscheint doch sehr unplausibel, da das laute Lesen den zusätzlichen kognitiven Prozeß des Umsetzens von Gelesenem in Sprache erfordert und daher wohl mehr Zeit beanspruchen wird als ein stummes Lesen. Aber auch das stumme Lesen (bei dem der Lesende nur durch ein Heben des Daumens Beginn und Ende des Lesens anzeigt) erscheint psychometrisch fragwürdig, läßt es doch einen breiten Raum für Verfälschungstendenzen seitens der Testperson. Ebenso ist es unwahrscheinlich, daß physikalische Reizeigenschaften die Schätzung der BIP überhaupt nicht beeinflussen sollten. In Zusammenhang mit Jensens Theorie wurde eine gesicherte Gesetzmäßigkeit der RZ-Forschung vorgestellt, derzufolge die RZ und deren Variabilität mit zunehmender Reizintensität abnehmen (vgl. auch Welford, 1980).

Aufgrund dieser Kritikpunkte erscheint Lehrl und Fischers Annahme, daß die BIP ein allgemeingültiger Parameter sei und daher unabhängig von den genannten Faktoren immer weitgehend gleiche Ergebnisse für eine Person liefern sollte, doch eher unwahrscheinlich, obgleich eine Beantwortung dieser Frage nur mittels entsprechender Experimente möglich wäre. Diese Einschränkungen bedeuten nicht, daß die BIP-Messung nicht (auch im Hinblick auf Intelligenz) valide Ergebnisse liefern kann, nur die Generalitätsannahme läßt sich aufgrund der bisherigen Befunde nicht aufrechterhalten. Die Abhängigkeit der Geschwindigkeitsparameter von diversen Einflußgrößen stellt nicht nur ein Problem für das BIP-Konzept, sondern für die meisten der besprochenen biologischen Erklärungsansätze dar. Auch die Kritik am Mental-speed-Ansatz der Intelligenz bzw. an den zugrundeliegenden Theorien hat – neben anderen Kritikpunkten – in ihren alternativen Erklärungen des RZ-Intelligenz-Zusammenhangs auch diese Problematik aufgegriffen (s. Kap. 6).

5.5 Der quantenmechanische Ansatz von Weiss

Mit der gleichen Fragwürdigkeit der Generalitätsannahme wie Lehrl und Fischers Ansatz scheint auch das quantenmechanische Modell von Weiss (1986, 1987, 1989, 1992a) konfrontiert zu sein. In seinem äußerst komplexen Ansatz, der hier nur stark verkürzt wiedergegeben werden kann, nimmt Weiss aufgrund quantenmechanischer Überlegungen und einer Arbeit von Cavanagh (1972) eine perfekte Korrespondenz zwischen Gedächtnisspanne und Zufluß- oder Kanalkapazität an (und widerspricht somit Lehrl und Fischers Annahme einer Unabhängigkeit dieser Prozesse). Die physiologische Basis dieser beiden Prozesse (und somit auch deren multiplikative Verknüpfung zur Gesamtkapazität des Kurzzeitspeichers) sieht Weiss im sogenannten „EEG-Resonanzcode". Er greift dabei auf eine Annahme von Liberson (1985) zurück, derzufolge „significant channels in the EEG" (Weiss, 1989, S. 503) immer Vielfache einer Grundfrequenz von 3,3 Hz aufweisen, wobei es insgesamt 9 solcher Vielfachen gäbe. Auch die Gedächtnisspanne (7+/–2; Miller, 1956) kann bekanntlich maximal 9 Elemente umfassen. Nach Bennetts (1972) Fourier-Frequenzanalyse von Ertl und Schafers (1969) EP-Daten bestehe eine eindeutige Beziehung zwischen der EEG-Frequenz und psychometrischer Intelligenz. Auf der Grundlage dieser empirischen Beziehung, sowie des angeblich perfekten Zusammenhangs von Kanalkapazität und Gedächtnisspanne (Cavanagh, 1972) und des Zusammenhangs dieser beiden Variablen mit psychometrischer Intelligenz (Lehrl et al., 1980) postuliert Weiss eine nahezu perfekte Korrespondenz zwischen diesen Variablen (vgl. Weiss, 1989, Tabelle 1). Der grundlegende EEG-Resonanzcode wird, wie folgt, abgeleitet: Die Positivierung des Evozierten Potentials nach 300 ms (P300) entspricht der Libersonschen Grundfrequenz (3,3 Hz) und somit der niedrigst möglichen Gedächtnisspanne („1"). Wie bereits in Abschn. 3.1 dargelegt, beobachteten Ertl und Schafer (1969) nicht nur einen bedeutsamen negativen Zusammenhang zwischen EP-Latenz und dem IQ, sondern auch eine höhere Komplexität der EPs intelligenterer Personen (mehr hochfrequente

Komponenten in den ersten 100 ms). Mehr hochfrequente Komponenten bedeuten aber auch mehr Amplitudenspitzen und damit mehr „zero-crossings" (Nulldurchgänge) des EPs. Aus Ertl und Schafers Abbildung der EPs ihrer 10 hochintelligenten vs. 10 unterdurchschnittlich intelligenten Personen (s. Abb. 13) schätzt Weiss die Anzahl dieser Nulldurchgänge und gelangt zu dem Schluß, daß diese Zahl bei hochintelligenten ungefähr 8, bei unterdurchschnittlich Intelligenten zirka 4 beträgt. Diese Zahl der Nulldurchgänge sei identisch mit der Gedächtnisspanne und stelle daher das Maß für den EEG-Resonanzcode dar. Nach der Tabelle 1 aus Weiss (1989) sollte eine Person mit 8 Nulldurchgängen (und einer numerisch gleichen Gedächtnisspanne) eine EEG-Frequenz von 23 Hz aufweisen (in etwa 8mal die Libersonsche Grundfrequenz), über eine numerisch ähnliche Kanalkapazität (25 bit/s) verfügen, die wiederum einem IQ von 139 entsprechen sollte. Die gleichen Parameter für eine Person mit 4 Nulldurchgängen (und numerisch gleicher Gedächtnisspanne) sollten für die EEG-Frequenz 10 Hz (in etwa 4mal die Libersonsche Grundfrequenz), für die Kanalkapazität 10 bit/s und für den IQ 78 betragen.

Aus diesen Daten wird bereits ersichtlich, daß die von Weiss postulierten perfekten Entsprechungen von Gedächtnisspanne, EEG-Frequenz, Kanalkapazität und Intelligenz so nicht haltbar sind: Nimmt man die Libersonsche Grundfrequenz nicht mit 3,3 Hz, sondern mit 3,14 Hz an (wie dies Weiss tut), so ergibt sich für eine Person mit 4 Nulldurchgängen eine EEG-Frequenz von 12,6 Hz, die zwar bei Analyse eines 300-ms-Intervalls für das EP in etwa den 4 Nulldurchgängen entsprechen würde. Die in Ertl und Schafer abgebildeten EPs beruhen aber auf 250-ms-Intervallen, der EP-Verlauf von 250 bis 300 ms ist nicht mehr abgebildet. Außerdem ergeben sich doch beträchtliche Diskrepanzen für die angenommene Entsprechung von Nulldurchgängen und IQ: Nach Weiss' Tabelle 1 sollten Personen mit 8 Nulldurchgängen einen IQ von etwa 139, jene mit 4 Nulldurchgängen einen IQ von etwa 78 aufweisen; im letzteren Fall ist die Entsprechung zwar gut (die 10 weniger intelligenten haben nach Ertl und Schafer im Mittel einen IQ von 79), bei den hochintelligenten Personen hingegen beträgt der mittlere IQ aber 128.

Zudem muß die empirische Evidenz, auf der Weiss seine Annahme der eindeutigen Beziehungen zwischen Gedächtnisspanne, Zuflußkapazität, EEG-Frequenzen und psychometrischer Intelligenz gründet, kritisch hinterfragt werden. Die als Hinweis auf eine perfekte Korrespondenz zwischen Gedächtnisspanne und Kanalkapazität angeführte Studie von Cavanagh (1972) basiert nur auf einem Vergleich früherer Studien zur Gedächtnisspanne und Abrufzeit aus dem Kurzzeitgedächtnis (Sternberg-Paradigma), die mit verschiedenem Aufgabenmaterial gearbeitet haben. Über verschiedene Arten von Aufgabenmaterial hinweg (z. B. sinnlose Silben, geometrische Figuren, Ziffern) läßt sich nach Cavanagh eine nahezu perfekte Korrespondenz dergestalt finden, daß für Aufgaben, bei denen die Gedächtnisspanne geringer ist, auch die Abrufzeit aus dem Kurzzeitgedächtnis länger ist und vice versa. Weiss behandelt dieses Ergebnis so, als ob die beiden Variablen innerhalb von Personen korreliert seien; ein derartiger Zusammenhang wurde von Cavanagh nicht untersucht und auch nicht aus seinen Analysen gefolgert. Für den Zusammenhang von Kanalkapazität und Gedächtnisspanne mit Intelligenz beruft sich Weiss auf das Handbuch zum Kurztest für Allgemeine Intelligenz KAI (Lehrl et al., 1980). Die psychometrischen Unzulänglichkeiten dieses Testverfahrens sowie die grundsätzlichen Probleme des BIP-Konzepts wurden bereits an anderen Stellen erörtert (s. Abschn. 2.5 und 5.4). Schließlich ist die als Evidenz für eine eindeutige Beziehung zwischen EEG-Frequenz und Intelligenz angeführte Arbeit von Bennett (1972) hinsichtlich ihrer wissenschaftlichen Aussagekraft kaum bewertbar, da zuwenig Informationen gegeben werden, handelt es sich dabei doch nur um einen „letter" von der Länge eines Abstracts.

Es mag sein, daß diese stark verkürzte Darstellung der Komplexität des Modells von Weiss (vor allem seiner quantenmechanischen und thermodynamischen Annahmen) nicht ganz gerecht werden kann, nur sind gerade diese Aspekte einer empirischen Überprüfung noch weniger zugänglich als die postulierten Korrespondenzen zwischen den beschriebenen Variablen. Dieses „unitary, unique picture" (Weiss, 1989, S. 503) der Beziehungen zwischen Gedächtnisspanne, EEG-Spektrum, Kanalkapazität, IQ und noch einigen anderen, z. T. abgeleiteten Variablen stellt sicher ein interessantes Gedankenexperiment dar, dessen Bedeutung jedoch im Hinblick auf die fragwürdige empirische Evidenz, auf die sich Weiss beruft, derzeit kaum abschätzbar scheint. Mit einer Ausnahme fehlen bislang empirische Versuche, den – nach Weiss für alle anderen Variablen grundlegenden – EEG-Resonanzcode mit einer dieser Variablen in Beziehung zu setzen. In der bis dato einzigen publizierten Studie (Barrett und Eysenck, 1994) resultierten zudem an 200 Personen keinerlei bedeutsame Korrelationen zwischen den Nulldurchgängen im EP und Wechsler-Intelligenztestscores; gleiches galt auch für den Wechsler-Subtest zur Gedächtnisspanne. Die Autoren vermuten als Ursache für diesen erfolglosen „Replikationsversuch“ die Verwendung akustisch evozierter Potentiale, wogegen Weiss' Analysen sich auf die visuell evozierten Potentiale aus der Untersuchung von Ertl und Schafer bezogen. Abgesehen von der Notwendigkeit eines methodisch mit Ertl und Schafer vergleichbaren Replikationsversuchs lassen diese ersten empirischen Ergebnisse Zweifel an der von Weiss postulierten Allgemeingültigkeit seines quantenmechanischen Modells aufkommen. Wenn Weiss die von ihm postulierten perfekten Beziehungen gleichsam in den Rang physikalischer Gesetzmäßigkeiten erhebt, dann würde eine auf visuell evozierte Potentiale beschränkte Gültigkeit diesen Ansatz doch erheblich schwächen.

Das Kapitel zu den theoretischen Erklärungsmodellen der Mentalspeed-Forschung resümierend, lassen sich diese referierten Ansätze grob zwischen zwei Extrempolen lokalisieren: An einem Extrempunkt wären die äußerst elaborierten und komplizierten Ansätze von Weiss und den Hendricksons zu lokalisieren; diese sind nach Deary und Caryl (1993) „esoteric“ und/oder erlauben keine „detailed and testable predictions which would allow a theory to be tested and refined“ (S. 309). Am anderen Ende dieses Kontinuums wären Modelle, wie das von Vernon, die hinsichtlich ihres teils heuristischen (vgl. die Kritik von Beauducel und Brocke, 1993), teils ihres metaphorischen Charakters (hohe Informationsverarbeitungsgeschwindigkeit und anpassungsfähiger Ressourceneinsatz kennzeichnen „neural efficiency“) kritisierbar sind. Jensens Modell nimmt in diesem Kontinuum insofern eine Zwischenstellung ein, als es in seinem physiologischen Teil eher dem ersten, in seinem kognitiven Teil hingegen eher dem zweiten Pol zugerechnet werden kann. Schwierig in dieses Kontinuum einzuordnen ist Lehrl und Fischers BIP-Konzept, da es der einzige rein psychologische Ansatz ist, der in seinen Erklärungen im Gegensatz zu allen anderen Modellen nicht direkt auf das biologische Substrat rekurriert.

Kenner des Mental-speed-Ansatzes der Intelligenz werden vielleicht die Vorstellung und Diskussion zweier anderer Ansätze, die in diesem Zusammenhang gelegentlich zitiert werden, vermissen: Das Eysenck-Furneaux-Modell (siehe Eysenck, 1987) wird hier nicht ausführlicher behandelt; zwar nimmt es auch „mental speed" (Informationsverarbeitungsgeschwindigkeit) als die wesentliche Grundlage kognitiver Funktionen an, erklärt damit aber nicht Zusammenhänge zwischen elementaren kognitiven Tests und psychometrischer Intelligenz, sondern die Beziehung zwischen Bearbeitungszeit und Lösung bei weitaus komplexeren Aufgaben (z. B. Intelligenztestitems; für einen neueren Ansatz siehe Nährer, 1986). Die Wurzeln dieses Ansatzes datieren bereits weit vor dem Beginn der modernen Mental-speed-Forschung (50er Jahre); er wurde demnach nicht (wie die referierten Ansätze) zur Erklärung der RZ-Intelligenz-Beziehung entwickelt.

Desgleichen soll auch das Modell der „cerebral arousability" von Robinson (1993) hier nur kurz erwähnt, aber nicht ausführlicher vorgestellt werden. Ursprünglich (in den 80er Jahren) als ein – auf Pawlow zurückgehendes – physiologisch begründetes Konzept zur Erklärung anderer Persönlichkeitsmerkmale entwickelt, hat Robinson diesen Ansatz in jüngster Zeit auch zur Erklärung von EP-Intelligenz- und RZ-Intelligenz-Zusammenhängen elaboriert. Wie bereits in Abschn. 3.2.5 ausgeführt, stellt Robinson die – weitgehend akzeptierte – Sichtweise des EPs als physiologisches Korrelat der sequentiellen, stufenweisen Informationsverarbeitung in Frage. Die mangelhafte empirische Fundierung seines alternativen Modells verhindert derzeit eine Bewertung dieses Ansatzes, weshalb er hier nicht näher vorgestellt werden soll. Das gleiche gilt für Robinsons noch spekulativer anmutende Erklärungen zur RZ-Intelligenz-Beziehung (1993).

Während die Vertreter aller hier referierten Ansätze von einem „wahren" Zusammenhang zwischen Informationsverarbeitungsgeschwindigkeit (bzw. neuronaler Effizienz) und psychometrischer Intelligenz ausgehen, hat der Mental-speed-Ansatz auch eine Vielzahl von Kritikern auf den Plan gerufen. Deren Alternativerklärungen für beobachtete Zusammenhänge zwischen Intelligenz und mentaler Geschwindigkeit in ECTs sollen im folgenden Kapitel vorgestellt und diskutiert werden.

6 Kritik am Mental-speed-Ansatz und alternative Erklärungen

Der grundlegende Unterschied zwischen den Erklärungsmodellen der Proponenten des Mental-speed-Ansatzes und den alternativen Erklärungsansätzen sei zunächst anhand einer grafischen Darstellung der grundlegenden Kausalitätsannahmen veranschaulicht (s. Abb. 17). Wie in Kap. 5 gezeigt wurde, erklären die meisten Proponenten des Mental-speed-Ansatzes interindividuelle Unterschiede im Reaktionszeitverhalten und in menschlicher Intelligenz auf der Basis gewisser Eigenschaften des Zentralnervensystems. Sie nehmen also individuelle Unterschiede im biologischen Substrat an (s. Abb. 17a), die sowohl RZen in ECTs als auch psychometrische Intelligenz beeinflussen. Aufgrund ihrer kausalen Erklärungsrichtung (vom biologischen Substrat ausgehend) werden diese auch als „Bottom-Up"-Ansätze bezeichnet.

In der RZ-Forschung ist aber bekannt, daß RZen nicht so invariant sind, wie sie ausgehend von einem Bottom-Up-Ansatz sein sollten, sondern von einer Vielzahl von Faktoren, wie Motivation, Konzentration, Lern-, Übungs-/Ermüdungseffekten, interindividuell variierenden Einstellungen bezüglich Gewichtung des Geschwindigkeits- versus Genauigkeitsaspekts etc., abhängen (Welford, 1980). Es kann vermutet werden, daß diese Faktoren nicht nur die RZ-Parameter in ECTs beeinflussen, sondern auch teils in Abhängigkeit von der Intelligenz selbst variieren (z. B. Lerneffekte in elementaren kognitiven Aufgaben), teils mit Intelligenz korreliert sind (z. B. Konzentration; Westhoff und Kluck, 1983). Dann aber ist es nicht mehr möglich, die beobachteten RZ-Intelligenz-Zusammenhänge nur auf der Basis des biologischen Substrats zu erklären, vielmehr müssen höhere kognitive Prozesse als Vermittler für diese Zusammenhänge angenommen werden, weshalb nach Ansicht der Kritiker beobachtete Zusammenhänge zwischen Intelligenz und Reaktionszeiten in ECTs zumindest überschätzt werden, wenn sie nicht überhaupt vollständig durch derartige höhere kognitive Prozesse verursacht sind (die RZ-Intelligenz-Beziehung wäre demnach nur ein „Artefakt"). Aufgrund dieser Kausalrichtung der alternativen Erklärungsansätze werden diese auch als „Top-Down"-Modelle bezeichnet (s. Abb. 17b): Höhere kognitive Prozesse, wie Aufmerksamkeit, Motivation, Lernfähigkeit und andere, üben sowohl einen Einfluß auf die psychometrische Intelligenz als auch auf Leistungen in ECTs aus und seien daher die eigentliche Ursache von RZ-Intelligenz-Zusammenhängen.

Die Frage der kausalen Erklärung der RZ-Intelligenz-Zusammenhänge ist aber nicht nur im Hinblick auf die Gültigkeit des Mental-speed-Ansatzes bzw. dessen postulierte biologische Fundierung von Bedeutung. Auch die von Jensen (1979) für den Mental-speed-Ansatz ins Feld geführte „Kultur-Fairness" der ECTs steht und fällt mit der Gültigkeit des Bottom-Up-Ansatzes. Nur wenn höhere kognitive Prozesse bei der Bearbeitung von RZ-Aufgaben eine vernachlässigbare Rolle spielen, ist es möglich, die Leistung in solchen Aufgaben als weitestgehend unabhängig von früheren Lern- bzw. Sozialisationsprozessen und daher als „kulturfair" zu betrachten.

In der Folge der früheren RZ-Intelligenz-Untersuchungen wurden seitens verschiedener Kritiker ab Mitte der 80er Jahre eine Reihe alternativer Erklärungsansätze sowie Kritikpunkte am Mental-speed-Ansatz

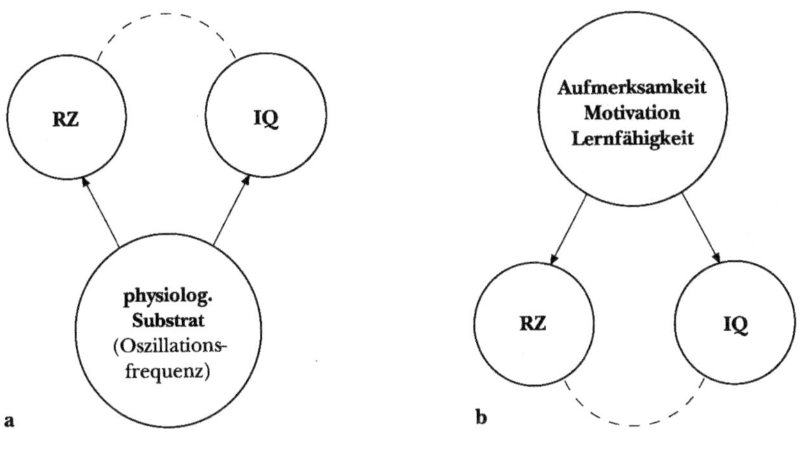

Abb. 17. Kausale Erklärungsprinzipien **a** der Bottom-Up- und **b** der Top-Down-Modelle

bzw. an den hierzu vorliegenden empirischen Untersuchungen vorgestellt. Der Großteil dieser Top-Down-Hypothesen beschäftigt sich allerdings nur mit relativ isolierten Aspekten, so z. B. des konfundierenden Einflusses von Konzentration oder Motivation auf die RZ-Intelligenz-Beziehung, oder es werden nur vereinzelte Anomalien (wie z. B. die „apparent movement"-Strategie beim Inspection-Time-Paradigma, vgl. Abschn. 2.2.2) behandelt. Das Ziel derartiger Ad-hoc-Hypothesen ist nach Beauducel und Brocke (1993) primär eine Schwächung oder „Ausdünnung" des Mental-speed-Ansatzes; sie stellen jedoch keine systematischen Alternativ-Theorien dar, die weitreichende Implikationen für weitere Forschungsbemühungen zum Mental-speed-Ansatz aufweisen. Nichtsdestoweniger sollen auch diese Alternativ-Erklärungen in diesem Kapitel vorgestellt werden, wobei auch die Ergebnisse und Implikationen empirischer Überprüfungen dieser Hypothesen (soweit existent) behandelt werden. Als elaborierte Top-Down-Ansätze können bislang lediglich jene von Longstreth (1984, 1986) und Sternberg (1984, 1985) betrachtet werden. Longstreths Kritik, die sich im wesentlichen an der von Jensen und anderen Proponenten verwendeten Apparatur und Prozedur zur Vorgabe des Hick-Paradigmas orientierte, wurde bereits ausführlich vorgestellt (s. Abschn. 2.1.1); es konnte aber gezeigt werden, daß die dadurch stimulierten Forschungsbemühungen überwiegend keine schlüssigen Hinweise auf die Gültigkeit von Longstreths Annahmen lieferten. Schließlich wurde aufgezeigt, daß Longstreths Kritik auch insofern eher „eng" bzw. von geringer Allgemeingültigkeit ist, als sie sich hauptsächlich am Hick/Jensen-Paradigma orientierte. Diese „eingeschränkte" Kritik wurde zwischenzeitlich auch dadurch relativiert, daß in der Folge bedeutsame negative RZ-Intelligenz-Zusammenhänge auch für eine Vielzahl anderer ECTs gefunden wurden, die nicht die Fehlerquellen des Hick-Paradigmas aufweisen. Im folgenden Abschnitt soll daher zunächst der bislang wohl „breiteste" alternative Erklärungsansatz der RZ-Intelligenzbeziehung von R. J. Sternberg vorgestellt werden.

6.1 R. J. Sternbergs Kritik

Sternbergs Kritik am Mental-speed-Ansatz entwickelte dieser auf der Basis seiner eigenen „triarchischen Theorie der Intelligenz" (1984, 1985). Wie die Bezeichnung „triarchisch" nahelegt, besteht die Theorie aus drei Teilen (sogenannten Subtheorien): die Grundannahme der *Kontext-Subtheorie* ist, daß Intelligenz immer im kulturellen Kontext gesehen werden muß; die *Zwei-Facetten-Subtheorie* erläutert die Bedeutung einerseits des Umgehens mit Neuartigkeit und andererseits der Automatisierung der Informationsverarbeitung für das Problemlösen; die *Komponenten-Subtheorie* beschäftigt sich mit den höheren kognitiven Prozessen, die zur Bewältigung einer Aufgabe erforderlich sind.

6.1.1 Neuartigkeit vs. Automatisierung von Reaktionszeit-Tests

Für Sternbergs Kritik am Mental-speed-Ansatz sind vor allem die Komponenten-Subtheorie sowie die Zwei-Facetten-Subtheorie von besonderer Bedeutung: In der Komponenten-Subtheorie unterscheidet Sternberg Metakomponenten, Ausführungskomponenten und Wissenserwerbskomponenten. Metakomponenten sind Prozesse höherer Ordnung, die eingesetzt werden, um die Durchführung einer Aufgabe zu planen, zu überwachen und zu bewerten. Sie erlauben einer Person, das Problem zu erkennen, es geistig zu repräsentieren, die für die Problemlösung notwendigen Operationen auszuwählen, zu kombinieren und zu entscheiden, wie die mentalen Ressourcen verteilt werden sollen, und die Ausführung der Problemlösung zu überwachen. Die auf einer niedrigeren Ebene liegenden Ausführungskomponenten sind für die Enkodierung, die Kombination, den Vergleich und die Beantwortung von Reizen zuständig. Die relative Bedeutung beider Komponenten variiert von Aufgabe zu Aufgabe und innerhalb einer Aufgabe mit dem Grad der Erfahrung. Bei neuen Aufgaben spielen Metakomponenten eine wichtigere Rolle; sobald die Ausführung automatisiert ist, kommt jedoch den Ausführungskomponenten eine größere Bedeutung zu. Eine (interkulturell) unterschiedliche Vertrautheit mit stark geschwindigkeitsabhängigen Aufgaben kann daher bewirken, daß in einigen Kulturen die RZ-Aufgaben eher metakomponentielle Prozesse ansprechen, in anderen Kulturen hingegen eher die Ausführungskomponenten gefordert sind (Marr und Sternberg, 1987). Dadurch wäre die von Jensen postulierte „Kultur-Fairness" von ECTs nicht mehr aufrechtzuerhalten.

Aber auch innerhalb einer Kultur kann das Problem bestehen, daß Metakomponenten und Ausführungskomponenten bei der Bearbeitung von RZ-Aufgaben unterschiedlich gefordert sind. Nach Sternbergs Zwei-Facetten-Subtheorie sind völlig neue Aufgaben, aber auch völlig automatisierte Aufgaben nicht geeignet, Intelligenz zu „messen". Bei einer völlig neuartigen Aufgabe werden vor allem frühe, nicht aufgabenrelevante metakomponentielle Prozesse angesprochen, dadurch werden aufgabenrelevante Prozesse nicht hinreichend gefordert; bei einer völlig automatisierten Aufgabe hingegen werden metakomponentielle Prozesse überhaupt nicht mehr beansprucht. Nur bei einem mittleren Grad in diesem Neuartigkeits-Automatisierungs-Kontinuum kann eine Aufgabe mit Intelligenz korrelieren. In den meisten RZ-Intelligenz-Untersuchungen sind die RZ-Aufgaben durch Vorgabe von bis zu zehn Übungsdurchgängen etwas geübt, aber noch nicht vollständig automatisiert; daher können die berichteten RZ-Intelligenz-Korrelationen allein durch individuelle Unterschiede in der Qualität metakomponentieller Verarbeitung erklärt werden. Bei weiterer Übung und damit Automatisierung müßten die Zusammenhänge demnach verschwinden.

Empirische Untersuchungen zu dieser Hypothese sind rar, was nicht verwunderlich erscheint, erfordert eine experimentelle Überprüfung dieser Hypothese doch, daß man die Versuchspersonen in einer RZ-Aufgabe so lange trainiert, bis sie die Aufgabendurchführung vermutlich vollständig automatisiert haben, was selbst bei relativ einfachen RZ-Aufgaben hunderte bis tausende Durchgänge erfordern kann (Teichner und Krebs, 1974). Der erste Versuch kann Fleishman und Hempel (1955) zugeschrieben werden: Sie trainierten 264 auszubildende Air-Force-Piloten in einer diskriminativen RZ-Aufgabe (eine Art Wahl-RZ-Test), indem sie ihnen 16 Versuchsblöcke zu je 20 Reaktionstrials vorgaben. Darüber hinaus standen Ergebnisse aus einer intelligenztestähnlichen Testbatterie sowie aus diversen anderen sensomotorischen Tests zur Verfügung. Die Ergebnisse einer faktorenanalytischen Auswertung zeigten, daß die RZ-Leistung im Stadium geringer Geübtheit hauptsächlich durch einen Faktor „räumliche Relationen" und außerdem durch einige andere intellektuelle Teilleistungen determiniert ist, während mit zunehmender Übung (und damit RZ-Verkürzung) diese Fähigkeiten an Bedeutung verlieren und gleichzeitig die aufgabenspezifische Varianz des RZ-Tests selbst zunimmt. Die Ergebnisse dieser faktorenanalytischen Auswertung stehen allerdings im Gegensatz zu den ursprünglichen Korrelationen der RZ-Aufgabe mit den psychometrischen Tests für räumliche Fähigkeiten: Diese weisen nämlich keine eindeutigen Trends in Richtung einer Abnahme der Zusammenhänge mit zunehmender Übung auf. Das artifizielle Ergebnis einer mit zunehmender Übung geringer werdenden Determiniertheit der RZ-Performanz durch räumliche Fähigkeiten scheint daher erst durch die gemeinsame Faktorenanalyse aller beteiligten Variablen zu resultieren. Tatsächlich konnte Ackerman (1987) zeigen, daß die von Fleishman und Hempel verwendete Auswertungsmethodik (Faktorenanalyse über alle Stadien der Übung der RZ-Aufgabe gemeinsam mit allen psychometrischen Tests) aufgrund der Simplex-Struktur dieser Daten inadäquat war und zu fehlerhaften Ergebnissen geführt hat. Er reanalysierte die Daten von Fleishman und Hempel mit einer adäquateren Auswertungsmethodik, indem er nur die psychometrischen Fähigkeitstests einer Faktorenanalyse unterzog und die Ladungen der einzelnen Übungsstadien der RZ-Aufgabe auf den Fähigkeitsfaktoren mittels Dwyers (1937) „extension analysis" schätzte. Die so gewonnenen Ergebnisse liefern eine Schätzung der RZ-Fähigkeits-Korrelationen im Zeitverlauf, bei der die RZ-Daten selber nicht die Faktorenlösung beeinflussen können. Konträr zu Fleishman und Hempels Ergebnissen, die eine 18prozentige übungsbedingte Zunahme an RZ-aufgabenspezifischer Varianz berichteten, ergab Ackermans Reanalyse eine 2,27prozentige *Abnahme* an aufgabenspezifischer Varianz, was gleichzeitig bedeutet, daß die durch intellektuelle Fähigkeiten aufgeklärte RZ-Varianz mit der Übung zunimmt.

Der Autor dieser Reanalyse hat auch seinen eigenen Ansatz zum Verlauf von RZ-Intelligenz-Korrelationen bei zunehmender Übung vorgestellt (Ackerman, 1986, 1987, 1988), der insofern „sparsamer" ist, als er nicht auf die bislang empirisch kaum fundierten „Metakomponenten" Sternbergs zurückgreifen muß. Ackerman geht dabei von Schneider und Shiffrins Theorie der kontrollierten vs. automatischen Informationsverarbeitung (Schneider und Shiffrin, 1977; Shiffrin und Schneider, 1977) aus: Kontrollierte Informationsverarbeitung setzt bei neuartigen Anforderungen bzw. bei ständig wechselnden Aufgabenanforderungen ein und ist daher zumeist langsam, anstrengend und durch Ressourcen (Aufmerksamkeit, Kurzzeitgedächtnis) der Person begrenzt. Sind die Aufgabenanforderungen hingegen einfach und auch bei wiederholter Bearbeitung gleichförmig, so kann automatisierte Informationsverarbeitung einsetzen, die als schneller, paralleler, nahezu müheloser Prozeß beschrieben wird, der auch keinen Grenzen seitens der Ressourcen unterworfen ist. Diese Informationsverarbeitungsmodi sind natürlich nicht als alternativ, sondern als ein Kontinuum zu betrachten; so kann für die wiederholte Übung ein und derselben Aufgabe ein Übergang von eher kontrollierter zu mehr automatischer Informationsverarbeitung stattfinden. Eine zweite wesentliche Grundannahme von Ackermans Theorie ist die Gleichsetzung von „general ability" mit Ausmaß bzw. Effizienz der Aufmerksamkeitsressourcen einer Person. Da Ackerman und Schneider (1985) auch für die von ihnen verwendete verbale RZ-Aufgabe einen Übergang von eher kontrollierter zu mehr automatisierter Informationsverarbeitung voraussagen, sollten Korrelationen zwischen Intelligenz und RZ mit zunehmender Übung geringer werden. Allerdings konnten die Autoren ihre Hypothese nicht einmal ansatzweise bestätigen: Obwohl die RZen der verbalen Aufgabe mit zunehmender Übung (5 Stunden bzw. 800 Durchgänge) erwartungsgemäß abnahmen (was die Autoren mit der zunehmenden Automatisierung der Aufgabe erklären), zeigten die Korrelationen der RZ mit „general ability" einen gegenläufigen Trend in Richtung steigender Zusammenhänge (Ackerman und Schneider, 1985, s. Abb. 2.6).

In Anbetracht dieses Ergebnisses scheint auch die Erklärung von Ackerman und Schneider, „5 hours of practice were not sufficient to establish the attenuation ... of general and content abilities correlations with the CM conditions performance levels" (S. 55) wenig plausibel. Ebenso unbefriedigend ist ihr Statement an anderer Stelle, daß „extended task practice (in excess of 30 hours) ... attenuates performance-ability relations when standard test measures are employed", da keinerlei empirische Evidenz angeführt wird, warum sich nach 30 Stunden, nicht aber nach fünf Stunden die vorhergesagten Trends zeigen sollten.

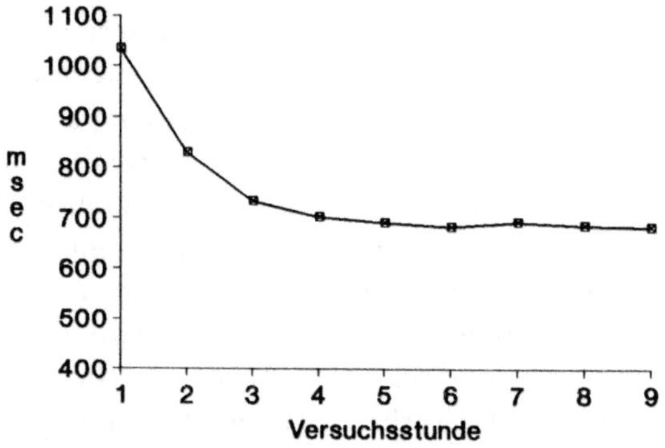

Abb. 18. Zeitverlauf der Verifikations-RZen

Tatsächlich ist dem Verfasser keine Untersuchung zum Einfluß von Übungseffekten auf die RZ-Intelligenz-Beziehung bekannt, die den im eigenen Labor durchgeführten Versuch hinsichtlich des Ausmaßes an Übung erreicht (vgl. Neubauer und Freudenthaler, 1994): In dieser Studie wurden 60 Studenten über einen Zeitraum von mehr als neun Stunden (insgesamt 2688 Trials) mit dem Satz-Bild-Verifikations-Test in der Variante von MacLeod et al. (1978) (vgl. Abschn. 2.4) getestet. Zudem lagen Ergebnisse aus diversen Intelligenz- (APM, verbale und räumliche Subtests aus dem I-S-T 70) und Speed-Tests (d2 Aufmerksamkeits-Belastungs-Test, Zahlen-Verbindungs-Test Z-V-T) vor. Die RZen (Verifikationszeiten) wiesen den erwarteten Übungsgewinn auf (Reduktion um ca. ein Drittel; s. Abb. 18), was im Sinne eines Übergangs von eher kontrollierter zu mehr automatisierter Informationsverarbeitung interpretierbar wäre (Ackerman und Schneider, 1985).

Dagegen, daß der Prozeß der Satz-Bild-Verifikation tatsächlich weitestgehend automatisiert wird, spricht aber der Zeitverlauf der Korrelationen der RZen mit allgemeiner Intelligenz (Ravens APM). Aus Abb. 19 ist zu ersehen, daß sich der Zusammenhang zwischen APM und Verifikations-RZen mit zunehmender Übung nur geringfügig ändert, selbst die niedrigste Korrelation ist noch signifikant von

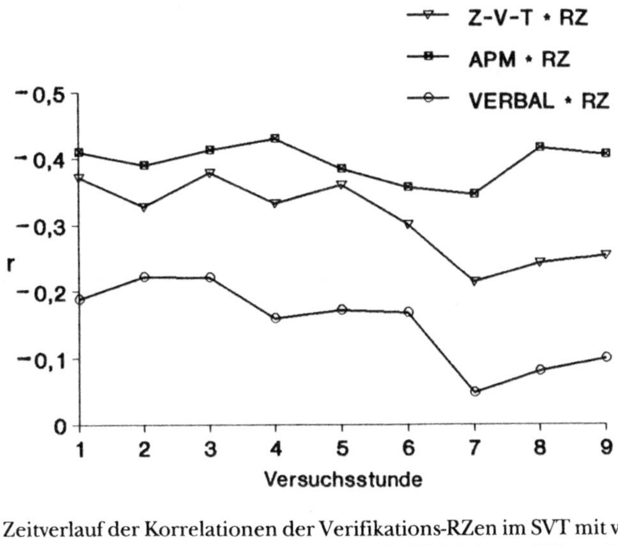

Abb. 19. Zeitverlauf der Korrelationen der Verifikations-RZen im SVT mit verschiedenen psychometrischen Tests (APM, Z-V-T, I-S-T 70-Subtests WA und GM)

Null verschieden (7. Stunde: $r = -0{,}35$, $p < 0{,}001$, einseitig). Eine leichte Abnahme ist hingegen bei den Korrelationen mit dem Z-V-T zu beobachten, obgleich auch hier alle bis auf eine Korrelation signifikant sind (7. Stunde: $r = -0{,}21$, $p > 0{,}05$). Eine ähnliche Tendenz, aber auf geringerem Niveau zeigte die verbale Intelligenz (aggregiertes Maß aus den I-S-T 70-Subtests Wortauswahl und Gemeinsamkeitenfinden); hier waren nur die Korrelationen in der 2. und 3. Stunde der Übung signifikant ($p < 0{,}05$, s. Abb. 19). Die Zusammenhänge mit den anderen psychometrischen Tests waren durchwegs gering und nicht signifikant von Null verschieden.

Was die allgemeine Intelligenz betrifft, widersprechen diese Ergebnisse eindeutig der Hypothese von Ackerman und Schneider (wie auch schon deren eigene Ergebnisse). Lediglich der Befund einer – mit zunehmender Übung – abnehmenden Korrelation von RZen mit verbaler Intelligenz steht im Einklang mit Ackerman und Schneiders Annahme, die für ihre verbale RZ-Aufgabe auch eine übungsbedingte Abnahme der Korrelation mit verbaler Fähigkeit vorhergesagt hatten (obgleich sie selber diese auch nicht fanden).

Kehren wir zurück zur Ausgangsfrage nach dem Verlauf von RZ-Intelligenz-Korrelationen (vor allem RZ-*g*-Korrelationen) bei zunehmender Übung der RZ-Aufgabe, so läßt sich für beide kritischen Ansätze, die eine bedeutsame Abnahme derartiger Zusammenhänge mit zunehmender Übung postulieren (Sternberg und Ackerman und Schneider), eine gemeinsame Schlußfolgerung ziehen: Die Tatsache, daß Zusammenhänge zwischen RZen und allgemeiner Intelligenz sich auch nach massierter Übung kaum verändern, kann – natürlich vorbehaltlich einer Replikation dieses Ergebnisses auch für andere ECTs und psychometrische Intelligenztests – nur im Sinne einer Bottom-Up-Erklärung der RZ-Intelligenz-Beziehung gewertet werden. Wenn die RZen im Satz-Bild-Verifikations-Test auch nach über 2500 Trials noch bedeutsam (und nahezu unverändert hoch) mit psychometrischer Intelligenz (APM) korrelieren, so läßt sich das nur wie folgt erklären: Selbst wenn ein Leistungsmaximum hinsichtlich der Reaktionsschnelligkeit erreicht ist (was für mehr als 2500 Trials angenommen werden kann, vgl. den asymptotischen Verlauf in Abb. 18), ist das individuelle Leistungsniveau durch die Verfügbarkeit mentaler Ressourcen (Informationsverarbeitungsgeschwindigkeit) und damit durch die allgemeine, „biologische" Intelligenz begrenzt. Die Alternativannahme, daß die Durchführung von ECTs durch Übung weitestgehend automatisierbar ist und dann kaum mehr (individuell unterschiedliche) mentale Ressourcen beanspruchen sollte, erscheint auf der Basis dieser Evidenz unplausibel, wenn nicht sogar falsch.

6.1.2 Interkulturelle Vergleichbarkeit

Im vorangegangenen Abschnitt wurde Sternbergs Kritik am Mentalspeed-Ansatz auf der Basis seiner Komponenten- und seiner Zwei-Facetten-Subtheorien dargelegt. In seiner Kontext-Subtheorie verweist Sternberg noch auf die unterschiedliche Rolle, die Geschwindigkeit oder allgemeiner das Umgehen mit Zeit in verschiedenen Kulturen spielt. Da die Untersuchungen zu RZ und Intelligenz überwiegend in „westlichen" Kulturen, die bekannterweise Zeit und Schnelligkeit hoch bewerten, durchgeführt wurden, seien die berichteten Zusammenhänge auch wesentlich durch kulturelle Faktoren zu erklären und wären in anderen, „nicht-westlichen" Kulturen nicht replizierbar.

Inzwischen ist eine Reihe von Untersuchungen, in denen die RZ-Intelligenz-Zusammenhänge interkulturell verglichen wurden, bekannt. Sen et al. (1983) unternahmen den ersten derartigen Versuch, bei dem sie Stichproben von US-Amerikanern und Indern verglichen. Das Ergebnis höherer Zusammenhänge zwischen Ravens SPM und RZen aus dem Hick-Paradigma bei den Amerikanern (*r* zwischen –0,31 und –0,36) im Vergleich zu den Indern (*r* zwischen +0,03 und –0,22) ist allerdings schwierig zu interpretieren, da erstens die in den beiden Stichproben verwendeten RZ-Apparaturen verschieden waren und zweitens die amerikanische Stichprobe deutlich heterogener war (sowohl in den SPM als auch hinsichtlich der RZ-Parameter). Die weiteren kulturvergleichenden Untersuchungen auf diesem Gebiet konzentrierten sich überwiegend auf Vergleiche mit China und Japan. Shigehisa und Lynns (1991) Studie ist zwar nicht im engeren Sinne kulturvergleichend, da nur japanische Kinder ($N = 444$) untersucht wurden, soll aber hier trotzdem Erwähnung finden. Die Zusammenhänge zwischen den Raven SPM und RZ-Parametern aus Hick- und Odd-Man-Out-Paradigma waren – wie erwartet – negativ, aber zumeist von geringer Höhe (fünf von 12 Korrelationen signifikant). Ein von Shigehisa und Lynn durchgeführter Vergleich mit zwei anderen Studien an amerikanischen und irischen Kindern und unter Verwendung der gleichen Tests zeigte allerdings auch für diese Gruppen ähnlich niedrige Korrelationen, obgleich die Zusammenhangskoeffizienten in der irischen Stichprobe tendenziell etwas höher lagen. Wie die soeben vorgestellte Studie ist auch jene von Zhang (1991) nicht kulturvergleichend, aber immerhin konnte an (allerdings nur 40) chinesischen Studenten für die Inspection Time ein Zusammenhang von –0,71 mit Ravens SPM gefunden werden.

Im eigentliche Sinne als kulturvergleichend können nur die nun folgenden Untersuchungen bezeichnet werden. Lynn et al. (1991, vgl. auch Chan et al., 1991) korrelierten Ravens SPM mit dem Hick-Paradigma und dem Odd-Man-Out-Paradigma in Stichproben britischer und chinesischer Kinder (Hong-Kong-Chinesen). Für die Briten waren dabei im Mittel etwas höhere Zusammenhänge zu beobachten. Die beiden Stichproben unterschieden sich aber auch in ihren Mittelwerten: Die höheren SPM-Scores sowie die kürzeren RZen der Chinesen werden von den Autoren (aufgrund der angenommenen Kultur-Fairness der RZ-Tests) als Hinweis auf eine höhere biologische Intelligenz der Asiaten interpretiert. Flynn (1991) konnte jedoch zeigen, daß diese Interpretation nicht zulässig ist. Da die chinesischen Kinder in den RZ-Parametern den britischen überlegen waren, bei den Bewegungszeit-Parametern jedoch das Gegenteil zu beobachten war, ließe sich je nach Betrachtungsweise eine Überlegenheit der einen wie der anderen Gruppe postulieren. Dies legt nach Flynn den Verdacht auf interkulturell unterschiedliche Reaktionszeit-/Bewegungszeitstrategien nahe, was einmal mehr die Notwendigkeit von Maßnahmen zur Verhinderung derartiger Strategien in Wahl-RZ-Versuchen (wie sie der Verfasser vorgeschlagen hat, vgl. Abschn. 2.1.1) unterstreicht. Insgesamt läßt sich somit die Studie von Lynn et al. nicht ohne weiteres als Hinweis auf eine „biologische Überlegenheit" der Chinesen interpretieren: Der Mittelwertsunterschied in den Raven-Matrizen kann kulturell bedingt sein; die Unterschiede in Hick-Parametern sind widersprüchlicher Natur. Noch uneindeutiger sind die Ergebnisse einer Studie von Jensen und Whang (1993), in der – in den Vereinigten Staaten lebende – chinesische und angloamerikanische Kinder hinsichtlich psychometrischer Intelligenz und mentaler Geschwindigkeit in ECTs verglichen wurden. In Ravens SPM waren die chinesischen Kinder, in Hick- und Odd-Man-Out-Parametern hingegen die angloamerikanischen Kinder überlegen. Diese Untersuchung kann aber sicher nicht als kulturvergleichend im engeren Sinne angesehen werden. Da Angehörige zweier Rassen, die aber in einer Kultur aufgewachsen sind, verglichen wurden, lassen sich mit einem derartigen

Versuchsdesign etwaige Unterschiede in den Gruppen weder eindeutig auf biologische noch auf kulturelle Unterschiede zurückführen.

Dieses ist aber die eigentliche Frage, der man durch Mittelwertsvergleiche psychometrischer Variablen (Intelligenztestleistungen) wie chronometrischer Variablen (RZen) nachgehen möchte: Wenn elementare kognitive Aufgaben tatsächlich als Indikatoren einer biologischen Intelligenz gelten können, dann sollte sich aus dem Muster der Mittelwertsunterschiede ein Rückschluß auf biologische vs. kulturelle Unterschiede in der Intelligenz verschiedener Rassen ziehen lassen. Tritt ein Mittelwertsunterschied nur in der psychometrisch erfaßten Intelligenz, nicht aber in RZen auf, so wären kulturelle Unterschiede anzunehmen; sind Unterschiede in psychometrischer Intelligenz aber begleitet von (ungefähr gleich großen) Unterschieden in chronometrischer Intelligenz, so wären eher biologische Ursachen anzunehmen. Eine letzte zu referierende Studie soll dies verdeutlichen: Van der Vijver und Willemse (1990) gaben zwei Gruppen von Kindern (Holländern vs. Immigranten aus verschiedensten nicht-europäischen Ländern) mehrere Intelligenztests und eine Batterie eigen-entwickelter RZ-Tests vor, die hypothesenkonform negativ miteinander korrelierten (höher für die Immigrantenstichprobe). Während die Immigranten-Kinder in drei der vier Intelligenztests signifikant schlechtere Leistungen aufwiesen, zeigten sich nur geringfügige Unterschiede in den RZ-Tests, die noch dazu mit zunehmender Übung (zweiter Block von 10 Trials) nahezu vollständig verschwanden.

Eine abschließende Bewertung der Ergebnisse zur interkulturellen Vergleichbarkeit der Leistung in ECTs erscheint bei der heterogenen Befundlage schwer möglich. Die zuletzt referierte Studie von van der Vijver und Willemse (1990) legt nahe, daß interkulturelle Unterschiede in Intelligenztestergebnissen in erster Linie auf kulturelle Einflüsse und nicht auf biologische Unterschiede zurückführbar sind. Zu einem widersprechenden Befund gelangten Lynn et al. (1991, s. o.); allerdings wurde die Fragwürdigkeit ihrer Interpretation aufgezeigt (Flynn, 1991). Abgesehen von der großen Heterogenität der Studien hinsichtlich Stichproben, verwendeter Intelligenz- und RZ-Tests kann man sich gerade auf diesem Gebiet des Eindrucks nicht erwehren, daß die Interpretation von Ergebnissen stärker als in anderen Bereichen zum Teil auch von der theoretischen (ideologischen?) Ausgangsposition mitbestimmt ist. Besonders deutlich wird dies bei – überwiegend in den Vereinigten Staaten durchgeführten –

Studien zu Unterschieden zwischen farbigen und weißen Personen hinsichtlich ihrer Unterschiede in psychometrischer und chronometrischer Intelligenz, weshalb die Untersuchungen zu diesem Thema hier auch nicht behandelt werden (vgl. z. B. Jensen 1985, 1993b; Kamin und Grant-Henry, 1987).

Die Eingangsfrage dieses Abschnitts war jedoch nicht die nach Mittelwertsunterschieden zwischen kulturellen Gruppen, sondern die nach der Validität von RZ-Aufgaben in anderen (nicht-westlichen) Kulturen. Sternbergs Vermutung, daß Korrelationen zwischen geschwindigkeitsbetonten Aufgaben und psychometrischer Intelligenz höher in den „schnelligkeitsbetonten" westlichen Kulturen ausfallen sollten, erfährt eine gewisse Unterstützung. Die Ergebnisse wiesen in den meisten referierten Studien in die Richtung etwas höherer Zusammenhänge in westlichen (USA, Großbritannien) als in östlichen Kulturen (Indien, Japan, China); die Unterschiede waren zumeist aber eher gering. Zudem erschwert die geringe Anzahl der bisherigen Studien sowie deren methodische Heterogenität selbst eine vorläufige Bewertung. Der derzeitige „Boom" der kulturvergleichenden Psychologie sollte hier in naher Zukunft Abhilfe schaffen.

6.2 Konzentration und Aufmerksamkeitsressourcen

Einer der am häufigsten betonten Kritikpunkte an den Befunden zu Korrelationen zwischen Intelligenz und RZen ist die Vermutung, daß diese letztlich auf individuelle Unterschiede in den Aufmerksamkeitsressourcen bzw. der Konzentrationsleistung zurückzuführen seien (Carlson und Widaman, 1987; Detterman, 1987; Longstreth, 1986; Marr und Sternberg, 1987). So wird beispielsweise argumentiert, daß weniger intelligente Personen in RZ-Tests dieser Aufgabe vermutlich deshalb weniger Aufmerksamkeit zuwenden, weil sie nicht die Wichtigkeit der Aufmerksamkeitszuwendung für die Minimierung der RZ erkennen (Longstreth, 1986). Wenn auch Longstreths Annahme etwas den Eindruck einer Ad-hoc-Hypothese vermittelt, lassen sich doch Hinweise auf ihre Plausibilität finden. Einerseits wurden positive Zusammenhänge zwischen Intelligenz und Konzentrationsleistung bereits nachgewiesen (z. B. Westhoff und Kluck, 1983), andererseits zitieren Carlson und Widaman (1987) eine Reihe von Untersuchungen, die die Bedeutung von Aufmerksamkeitszuwendung bzw. -ressourcen für ein schnelles und konsistentes Reagieren in RZ-Versuchen belegen. In seiner Komponenten-Subtheorie beschreibt Sternberg (1984, 1985) Aufmerksamkeitszuwendung als eine wesentliche Metakomponente, die für die „positive manifold" (positive Interkorrelationen unterschiedlicher kognitiver Leistungstests, vgl. Abschn. 4.1) verantwortlich sei. Andere Autoren stellen überhaupt in Frage, ob allgemeine Intelligenz und Aufmerksamkeit konzeptuell unterscheidbar sind. Bereits Wundt (1911) vermutete, daß „die *Energie der Aufmerksamkeit* den ‚Zentralfaktor' abgibt, der die einzelnen Tätigkeiten bestimmt" (S. 598). Bei der Vorstellung von Ackermans Ansatz (1986) wurde gezeigt, daß dieser „general ability" mit Ausmaß bzw. Effizienz der Aufmerksamkeitsressourcen gleichsetzt (ähnliches ist auch Hunt, 1980, zu entnehmen). Lehrl und Fischer (1990) sind der Meinung, der „d2" sei in Wirklichkeit ein Intelligenztest, da Westhoff und Kluck (1983) Zusammenhänge zwischen 0,39 und 0,78 mit diversen Untertests des LPS (Leistungs-Prüf-System von Horn) gefunden hatten. Da die Aufgabe beim d2 darin besteht, aus einer Reihe von d's und p's, die mit 1, 2 oder 3 Strichen (oben und/oder unten) versehen sind, nur die d's mit 2 Strichen herauszustreichen, könne sie auch als wiederholte Wahl-RZ-Aufgabe betrachtet werden. Unter diesem Blickwinkel lassen sich auch die von Lindley et al. (1988) entwickelten Papier-Bleistift-Tests für Informationsverarbeitungsgeschwindigkeit (s. Abschn. 2.6) als Aufmerksamkeitstests betrachten.

Empirische Untersuchungen zu dieser Frage sind bislang rar. Carlson und Widaman (1987, vgl. auch Carlson et al., 1983) untersuchten die Beziehungen zwischen Hick-Paradigma, diversen Intelligenz- und Gedächtnistests sowie einem (Studie I, $N = 105$) bzw. zwei Maßen (Studie II, $N = 84$) für Aufmerksamkeitszuwendung („random number generation" und Blickabweichungen im RZ-Versuch). Beide Studien zeigten ähnliche Ergebnisse: Mittlere RZen korrelierten wider Erwarten nicht mit Intelligenz, sehr wohl aber signifikant mit Aufmerksamkeit (0,24 und 0,16), d. h. hohe Aufmerksamkeit geht einher mit kurzen RZen; hingegen war die intraindividuelle RZ-Variabilität (Standard Deviation) signifikant mit Intelligenz (–0,20 und –0,17), aber höher mit Aufmerksamkeit (0,30 und 0,20) assoziiert. Hohe Intelligenz und Aufmerksamkeit sind also mit geringen RZ-Schwankungen assoziiert. Aus diesen Ergebnissen schließen die Autoren: „attention deployment appears to play a significant role in the generally observed relationship between reaction time and intellectual ability" (Carlson et al., 1983, S. 342 f.). Diese Schlußfolgerung ist allerdings mit Vorbehalt zu interpretieren, da 1. der vielfach nachgewiesene Zusammenhang mittlerer RZen mit Intelligenz hier nicht gefunden wurde, und da 2. auch der Zusammenhang von RZ-Variabilität mit Intelligenz niedriger als in den meisten anderen Studien war, weshalb die diesbezüglichen Ergebnisse insgesamt als nicht repräsentativ gewertet werden können.

In diesen Arbeiten wurde auch nicht der Versuch unternommen, die Variable Aufmerksamkeit aus der RZ-Intelligenz-Korrelation herauszupartialisieren, um festzustellen, ob auch unter Konstanthaltung dieser Variablen noch ein bedeutsamer Zusammenhang verbleibt. Neubauer et al. (1992) untersuchten diese Frage, indem sie in zwei Studien 81 bzw. 125 Schüler im Alter von 11 bis 15 Jahren mit Ravens SPM, dem d2-Aufmerksamkeits-Belastungs-Test und dem modifizierten Hick-Paradigma des Verfassers (vgl. Abschn. 2.1.1) testeten. Tabelle 10 veranschaulicht für beide Studien die Korrelationen zwischen den drei Variablen (aus dem Hick-Paradigma wurde ein Kennwert, das Ausmaß an übertragener Information in bit/s abgeleitet).

Trotz leichter Unterschiede in der Höhe der Korrelationen läßt sich doch ersehen, daß die Informationsverarbeitungsleistung im Hick-Paradigma (HICK) sowohl bedeutsam mit Intelligenz (SPM) als auch mit Aufmerksamkeit (d2) korreliert. Ein wesentlicher Unterschied beider Studien liegt im Zusammenhang zwischen Intelligenz und Aufmerksamkeit, welcher nur in Studie II Signifikanz erreicht. Das wichtigste Ergebnis zeigt sich aber für die rechnerische Eliminierung der Aufmerksamkeit aus dem Zusammenhang zwischen Intelligenz und Hick-Paradigma: In beiden Studien sinken die Partialkorrelationen (HICK * SPM[d2]) nur geringfügig und sind immer noch signifikant. Daraus wird geschlossen, daß Aufmerksamkeit zwar eine Rolle für die Leistung im Hick-Paradigma spielt, letztlich aber nur für einen kleinen Teil der Kovarianz von Intelligenz und RZ verantwortlich ist.*

Diese Schlußfolgerung gilt allerdings nur für das von Neubauer et al. (1992) aus den mittleren RZen und Fehlreaktionen abgeleitete Maß der übertragenen Information (bit/s), welches in dieser Untersuchung wegen beträchtlicher interindividueller Unterschiede im Ge-

* Aufgrund des Altersbereichs der untersuchten Stichproben (11 bis 15 Jahre) könnte eingewendet werden, daß die berichteten Zusammenhänge durch diese Einflußgröße zumindest mitverursacht sein könnten. Eine Auspartialisierung dieser Variable führte jedoch nur zu geringfügigen Änderungen der in Tabelle 10 berichteten Korrelationen (überwiegend nur in der zweiten Nachkommastelle). Für keinen der dargestellten Zusammenhänge war eine Änderung der Signifikanz festzustellen.

Tabelle 10. Zusammenhänge zwischen Hick-Paradigma, Ravens SPM und dem d2

Korrelation	Studie	
	I	II
HICK*SPM	0,29**	0,36**
HICK*d2	0,47**	0,29**
SPM*d2	0,18	0,33**
HICK*SPM[d2]	0,24*	0,30**

*$p < 0,05$, **$p < 0,01$

schwindigkeits-Genauigkeits-Austausch berechnet wurde. Die intraindividuelle Variabilität der RZ (SDRZ) geht hingegen nicht in dieses Maß ein. Wie auch in den oben referierten Untersuchungen von Carlson und Widaman waren auch bei Neubauer et al. in beiden Studien signifikante Zusammenhänge der SD einerseits mit Intelligenz (–0,25 und –0,29 für Studien I und II) und andererseits mit Aufmerksamkeit (–0,42 und –0,27) zu beobachten. Carlson et al. (1983) rekurrierten in ihrer Erklärung dieses Phänomens auf eine Hypothese von Krupski (1980), derzufolge ein hohes Maß an Aufmerksamkeitszuwendung notwendig ist, um auch über eine größere Anzahl an RZ-Trials hinweg konstant gute Leistungen zu erbringen. Daraus läßt sich die folgende Hypothese ableiten: Während die schnellsten RZen in einer Reihe von Trials wahrscheinlich weitgehend unabhängig von der Aufmerksamkeitszuwendung sind, dürften die längeren RZen (und damit die intraindividuelle Variabilität der RZ) stärker durch Aufmerksamkeit determiniert sein. Es stellt sich die Frage, ob die häufig berichteten Zusammenhänge der RZ-Variabilität mit Intelligenz nicht eigentlich durch Unterschiede in der Aufmerksamkeitszuwendung bedingt sind. Dieser Frage wurde durch eine Reanalyse der an 125 Schülern im Alter von 11 bis 15 Jahren erhobenen Daten einer Diplomarbeit von Bauer (1991; vgl. auch Neubauer et al., 1992) nachgegangen. Dabei wurde die von Larson und Alderton (1990) vorgeschlagene Methode der „worst performance"-Analyse angewandt (vgl. Abschn. 2.1): Die RZen einer Person wurden pro bit-Bedingung in eine Rangreihe (von der kürzesten bis zur längsten) gebracht. Anschließend wurden die RZ-Bänder definiert, indem die fünf schnellsten RZen zusammengefaßt wurden und ein Mittelwert ermittelt wurde usw. bis hin zu den fünf langsamsten RZen. Für insgesamt 20 Trials ergaben sich somit vier RZ-Bänder.

Tabelle 11 zeigt die Mittelwerte (in Spalte M) dieser RZ-Bänder (für alle drei bit-Bedingungen) sowie die Korrelationen derselben mit Intelligenz (SPM) und Aufmerksamkeit (d2). Zum Vergleich sind zudem die Mittelwerte (M) und Korrelationen der Median-RZ und der intraindividuellen Reaktionszeitvariabilität (SDRZ) tabelliert. Mit Ausnahme der 0-bit-Bedingung sind die Median-RZen sowohl mit Intelligenz als auch mit Aufmerksamkeit signifikant korreliert. Für die „worst performance"-Analyse ist zu beobachten, daß die verschiedenen RZ-Bänder nahezu gleich hoch mit Intelligenz korrelieren, schnelle wie langsame RZen weisen demnach etwa gleich hohe Zusammenhänge mit Intelligenz auf (in der 0-bit-Bedingung ist sogar ein Abfall der Korrelationen vom schnellsten bis zum langsamsten Band zu beobachten).

Tabelle 11. Mittelwerte der Hick-Parameter und ihre Korrelationen mit Intelligenz (SPM) und Konzentrationsfähigkeit (d2); partielle Korrelationen

	M (ms)	*r*		
		SPM	d2	SPM(d2)
0 bit				
Median-RZ	222	–0,31**	–0,11	–0,30**
Band 1	174	–0,33**	–0,15	–0,30**
Band 2	206	–0,32**	–0,13	–0,30**
Band 3	245	–0,29**	–0,08	–0,29**
Band 4	327	–0,24**	–0,10	–0,22**
SDRZ	79	–0,06	–0,13	–0,01
1 bit				
Median-RZ	335	–0,38**	–0,29**	–0,32**
Band 1	254	–0,31**	–0,20*	–0,27**
Band 2	310	–0,36**	–0,26**	–0,30**
Band 3	362	–0,38**	–0,30**	–0,32**
Band 4	465	–0,34**	–0,33**	–0,26**
SDRZ	102	–0,24**	–0,34**	–0,14
2 bit				
Median-RZ	424	–0,33**	–0,26**	–0,27**
Band 1	325	–0,33**	–0,18*	–0,29**
Band 2	396	–0,34**	–0,25**	–0,28**
Band 3	454	–0,33**	–0,27**	–0,26**
Band 4	555	–0,38**	–0,31**	–0,31**
SDRZ	106	–0,28**	–0,30**	–0,20*

*$p < 0{,}05$, **$p < 0{,}01$ (einseitig)

Im Gegensatz dazu läßt sich in der 1- und 2-bit-Bedingung für den Zusammenhang mit Aufmerksamkeit ein linearer Zusammenhang mit dem RZ-Band beobachten: Die längeren RZen korrelieren höher mit dem d2 als die kürzeren. Die Hypothese, daß sich Aufmerksamkeitszuwendung vor allem auf die längsten RZen auswirkt, hat hier also eine Bestätigung erfahren. Das wiederum bewirkt, daß die RZ-Variabilität (die ja aufgrund der Rechtsschiefe von RZ-Verteilungen primär durch die „Ausreißer nach oben“, also die langen RZen determiniert ist) höher mit Aufmerksamkeit korreliert als mit Intelligenz. Betrachtet man die Zusammenhänge von Median-RZ und RZ-Variabilität mit Intelligenz unter Konstanthaltung der Konzentrationsfähigkeit, d. h., partialisiert man diese aus der RZ-Intelligenz-Beziehung heraus (letzte Spalte), so läßt sich beobachten, daß die Median-RZ noch immer substantiell, die Variabilität aber nur mehr gering (in der 1-bit-Bedingung nicht signifikant) mit Intelligenz korreliert.

Zusammenfassend lassen sich diese Ergebnisse so interpretieren, daß sich Aufmerksamkeit in einer Serie von Durchgängen offenbar stärker auf die langen RZen und damit auf die Variabilität der RZ auswirkt, und daß daher die häufig berichteten Zusammenhänge der RZ-Variabilität mit Intelligenz zumindest teilweise auf diese Variable zurückzuführen sein dürften. Das gleiche gilt jedoch nicht für die Median-RZ; diese weist einen bedeutsamen Zusammenhang mit Intelligenz auf, der auch nach Herauspartialisieren der Aufmerksamkeit erhalten bleibt und daher nicht allein durch diese Variable zu erklären ist. Diese Schlußfolgerungen legen eine unterschiedliche Interpretation der beiden wesentlichen Parameter im Hick-Paradigma nahe: Die mittlere RZ (Median-RZ) entspräche der eigentlichen Informationsverarbeitungsgeschwindigkeit (als Basis allgemeiner Intelligenz); die RZ-Variabilität spiegelt hingegen eher die Aufmerksamkeitskapazität einer Person wider (eine derartige Vermutung hat auch Jensen, 1987b, bereits einmal angesprochen, ohne sie allerdings später je wieder aufzugreifen). Im Moment wollen wir diesen interpretatorischen Zugang im Raum stehen lassen; im abschließenden Kapitel soll auf die Plausibilität dieser Annahme näher eingegangen werden.

6.3 Motivation

Detterman (1987) sowie Marr und Sternberg (1987) vermuten, daß auch motivationale Prozesse für die berichteten RZ-Intelligenz-Zusammenhänge verantwortlich gemacht werden müssen. Nach Marr und Sternberg (1987) unterscheiden sich Personen hinsichtlich ihrer Motivation, in RZ-Tests auch wirklich mit optimaler Schnelligkeit zu reagieren bzw. die Durchführung der Aufgabe auch schnell zu automatisieren (vgl. Abschn. 6.1.1). Motivation habe aber auch einen Einfluß auf die Leistung in psychometrischen Intelligenztests, und das zöge eine artifizielle Erhöhung des RZ-Intelligenz-Zusammenhangs nach sich. Nach Meinung anderer Autoren (Jensen, 1980) sind RZ-Aufgaben wie das Hick-Paradigma zwar unempfindlich bezüglich motivationaler Einflüsse, da die Reaktion vor der bewußten Wahrnehmung des Stimulus von der Person initiiert wird; Marr und Sternberg nehmen aber trotzdem einen indirekten Einfluß der Motivation über die Aufwendung von Aufmerksamkeitsressourcen an. Damit wäre das Problem wieder auf der Ebene der Aufmerksamkeit anzusiedeln, das bereits im letzten Abschnitt diskutiert wurde.

Nach Detterman (1987) sind die Auswirkungen der Motivation auf RZen bislang zuwenig berücksichtigt worden. Ähnlich wie bei der Aufmerksamkeitszuwendung nimmt Detterman an, daß die schnellsten RZen wahrscheinlich weitgehend unabhängig von der Motivationslage sind, hingegen sollte sich die Motivation vor allem auf die Variabilität der RZ auswirken. Wer hoch motiviert ist, wird versuchen, auch über eine größere Anzahl von Trials hinweg konstante Leistungen zu erbringen. Detterman schlägt daher vor, die Motivation im RZ-Test durch Rückmeldung der RZen zu erhöhen, ohne daß allerdings klar wird, was er sich davon erwartet. Eine mögliche Interpretation wäre, daß ohne RZ-Rückmeldung große interindividuelle Unterschiede in der Motivationslage anzunehmen sind, die durch eine Rückmeldung quasi homogenisiert werden können, wodurch eine weniger fehlerbehaftete Abschätzung des RZ-Intelligenz-Zusammenhangs möglich wäre. Diese Interpretation von Dettermans Vorschlag spezifiziert allerdings keine gerichtete Hypothese bezüglich der Veränderung des RZ-Intelligenz-Zusammenhangs (in Richtung Erhöhung oder Verminderung), wogegen Marr und Sternbergs Hypothese eine Verminderung dieses Zusammenhangs bei einer Reduzierung motivationaler Einflüsse impliziert.

Der Vorschlag von Detterman wurde erstmalig von Neubauer et al. (1992) aufgegriffen, die zwei Gruppen mit vs. ohne RZ-Rückmeldung im Hick-Paradigma im Hinblick auf die Zusammenhänge mit Intelligenz verglichen. Diese experimentelle Manipulation der RZ-Rückmeldung übte zwar den erwarteten Einfluß auf die RZen und deren intraindividuelle Variabilitäten aus (kürzere RZen und geringe Variabilitäten in der Rückmeldungsbedingung), die Auswirkung auf die Korrelationen mit Intelligenz war aber eher gering, wies jedoch in Richtung eines – obgleich nicht signifikant – höheren Zusammenhangs unter der Rückmeldungsbedingung (0,37 mit vs. 0,28 ohne Rückmeldung für das in Abschn. 6.2 beschriebene Informationsmaß bit/s). Dieses Informationsmaß, das RZen und Fehler gleichermaßen berücksichtigt, wurde verwendet, da die RZ-Rückmeldung offensichtlich eine Verschiebung des „Geschwindigkeits-Genauigkeits-Austausches" bewirkte (kürzere RZen und mehr Fehler), die wiederum die Korrelationen dieser Parameter mit Intelligenz beeinflußte. Dieses Problem soll im folgenden Abschnitt ausführlicher behandelt werden.

Ein anderer Versuch der Eliminierung „motivationaler Varianz" wurde von Lindley und Smith (1992) unternommen, die Anreize (Lotterietickets) für gute Leistungen in ihrem Kodierungstest (vgl. Abschn. 2.6) gaben. Der Vergleich mit einer Kontrollbedingung ohne derartige Leistungsanreize zeigte ähnliche Ergebnisse wie bei Neubauer et al. (s. o.): Die Korrelationen zwischen Informationsverarbeitungsgeschwindigkeit und Intelligenz waren höher in der Versuchsbedingung mit Leistungsanreiz (zwischen 0,25 und 0,42) als in der Kontrollbedingung (zwischen 0,20 und 0,27).

Die Ergebnisse beider bislang publizierter Untersuchungen zu dieser Problematik widersprechen somit eindeutig der Hypothese von Marr und Sternberg, wonach die Beziehung zwischen Informationsverarbeitungsgeschwindigkeit und Intelligenz durch motivationale Einflüsse artifiziell erhöht sei. Im Gegenteil, eine Homogenisierung der motivationalen Varianz scheint wie eine Reduktion von Fehlervarianz zu wirken: Der wahre Zusammenhang zwischen Intelligenz und Informationsverarbeitungsgeschwindigkeit tritt deutlicher zutage.

6.4 Geschwindigkeit vs. Genauigkeit in RZ-Tests

Eine weitere Erklärung der RZ-Intelligenz-Beziehung rekurriert auf das bekannte Phänomen des Geschwindigkeits-Genauigkeits-Austausches. Diesem Ansatz zufolge seien RZ-Intelligenz-Zusammenhänge dadurch künstlich erhöht, daß intelligentere Personen in Wahlreaktionsversuchen eine hohe Genauigkeit (d. h. Fehlerfreiheit) zugunsten der Geschwindigkeit opfern. Diese Annahme kann nach Jensen (1987a) nicht aufrechterhalten werden, da der Geschwindigkeits-Genauigkeits-Austausch (d. h. negative Korrelation zwischen RZen und Fehlern) ein intraindividuelles Phänomen sei. Interindividuell hingegen lassen sich überwiegend positive Korrelationen zwischen RZ und Fehlern beobachten (die schneller Reagierenden weisen auch weniger Fehlreaktionen auf). Darüber hinaus sind die Fehlerraten bei den meisten elementaren kognitiven Aufgaben vernachlässigbar gering. Kranzler (1991) berichtet für eine Batterie aus verschiedenen ECTs (überwiegend jenen, die in Kap. 2 vorgestellt wurden) Fehlerraten zwischen 1 und 4 % (im Mittel 3 %), die noch dazu keinerlei signifikante Zusammenhänge mit Intelligenz zeigten. Hier liegt natürlich die Vermutung nahe, daß Fehler – aufgrund der geringen Häufigkeit – auch nur geringe Reliabilitäten aufweisen und daher kaum mit anderen Variablen korrelieren. In Kranzlers Studie waren die Reliabilitäten jedoch überwiegend signifikant, allerdings von sehr unterschiedlicher Höhe; das wesentlichere Ergebnis ist jedoch, daß die Fehler-Intelligenz-Korrelationen für verschiedene ECTs keinen systematischen Zusammenhang mit den jeweiligen Reliabilitäten aufwiesen. Die nicht signifikanten Fehler-Intelligenz-Korrelationen werden von Kranzler mit der geringen Komplexität der verwendeten ECTs erklärt. Eine wesentliche Eigenschaft der meisten ECTs ist es, daß ein „Zusammenbruch" der Informationsverarbeitung (vgl. Jensens Modell, Abschn. 5.2) praktisch nicht auftritt, und deshalb manifestieren sich Unterschiede in *g* in RZ-Parametern und nicht in Fehlerwerten. Würde man die Aufgabenkomplexität steigern, so wird irgendwann ein Punkt erreicht, an dem die Grenzen der Informationsverarbeitungskapazität einer Person überschritten werden, was zu einer Abnahme der RZ-Intelligenz-Korrelation und zu einer Zunahme der Fehler-Intelligenz-Korrelation führen würde.

Derart geringe Fehlerraten, wie sie für die meisten ECTs zu beobachten sind, bedeuten aber, daß tatsächlich die meisten Personen in einer Stichprobe praktisch fehlerfrei arbeiten. Dies ist nach Smith (1989) jedoch wieder insofern problematisch, als bei (nahezu) fehlerfreiem Reagieren nicht angenommen werden kann, daß die Person tatsächlich mit ihrer optimalen Geschwindigkeit reagiert hat, und dies könnte zu einer Unterschätzung von RZ-Intelligenz-Zusammenhängen führen. Eine Fehlerrate von circa 5 % wäre gering genug, um auf eine erfolgreiche Aufgabenbearbeitung schließen zu können, aber auch hoch genug, um ausschließen zu können, daß die Person nicht langsam, sondern so schnell, wie sie kann, reagiert. Dies hätte eine validere Messung der Informationsverarbeitungsgeschwindigkeit zur Folge, die auch höher mit Intelligenz korrelieren könnte.

Ein Hinweis auf die Richtigkeit von Smiths Annahme läßt sich aus der oben erwähnten Studie von Neubauer et al. (1992) entnehmen. Die RZ-Rückmeldung bewirkte tatsächlich eine Verschiebung des Geschwindigkeits-Genauigkeits-Austausches (signifikant mehr Fehler als in der Kontrollbedingung ohne Rückmeldung) und eine tendenziell höhere Korrelation mit Intelligenz (0,37 mit vs. 0,28 ohne RZ-Rückmeldung). Diese Korrelationen wurden jedoch – wie bereits erwähnt – nicht mit den herkömmlichen Hick-Parametern erzielt, sondern mit einem Transinformationsmaß (vgl. Mittenecker und Raab, 1973), in das Geschwindigkeit und Genauigkeit des Reagierens gleichermaßen eingehen. Die Berechnung dieses Maßes war notwendig, da in dieser Studie die Korrelationen der RZ-Parameter mit Intelligenz vom Geschwindigkeits-Genauigkeits-Austausch abhängig waren: Für Personengruppen mit extremer Geschwindigkeits-Genauigkeits-Einstellung (in eine der beiden Extremrichtungen) waren nicht die RZen, sondern die Fehler mit Intelligenz korreliert. Diese Ergebnisse würden jenen von Kranzler widersprechen, dürfen aber nicht generalisiert werden. Es muß hier darauf hingewiesen werden, daß bei dem von Neubauer et al. verwendeten, modifizierten Hick-Paradigma generell höhere Fehlerraten als mit dem klassischen Hick-Paradigma beobachtet wurden, was offensichtlich eine höhere Varianz in Geschwindigkeits-Genauigkeits-Einstellungen ermöglicht hat.

Insgesamt kann die Schlußfolgerung gezogen werden, daß eine artifizielle Erhöhung von RZ-Intelligenz-Zusammenhängen durch interindividuelle Unterschiede im Geschwindigkeits-Genauigkeits-Austausch eher unwahrscheinlich erscheint, da die Fehlerraten in den meisten ECTs sehr gering sind und nur wenig streuen. Für Studien, in denen doch höhere Fehlerraten zu beobachten sind, empfiehlt sich die Berechnung eines Transinformationsmaßes, das auf der Basis von Geschwindigkeit und Genauigkeit das Ausmaß an übertragener Information widerspiegelt. Wie Neubauer et al. (1992) zeigen konnten, läßt dieses Maß auch dann eine Abschätzung des RZ-Intelligenz-Zusammenhangs zu, wenn die interindividuellen Unterschiede im Geschwindigkeits-Genauigkeits-Austausch eher groß sind und dadurch die Validität der klassischen Hick-Parameter fraglich ist.

Diesen Abschnitt beschließend, sei noch darauf hingewiesen, daß Geschwindigkeits-Genauigkeits-Einstellungen auch mit Persönlichkeitsmerkmalen assoziiert sein könnten: In einer Studie von Larson und Saccuzzo (1986b) war die Fehlerzahl in einem Wahl-RZ-Versuch negativ mit Neurotizismus korreliert, was nahelegt, auch Persönlichkeitsvariablen in der Mental-speed-Forschung mit zu erheben.

6.5 Persönlichkeit

Bislang kaum untersucht wurden mögliche Einflüsse der Persönlichkeit auf die Beziehung zwischen RZ und Intelligenz. Daß solche existieren könnten, legen frühere Untersuchungen von Jensen (vgl. 1982) und Eysenck (1967) nahe. Jensen berichtet, daß extravertierte Personen in zeitlich unbegrenzten Intelligenztests schneller als Introvertierte arbeiten und dabei die Genauigkeit zugunsten der Geschwindigkeit „opfern". Bei zeitbegrenzten Intelligenztests mit Schnelligkeitsinstruktion hingegen interagieren nach Eysenck Extraversion und Neurotizismus in der Auswirkung auf Geschwindigkeits-Genauigkeits-Einstellungen: In einer derartigen Situation sind stabile Extravertierte am langsamsten und neurotische Introvertierte am schnellsten, die beiden anderen Gruppen liegen dazwischen.

Auch RZen in elementaren kognitiven Tests scheinen in Abhängigkeit von bestimmten Persönlichkeitsmerkmalen zu variieren. Stabler und Dyal beobachteten bereits 1963 längere diskriminative RZen bei hoch-ängstlichen Personen. Aufgrund der bekannten Assoziation von Ängstlichkeit mit Neurotizismus könnte man sich ähnliches auch für das letztere Merkmal erwarten. In Larson und Saccuzzos Studie (1986b) agierten neurotische Personen zwar offensichtlich vorsichtiger, da sie weniger Reaktionsfehler in einem Wahl-RZ-Test aufwiesen, allerdings ging dies kaum zu Lasten der Schnelligkeit. Hingegen gingen bei Stelmack et al. (1993) hohe Neurotizismuswerte mit langen RZen in fünf von sechs ECTs einher (allerdings wurden nur 30 weibliche Personen untersucht, während Larson und Saccuzzo 96 Studenten beiderlei Geschlechts testeten). Extraversion und Psychotizismus korrelierten in beiden Studien nicht bedeutsam mit RZen; in der Untersuchung von Stelmack et al. (1993) war Extraversion aber negativ mit den Bewegungszeiten assoziiert.

Die referierten Studien legen einen Einfluß der Eysenckschen Persönlichkeitsdimensionen Neurotizismus und Extraversion auf das Verhalten sowohl im Intelligenztest als auch in RZ-Tests nahe. Eine empirische Untersuchung des Einflusses dieser und anderer Persönlichkeitsmerkmale (drei Subfaktoren der Impulsivität) auf die RZ-Intelligenz-Beziehung (Barrett et al., 1986) konnte jedoch kaum bedeutsame Zusammenhänge mit den Variablen des Hick-Paradigmas aufzeigen; lediglich „venturesomeness", ein Impulsivitätssubfaktor, korrelierte leicht negativ mit der RZ-Variabilität. Dieser Zusammenhang konnte von Frearson et al. (1988) für das Hick- und das Odd-Man-Out-Paradigma repliziert werden, wobei auch andere Parameter außer der RZ-Variabilität negativ mit „venturesomeness" assoziiert waren (vor allem Bewegungszeiten). Zudem korrelierte auch Extraversion signifikant negativ mit Parametern des Hick-Paradigmas, allerdings nicht mit jenen aus dem Odd-Man-Out-Paradigma.

Gerade das Persönlichkeitsmerkmal Impulsivität/Reflexivität (I/R) ist wahrscheinlich jenes, für das man am ehesten einen Einfluß auf die RZ-Intelligenz-Beziehung annehmen kann, da Zusammenhänge einerseits mit Intelligenz (impulsive Probanden schneiden schlechter in psychometrischen Intelligenztests ab; Block et al., 1974), andererseits mit Informationsverarbeitungstests (Impulsive weisen kürzere RZen, aber mehr Fehler auf; Dickman und Meyer, 1988) nachgewiesen wurden. Wenn also impulsive Personen niedrigere Intelligenztestscores erzielen, aber in RZ-Tests schneller reagieren, würde man sich erwarten, daß interindividuelle Unterschiede in I/R den tatsächlichen Zusammenhang zwischen RZ und Intelligenz verschleiern oder zumindest reduzieren könnten. Ein Versuch, diese Hypothese zu überprüfen (Truschnig, 1990), erbrachte jedoch widersprüchliche Ergebnisse: Reflexive Personen zeigten zwar höhere Intelligenzwerte, wiesen jedoch unerwarteterweise auch kürzere RZen auf, was insgesamt (nach Herauspartialisieren) zu einer Verminderung der RZ-IQ-Zusammenhänge führte. Diese Ergebnisse konnten jedoch nur für die Operationalisierung von I/R über den „Matching-Familiar-Figures-Test" (MFFT), nicht jedoch für ein Fragebogenmaß zu I/R gefunden werden (letzteres korrelierte weder mit Intelligenz noch mit RZen). Diese Ergebnisse müssen jedoch mit Vorbehalt interpretiert werden, da der Verdacht besteht, daß mit dem MFFT nicht ein kognitiver Stil, sondern eine intelligenzähnliche Fähigkeit gemessen wird (z. B. Tiedemann, 1983), eine Vermutung, die in Anbetracht der Assoziation von MFFT-Reflexivität mit kurzen RZen durchaus plausibel erscheint. Weitere Untersuchungen zum potentiellen Einfluß von I/R auf RZ und Intelligenz bedürfen daher zuvor einer Klärung der inhaltlichen Bedeutung von I/R und einer eindeutigeren Operationalisierung dieses Konstrukts (siehe auch Malle und Neubauer, 1991).

Zusammenfassend kann festgehalten werden, daß bislang nur wenige Studien den möglichen Einfluß von Persönlichkeitsmerkmalen auf die RZ-Intelligenz-Beziehung studiert haben. Die vorliegenden Ergebnisse zeigten zudem kaum wirklich relevante Einsichten, weshalb diese Fragestellung beim gegenwärtigen Wissensstand als wenig fruchtbar erachtet werden kann.

6.6 Instruktionsverständnis

Jede elementare kognitive Aufgabe erfordert eine einleitende Instruktion, deren Verarbeitung eine kognitive Leistung der Versuchsperson darstellt. Wo kognitive Ressourcen angesprochen werden, sind aber auch individuelle Unterschiede anzunehmen. Nach Detterman (1987) können selbst geringfügige Unterschiede im Instruktionsverständnis das Ergebnis von RZ-Versuchen beeinflussen. Es sei unvernünftig, anzunehmen, daß verschiedene Personen selbst bei standardisierten Instruktionen gleiche mentale Repräsentationen bzw. Modelle der RZ-Aufgabe entwickeln. Nach Detterman und Andrist (1990) könne man zudem als eine mögliche Ursache individueller Unterschiede im Instruktionsverständnis die intellektuelle Leistungsfähigkeit selbst annehmen. Personen geringerer Intelligenz würden demnach selbst unter optimalen Bedingungen eine nicht optimale Repräsentation der RZ-Aufgabe entwickeln, daher schlechtere RZ-Ergebnisse aufweisen und auf diese Weise könnte der RZ-Intelligenz-Zusammenhang künstlich erhöht, wenn nicht überhaupt dadurch verursacht sein.

Dettermans Hypothese konnte jedoch von ihm selbst (Detterman und Andrist, 1990) nicht bestätigt werden. Eine experimentelle Variation der Instruktionen für verschiedene ECTs zeigte zwar einen deutlichen Einfluß auf die RZ-Leistungen, die RZ-Intelligenz-Korrelationen variierten jedoch nur geringfügig in Abhängigkeit von den Instruktionen. Diese (und andere) Ergebnisse werden von Detterman und Andrist dahingehend interpretiert, daß individuelle Unterschiede im Instruktionsverständnis nicht für die RZ-Intelligenz-Beziehung verantwortlich zu sein scheinen; im Gegenteil, die Auswirkung mangelhaften Instruktionsverständnisses schien eher den gegenteiligen Effekt einer Reduktion des Zusammenhangs zu haben.

Ein zweites wesentliches Ergebnis dieser Studie war, daß sich die gefundenen RZ-Unterschiede zwischen den verschiedenen Instruktionsbedingungen mit zunehmender Übung reduzierten. Daraus läßt sich die folgende Überlegung ableiten: Vielleicht sind nicht Unterschiede im Instruktionsverständnis an sich, sondern in der Geschwindigkeit, mit der Personen aus der Instruktion die mentalen Repräsentationen der Aufgabe entwickeln, für den RZ-Intelligenz-Zusammenhang verantwortlich. Vielleicht benötigen intelligentere Personen weniger Übungstrials, um ein Leistungsmaximum zu erreichen; da aber zumeist alle Personen die gleiche Anzahl an Übungstrials bekommen, befinden sich unterschiedlich intelligente Personen in verschiedenen Stadien der Entwicklung mentaler Aufgabenrepräsentationen. Dies würde bedeuten, daß sich individuelle Unterschiede in der Aufgabenrepräsentation mit zunehmender Übung der RZ-Aufgabe auf ein (vernachlässigbares) Minimum reduzieren sollten und damit sollten auch die RZ-Intelligenz-Korrelationen abnehmen bzw. gegen Null tendieren. Hier wird die Parallele zu den Hypothesen von Sternberg und Ackerman deutlich, die auf der Basis ihrer Modelle zu genau der gleichen Voraussage gelangten (vgl. Abschn. 6.1.1). In der ebenda referierten Untersuchung des Verfassers (Neubauer und Freudenthaler, 1994) konnte aber gezeigt werden, daß sich Korrelationen zwischen allgemeiner Intelligenz und RZen auch nach massierter Übung kaum ändern. Dieses Ergebnis widerspricht somit auch der Erklärung des RZ-Intelligenz-Zusammenhangs auf der Basis der Geschwindigkeit, mit der Personen aus der Instruktion die mentalen Repräsentationen der Aufgabe entwickeln.

6.7 Zeitbegrenzte Intelligenztests

Verschiedene Autoren (z. B. Sternberg, 1984) vertreten die Meinung, die beobachteten RZ-Intelligenz-Zusammenhänge seien zumindest teilweise dadurch zu erklären, daß viele Intelligenztests selber mit Zeitbegrenzung vorgegeben werden; d. h., nicht die grundlegende Informationsverarbeitungsgeschwindigkeit, sondern ein spezifischer Faktor „Bearbeitungsgeschwindigkeit" sei für die Korrelationen zwischen Intelligenz und RZ verantwortlich. Im Widerspruch zu dieser Hypothese konnten Vernon et al. (1985) und Vernon und Kantor (1986) zeigen, daß zeitbegrenzte vs. zeitlich unbegrenzte Vorgaben von Intelligenztests zu ungefähr gleich hohen RZ-Intelligenz-Zusammenhängen führen; ein Ergebnis, das im Einklang mit Jensens Modell (1982) bzw. dessen Annahme des sogenannten „test-speed paradox" steht: Der Zusammenhang zwischen RZ und Intelligenz sollte demnach nur bis zu einem gewissen Komplexitätsgrad der RZ-Aufgabe bestehen (RZ ca. 1 Sekunde), darüber nehme der Zusammenhang zwischen Fähigkeit und Schnelligkeit wieder ab (siehe auch Nährer, 1986). Bei einer Steigerung der Aufgabenkomplexität über einen bestimmten Punkt hinaus kommt es quasi zu einem Umschlagen von Quantität (Geschwindigkeit) in Qualität (Lösungsgüte), da nach den Modellen von Jensen und Vernon (vgl. Abschn. 5.2 und 5.3) schnelle Informationsverarbeiter einlangende Informationen schneller in Form größerer Informationseinheiten (chunks) zwischenspeichern können, wodurch die Gefahr eines Zerfalls bereits im Arbeitsgedächtnis eingespeicherter Information verringert ist und wodurch gleichzeitig mehr kognitive Operationen mit den Inhalten des Arbeitsspeichers durchgeführt werden können. Gerade bei komplexeren Aufgaben müssen bereits enkodierte Reize oder Teillösungen im Arbeitsspeicher bereitgehalten werden, und die Gefahr eines Zerfalls dieser Gedächtnisinhalte ist geringer, je schneller einlangende Informationen weiterverarbeitet werden können. Daher ist auch für komplexere Aufgaben eine hohe Verarbeitungsgeschwindigkeit insofern von Vorteil, als sie die Wahrscheinlichkeit für die richtige Lösung einer Aufgabe erhöht. Die Vorteile einer hohen Informationsverarbeitungsgeschwindigkeit sollten sich umso stärker auf die Lösungswahrscheinlichkeit auswirken, je komplexer die Intelligenztestaufgaben sind.

Da bei einer zeitlich beschränkten Intelligenztestadministration die schwierigsten Items, die die größten Anforderungen an die Informationsverarbeitung stellen, zum Teil gar nicht mehr bearbeitet werden, könnte man nach Vernon et al. (1985) sogar ein gegenteiliges Ergebnis, nämlich höhere RZ-Intelligenz-Korrelationen bei zeitlich unbegrenzter Vorgabe des Intelligenztests, vorhersagen (ein solches Ergebnis berichtet Bucik, 1993). Bei Vernon selber traf diese Hypothese nur für die verbalen Subtests der Mental Aptitude Battery (MAB) zu, ein gegenläufiger Trend war für die Handlungstests zu beobachten. Dieses Ergebnis wird aber von Vernon und Kantor mit dem Hinweis auf die unterschiedliche Aufgabenkomplexität der jeweiligen Verbal- bzw. Handlungssubtests erklärt: Die schwierigeren Items der verbalen Subtests stellen insofern höhere Anforderungen an die Informationsverarbeitungskapazität, als diese auch bei unbegrenzter Zeit schwieriger zu lösen sind als jene der Handlungssubtests. Die entscheidende Variable sei demzufolge die Komplexität der Aufgaben eines Subtests.

Die Frage nach der Verursachung der RZ-Intelligenz-Korrelationen durch „speededness" der Intelligenztests läßt sich aber auch anders stellen: Sind „schnelle Informationsverarbeiter" auch in der Bearbeitung psychometrischer Intelligenztests schneller? Oder, allgemeiner formuliert: Bestehen Zusammenhänge zwischen RZen in elementaren kognitiven Aufgaben und den Bearbeitungszeiten in einem Intelligenztest? Dieser Frage ist der Verfasser in einem Versuch nachgegangen (Neubauer, 1990c), bei dem für Ravens APM die Bearbeitungszeiten pro Item gemessen und anschließend mit RZ-Parametern aus dem modifizierten Hick-Paradigma des Verfassers (vgl. Abschn. 2.1.1) in Beziehung gesetzt wurden. Obwohl RZ-Parameter aus dem Hick-Paradigma, wie erwartet, negativ mit Intelligenz (APM) korrelierten, waren keine Zusammenhänge der RZ-Parameter mit den Itembearbeitungszeiten zu beobachten. Auch diese Studie widerspricht, wie die oben referierten, somit der Erklärung des RZ-Intelligenz-Zusammenhangs auf der Basis der „speededness" von Intelligenztests. Eine artifizielle Erhöhung der RZ-Intelligenz-Zusammenhänge durch diese Variable kann beim derzeitigen Stand der Forschung nicht angenommen werden.

6.8 Statistisch-methodische Kritik

Nicht zuletzt muß zur Kritik an der RZ-Intelligenz-Forschung erwähnt werden, daß die Ergebnisse vieler Untersuchungen auch wegen statistisch-methodischer Mängel in Frage gestellt wurden. Die am häufigsten vorgebrachte Kritik bezieht sich auf Stichprobencharakteristika. Da aus Stichproben gewonnene Korrelationen immer nur Schätzungen eines Zusammenhangs in der Population darstellen, sollte die untersuchte Stichprobe repräsentativ für die Population sein. Eine im Vergleich zur Population zu homogene Stichprobe (mit eingeschränkter Varianz) führt zu Unterschätzungen des tatsächlichen Zusammenhangs; das gegenteilige Problem einer Überschätzung des tatsächlichen Zusammenhangs resultiert, wenn zu heterogene Stichproben untersucht werden.

So vergleicht z. B. Longstreth (1984) einige bis dato publizierte Studien im Hinblick auf Stichprobencharakteristika und Höhe der RZ-Intelligenz-Korrelation und gelangt zu dem Schluß, daß Studien mit besonders hohen Zusammenhangskoeffizienten durch besonders heterogene Stichprobenzusammensetzungen gekennzeichnet sind (wenn z. B. retardierte Personen, „Normalpersonen“ und Universitätsstudenten eine Stichprobe bildeten). So berechtigt Longstreths Kritik in bezug auf vereinzelte Studien auch sein mag, für die meisten Mental-speed-Studien dürfte wohl eher das gegenteilige Problem, die Verwendung zu homogener Stichproben und damit die Gefahr der Unterschätzung von Korrelationen, zutreffen. In Jensens Überblick über 33 Studien mit dem Hick-Paradigma (1987) kann für nahezu die Hälfte der verwendeten Stichproben eine eingeschränkte Varianz in der intellektuellen Leistungsfähigkeit z. T. (anhand der Standardabweichung) beobachtet oder, wo diese nicht angegeben ist, immerhin angenommen werden. Denn in 11 dieser Studien wurden nur Universitätsstudenten untersucht, in 3 weiteren High-School-Studenten oder „gifted children“, zwei Untersuchungen beschränkten sich auf retardierte Personen. Selbst in einigen anderen Studien, deren Stichprobenbeschreibungen keinen Verdacht auf eine zu große Homogenität aufkommen lassen, ist dennoch eine numerisch eingeschränkte Varianz des IQ gegeben. Dieses Problem betrifft aber nicht nur die Untersuchungen zum Hick-Paradigma; auch in der Mehrzahl der anderen Mental-speed-Studien wurden zu homogene Stichproben untersucht.

Daß in diesen Stichproben zumeist nur Universitätsstudenten vertreten waren, erscheint vor allem im Hinblick auf eine Untersuchung von Detterman und Daniel (1989) problematisch. Diese Autoren verglichen Stichproben unter- vs. überdurchschnittlicher Intelligenz (die sich aber in der Streuung nicht unterschieden) im Hinblick auf Interkorrelationen zwischen Wechsler-Intelligenz-Subtests und auf deren Korrelationen mit elementaren kognitiven Tests sowie deren Interkorrelationen. Für alle diese korrelativen Analysen zeigte sich das gleiche Bild: Die Zusammenhänge sind in Stichproben mit niedrigem IQ beträchtlich höher (z. T. doppelt so hoch) als in Stichproben hoher Intelligenz.

Diese Ergebnisse legen nahe, daß auch im Bereich der Mentalspeed-Forschung die Unterschätzung von RZ-Intelligenz-Zusammenhängen ein nicht zu vernachlässigendes Problem darstellen dürfte. Der Mental-speed-Ansatz der Intelligenz wird häufig auch dahingehend kritisiert, daß die RZ-IQ-Zusammenhänge kaum je Werte von 0,30, bestenfalls 0,40 übersteigen; so spricht beispielsweise Hunt (1980) von der vielzitierten „.3 barrier“ für derartige Zusammenhänge. Es liegt der Verdacht nahe, daß dieses empirische Problem des Mental-speed-Ansatzes durch die vielfach mangelhaften Stichprobencharakteristika zumindest mit verursacht worden ist (vgl. auch Weiss, 1992b).

Neben dieser grundlegenden Schlußfolgerung ergeben sich aus Detterman und Daniels Ergebnissen auch noch eine Reihe weiterer Implikationen für die Interpretation statistischer Analysen. Die erste Implikation von Detterman und Daniels Befunden betrifft die Resultate faktorenanalytischer Auswertungsverfahren (die gerade auch im Bereich der Intelligenzforschung zu den bevorzugten statistischen Methoden zählen). In jedem Buch zur Faktorenanalyse läßt sich nachlesen, daß die Anzahl der extrahierten Faktoren wesentlich von der Höhe der Interkorrelationen der einbezogenen Variablen abhängt: Je höher diese, desto weniger Faktoren lassen sich extrahieren. Wie früher gezeigt wurde (Abschn. 4.1), werden faktorenanalytische Techniken in diesem Forschungsgebiet vor allem zur Bestimmung von *g*-Ladungen (d. h. Ladungen auf dem ersten unrotierten Faktor) sowohl von Intelligenzsubtests als auch von ECTs verwendet. Hier besteht die Gefahr, daß die Einschätzung der Bedeutsamkeit eines *g*-Faktors (general intelligence) wesentlich durch Stichprobencharakteristika mitbeeinflußt wird: Nicht nur, daß man in repräsentativen Stichproben eher einen bedeutsamen *g*-Faktor finden wird, auch in Stichproben unterdurchschnittlich intelligenter Personen wird man eher einen varianzstarken ersten Faktor beobachten können als in Stichproben von intellektuell Hochbegabten, da bei ersteren höhere Interkorrelationen zwischen den verschiedenen intellektuellen Teilleistungen zu beobachten sind (Detterman und Daniel, 1989).

Die zweite Implikation betrifft die am häufigsten angewandte Methode, mit dem Problem der eingeschränkten Varianz in intellektueller Leistungsfähigkeit (und damit vermutlich auch der Leistungsscores in ECTs) umzugehen: Die Korrektur der Korrelationen im Hinblick auf die „restriction of range“ (Thorndike, 1949). Jede derartig korrigierte Korrelation stellt nur eine Schätzung des Zusammenhangs in einer repräsentativen Stichprobe aufgrund des in der untersuchten Stichprobe beobachteten Zusammenhangs dar. In diese Schätzung gehen die Ausgangskorrelation sowie die Standardabweichungen in der untersuchten Stichprobe und in der Population ein, hingegen wird der Mittelwert nicht berücksichtigt, da diese Korrektur voraussetzt, daß sich die Korrelation im gesamten Bereich der gemessenen Variablen nicht ändert. Da Detterman und Daniels Befunde nahelegen, daß gerade diese Voraussetzung im Bereich der Intelligenzforschung nicht erfüllt ist, erscheint die Anwendung der „range restriction"-Korrektur in diesem Forschungsgebiet höchst fragwürdig.

Diese Fragwürdigkeit konnten Frearson et al. (1988) auch empirisch aufzeigen. Sie teilten ihre für die Normalpopulation repräsentative Stichprobe von 109 Personen in verschiedene, im Hinblick auf den Streubereich der Intelligenz „homogene" Untergruppen (z. B. IQ 75–105 vs. 95–115 vs. 105–135) bzw. in eine extrem heterogene Substichprobe (IQ 75–95 und 115–135), berechneten die RZ-Intelligenz-Korrelationen und korrigierten diese im Hinblick auf eingeschränkte (bzw. überhöhte) Varianz. Liefert die Korrektur brauchbare Schätzungen für den Zusammenhang in der Normalpopulation, so sollten korrigierte und tatsächliche Korrelationen (die für die Gesamtstichprobe) nur geringfügig differieren. Dies war jedoch nicht der Fall; für die meisten Substichproben und für die verschiedenen RZ-Variablen lagen die korrigierten Koeffizienten über den „Originalkorrelationen" (aus der repräsentativen Stichprobe); die „range restriction"-Korrektur führte also zu einer Überschätzung des „wahren" Zusammenhangs.

Häufig wird im Bereich der Mental-speed-Forschung auch die Attenuationskorrektur (zur Korrektur von Reliabilitätsmängeln einer oder beider beteiligter Variablen) angewandt. Diese ist nach Detterman (1989) vor allem aufgrund der Uneindeutigkeit des Reliabilitätskonzepts selber problematisch. Je nachdem, welchen Reliabilitätskoeffizienten man verwendet (Split-half-Methode, Konsistenzkoeffizient, Parallel- oder Retest-Reliabilität), wird man unterschiedliche korrigierte Korrelationen erhalten. Die numerisch niedrigsten Reliabilitätskoeffizienten bewirken die stärkste Korrektur des Zusammenhangs (nach oben). Dieses Problem ist allerdings nicht ein spezifisches der Mental-speed-Forschung; es mag jedenfalls aufgrund des häufigen Einsatzes der Korrektur zumindest teilweise zur Inkonsistenz der Ergebnisse beigetragen haben.

Ein größeres Problem stellt nach Longstreth (1984, 1986) der Umgang (speziell Jensens) mit diesen beiden Korrekturen (von eingeschränkter Varianz und Reliabilitätsmängeln) dar: So berichteten Jensen und Munro (1979) einen nichtsignifikanten Zusammenhang zwischen Ravens SPM und dem RZ-Anstieg aus dem Hick-Paradigma von –0,30. Diese Korrelation wurde attenuationskorrigiert und anschließend neuerlich auf Signifikanz getestet! Während die Überprüfung einer korrigierten Korrelation auf Signifikanz eindeutig als unzulässig bezeichnet werden kann (Cohen und Cohen, 1975), stellte sich Longstreth selber (und laut Angabe auch prominenten Statistikern) die Frage, ob es überhaupt erlaubt sei, eine nichtsignifikante Korrelation zu korrigieren. Nach Longstreths Meinung und denen der Experten muß diese Frage verneint werden, da die Korrekturen nur dazu dienen können, die maximale Höhe eines statistisch nachgewiesenen, also signifikanten Zusammenhangs abzuschätzen (allerdings konnte laut Longstreth auch keiner der Experten eine Referenz hierfür anführen). Insgesamt muß dieses Problem allerdings relativiert werden; diese Vorgangsweise der Signifikanztestung korrigierter Korrelationen wurde nur vereinzelt durchgeführt, und auch dies nur in den Anfängen der modernen Mental-speed-Forschung.

Zusammenfassend verbleibt als größter methodisch-statistischer Mangel vieler Mental-speed-Studien die in vielen Stichproben eingeschränkte Varianz der intellektuellen Leistungsfähigkeit, die bislang insgesamt eher zu einer Unterschätzung von Zusammenhängen der psychometrischen Intelligenz mit ECTs und auch physiologischen Maßen (Weiss, 1992b) geführt haben dürfte und wohl auch mitverantwortlich für bestehende Inkonsistenzen auf diesen Gebiet gemacht werden muß. Da diesbezügliche Korrekturen der Korrelationen aus den oben dargelegten Gründen eher problematisch erscheinen, ist die beste Methode sicher die Untersuchung von Stichproben, die die Normalbevölkerung repräsentieren. Wo dieses nicht möglich ist (und dies ist häufiger der Fall, als den Psychologen lieb ist), sollten nach Detterman (1989) immer korrigierte *und* unkorrigierte Korrelationen (mit einer eindeutigen Kennzeichnung, welche welche ist) berichtet werden. Diese Forderung Dettermans ist – mit der Einschränkung auf Fälle, in denen die unkorrigierte Korrelation signifikant ist – nur zu unterstützen.

7 Resümee und theoretische Integration

Für den Versuch einer theoretischen Integration der bestehenden Befundlage zu Zusammenhängen zwischen psychometrischer Intelligenz und Leistungen in elementaren kognitiven Aufgaben sollen zunächst noch einmal die wesentlichen Ergebnisse und Phänomene der Mental-speed-Forschung resümiert werden (in Klammern sind jeweils Verweise auf die Kapitel bzw. Abschnitte angegeben, in denen sich eine ausführliche Darstellung befindet).

1. Es bestehen bedeutsame negative Zusammenhänge zwischen RZen sowie anderen Parametern in elementaren kognitiven Tests (ECTs) und psychometrisch erfaßter Intelligenz, d. h., hohe psychometrische Intelligenz ist mit kurzen RZen und geringer intraindividueller RZ-Variabilität assoziiert. Die Zusammenhänge sind zwar für die einfacheren ECTs, wie das Hick- und das IT-Paradigma, als eher gering einzustufen (überwiegend im Bereich von –0,2 bis –0,3; vgl. Kap. 2); dieser Befund ist aber aus folgenden Gründen doch als nicht unbedeutend zu bewerten: Erstens konnten die negativen Zusammenhänge gerade für diese beiden ECTs in einer Vielzahl von Studien mit insgesamt mehr als 2000 (Hick-Paradigma) bzw. 1000 Personen (IT-Paradigma) vielfach repliziert werden. Zweitens muß für die bestehende Evidenz eher eine Unterschätzung des wahren Zusammenhangs angenommen werden, da überwiegend Stichproben mit deutlich eingeschränkter intellektueller Varianz untersucht wurden (meistens Universitätsstudenten). Drittens konnte im vorangegangenen Kapitel demonstriert werden, daß nahezu alle der bislang vorgeschlagenen alternativen Erklärungsansätze einer empirischen Überprüfung nicht standgehalten haben. Die von seiten der Kritiker des Mental-speed-Ansatzes angenommene Bedeutung höherer kognitiver Prozesse für das Zustandekommen von RZ-Intelligenz-

Zusammenhängen konnte in empirischen Untersuchungen bislang nicht nur nicht schlüssig nachgewiesen werden, auf dem Hintergrund der verschiedenen Top-Down-Erklärungen initiierte Forschungsbemühungen legen sogar eine Interpretation der negativen RZ-Intelligenz-Zusammenhänge auf der Basis von Bottom-Up-Ansätzen nahe. Auf der Basis dieser insgesamt soliden empirischen Fundierung der Mental-speed-Hypothese der Intelligenz läßt sich die Schlußfolgerung ziehen, daß die elementare Geschwindigkeit (und Konsistenz) der Informationsverarbeitung (die vermutlich biologische Ursachen hat) eine wesentliche Grundlage komplexerer kognitiver Leistungen und damit der menschlichen Intelligenz darstellt.

2. Komplexere ECTs, die entweder zur Erfassung elementarer Gedächtnisprozesse entwickelt und eingesetzt wurden (wie Sternberg- und Posner-Paradigma) oder die zumindest Anforderungen an das Kurzzeitgedächtnis stellen (wie der Satz-Verifikations-Test), weisen zumeist etwas höhere Zusammenhänge mit psychometrischer Intelligenz als Hick- und IT-Paradigma auf (im Bereich von –0,3 bis –0,4, vgl. Abschn. 2.3 und 2.4). Aufgrund dieser Befunde postulierten Vernon und Jensen (1984) die sogenannte Komplexitätshypothese (2.8), derzufolge RZ-Intelligenz-Korrelationen in einer systematischen (linearen) Beziehung zur Komplexität der ECT stehen.

3. Versuche, über eine Batterie elementarer kognitiver Tests (zur Messung verschiedener elementarer kognitiver Prozesse, wie sensorischer Informationsaufnahme, Entscheidungsgeschwindigkeit, Abruf aus Kurz- und Langzeitgedächtnis) zu besseren Vorhersagen psychometrischer Intelligenz zu gelangen, zeigten widersprüchliche Ergebnisse. Wie in Abschn. 2.7 gezeigt wurde, resultierte aus der Kombination mehrerer Prädiktoren (ECTs) oft nur eine geringfügig bessere Vorhersage des Kriteriums psychometrischer Intelligenz als bei Verwendung einzelner ECTs (aufgrund der hohen Interkorrelationen der ECTs).

4. Sowohl die Komplexitätshypothese als auch die – seitens verschiedener Forscher angenommene – bessere IQ-Vorhersage aus ECT-Batterien stehen in zumindest partiellem Widerspruch zu Jensens zentraler Annahme *einer* Informationsverarbeitungsgeschwindigkeit (Jensen, 1982; vgl. Abschn. 5.2), die durch interindividuelle Unterschiede in der zentralnervösen Oszillationsfrequenz bedingt und für die vielfach replizierte Beobachtung eines substantiellen RZ-Generalfaktors verantwortlich sei. Warum sollten RZ-Intelligenz-Korrelationen im

Hick-Paradigma mit zunehmendem Informationsgehalt steigen, bzw. warum sollten Sternberg- und Posner-Paradigma höher mit Intelligenz korrelieren, wenn letztlich nur *eine* Informationsverarbeitungsgeschwindigkeit für den Zusammenhang verantwortlich zeichnet? Für das Hick-Paradigma erscheint Jensens Erklärung auf den ersten Blick plausibel: Je mehr binäre Entscheidungen die Person treffen muß, desto mehr „Entscheidungsknoten" im Gehirn müssen durchlaufen werden und umso stärker kann sich eine niedrige zentralnervöse Oszillationsfrequenz der Entscheidungsknoten negativ auf die RZ auswirken. Aber wie lassen sich die Befunde zu komplexeren ECTs, wie dem Sternberg- und Posner-Paradigma, in diese Annahme integrieren?

Noch schwieriger ist zu erklären, warum eine Batterie elementarer kognitiver Tests (zur Erfassung verschiedener elementarer Prozesse) zu besseren Vorhersagen psychometrischer Intelligenz führen sollte, wenn nur eine zentralnervöse Verarbeitungsgeschwindigkeit den RZ-Intelligenz-Zusammenhang determiniert. Offensichtlich selbst auf diesen Widerspruch aufmerksam geworden, hat Jensen in einer jüngeren Publikation eine Abkehr von der Annahme *einer* Informationsverarbeitungsgeschwindigkeit erkennen lassen (Kranzler und Jensen, 1991a): Aus einer ECT-Batterie, die aus Hick-, Odd-Man-Out-, IT-, Sternberg- und Posner-Aufgaben sowie einer visuellen Suchaufgabe bestand (und damit weitestgehend vergleichbar mit den ECT-Batterien früherer Untersuchungen von Jensen und Vernon ist), wird auf einmal nicht mehr ein varianzstarker Generalfaktor der RZ extrahiert, sondern es werden 10 Faktoren (mit Eigenwerten größer als 1) einer orthogonalen Varimax-Rotation unterworfen, von denen vier in einer multiplen Regression bedeutsam zur Vorhersage psychometrischer Intelligenz beitragen. Aufgrund dieses Befunds wird die – hier schon mehrmals thematisierte – Frage nach der „Nature of Psychometric *g*: Unitary Process or a Number of Independent Processes?" (so der Titel der Publikation) zugunsten der letzteren Alternative beantwortet: Nicht *eine* einheitliche Informationsverarbeitungsgeschwindigkeit, sondern vier unabhängige, mittels Faktorenanalyse aus ECT-Variablen abgeleitete Verarbeitungskomponenten seien zur Erklärung interindividueller Unterschiede in allgemeiner Intelligenz erforderlich.*

* Um hier eine begriffliche Verwirrung zu vermeiden: Jensen stellt nicht in Frage, daß Informationsverarbeitungsgeschwindigkeit die wesentliche Grundlage *allgemeiner Intelligenz* (*g*, im Sinne Spearmans) sei. Diese Annahme ist für Jensen durch eine

Kranzler und Jensens Vorgangsweise bei der faktorenanalytischen Extraktion vier unabhängiger ECT-Faktoren blieb allerdings nicht unwidersprochen: Carroll (1991a) konnte mittels einer adäquateren faktorenanalytischen Reanalyse (für Details sei auf die Originalarbeit verwiesen) zeigen, daß bei gemeinsamer Faktorisierung der psychometrischen Intelligenztests mit den chronometrischen ECTs letztlich nur zwei unabhängige Faktoren zweiter Ordnung sinnvoll extrahierbar sind: Auf Faktor 1 luden sowohl die meisten ECT-Variablen als auch psychometrische Intelligenzmaße, der zweite Faktor war hingegen ausschließlich durch Ladungen der verschiedenen Bewegungszeit-Variablen (vgl. 2.1) charakterisiert; keines der psychometrischen Intelligenzmaße lud auf diesem Faktor. Aus diesen Ergebnissen zieht Carroll die Schlußfolgerung, daß Kranzler und Jensens Daten bei adäquater Auswertung *nicht* den Schluß zulassen, *g* sei „not unitary". Offensichtlich beeindruckt von Carrolls stringenter Argumentation und seiner Anwendung des „most appropriate hierarchical factor model" (S. 444) geben Kranzler und Jensen (1991b) in einer Replik einerseits zu: „... the empirical evidence that psychometric *g* is not unitary is far from conclusive" (S. 446), präsentieren aber auch neue Auswertungen, die ihrer Meinung nach die Richtigkeit ihrer ursprünglichen Schlußfolgerung untermauern. Es erscheint an dieser Stelle nicht sinnvoll, den Leser in die Details der Fortsetzung dieses wissenschaftlichen Disputs in Form mehrfacher Re-Repliken (Kranzler und Jensen, 1991b, 1993; Carroll, 1991b, 1993) einzuweihen, zumal Kranzler und Jensen auf ein wissenschaftstheoretisches Problem („proving that *g* is unitary ... would be ... a case of trying to prove the null hypothesis", 1991b, S. 447) und auf die Fragwürdigkeit einer faktorenanalytischen Lösung dieser Frage hingewiesen haben („The unity of *g* cannot be proved or disproved by factor analytic methods per se", 1991b, S. 437).

Die hier aufgeworfene Frage nach der „unity of *g*" ist nicht nur „still in doubt and continues to be a subject of controversy" (Jensen, 1992a, S. 287), es kommt ihr auch eine zentrale Rolle für die Theorienbildung zum Mental-speed-Ansatz zu. Wir sind diesem Problem im Verlauf dieser Vorstellung des Mental-speed-Ansatzes der Intelligenz bereits mehrfach begegnet: Bei der Frage nach der (unterschiedlichen?)

Vielzahl von Untersuchungen belegt (vgl. Kap. 4). Es geht hier vielmehr um die Frage, ob interindividuelle Unterschiede in *g* durch einen oder mehrere elementare kognitive Prozesse determiniert sind.

Bedeutung von mittlerer RZ und intraindividueller RZ-Variabilität im Hick-Paradigma (Abschn. 2.1 und 6.2), bei der Vorhersage psychometrischer Intelligenz aus multiplen ECTs (2.7) und bei der Vorstellung von Lehrl und Fischers Ansatz, der zwei Komponenten, BIP und Präsenzzeit, annimmt (5.4). Schließlich kann auch die Frage nach der Generalitätsebene der RZ-Intelligenz-Zusammenhänge unter dem „unity of *g*"-Aspekt diskutiert werden (s. Kap. 4): Gibt es *eine* – allen intelligenten Leistungen zugrundeliegende – Informationsverarbeitungsgeschwindigkeit, deren Zusammenhang mit verschiedenen intellektuellen Teilleistungen nur in Abhängigkeit von der *g*-Ladung des jeweiligen Intelligenz-(Sub-)Tests variiert, oder lassen sich *mehrere* inhalts- und/oder prozeßspezifische Informationsverarbeitungsgeschwindigkeiten isolieren, die bevorzugt mit Intelligenz-(Sub-)Tests gleicher inhalts- bzw. prozeßspezifischer Anforderungen assoziiert sind?

Im folgenden soll eine Beantwortung dieser zentralen Fragen nach der Generalität vs. Spezifität des RZ-Intelligenz-Zusammenhangs bzw. nach der „unity of *g*" versucht werden. Zunächst wollen wir uns mit der Generalität/Spezifität, also mit der Frage, ob es inhaltsspezifische RZ-Intelligenz-Zusammenhänge gibt, beschäftigen. In einem zweiten Schritt soll schließlich die Frage nach der „unity of *g*", also ob nur einer oder ob mehrere unabhängige elementare kognitive Prozesse zur Intelligenzvorhersage aus ECTs beitragen, nachgegangen werden. Hierzu werden Untersuchungen resümiert, die Aussagen über die Korreliertheit/Unabhängigkeit elementarer kognitiver Prozesse und damit über die Sinnhaftigkeit der Annahme eines RZ-Generalfaktors liefern.

7.1 Generalität vs. Spezifität von ECT-Intelligenz-Korrelationen

Die grundsätzliche Überlegung für die Bewertung der Befunde aus den hier vorzustellenden Studien wurde bereits in Kap. 4 dargelegt: Korreliert eine inhaltsspezifische (z. B. verbale) elementare kognitive Aufgabe bevorzugt mit einem Intelligenztest, der die gleichen Fähigkeiten anspricht, so läßt sich dies als Hinweis auf die Gültigkeit der Spezifitätshypothese werten. Läßt sich im Gegensatz dazu beobachten, daß eine bestimmte inhaltsspezifische ECT gleichermaßen mit Tests für verschiedene (auch unähnliche) intellektuelle Teilfähigkeiten korreliert, so wäre dies ein starker Hinweis auf die Gültigkeit der

Generalitätsannahme. Die vorzustellenden Studien wurden zum überwiegenden Teil bereits an anderer Stelle referiert, weshalb im folgenden eine eher summarische Darstellung bevorzugt wird.

Für das Posner-Paradigma berichteten Jackson und McClelland (1979) nahezu gleich hohe Korrelationen der „name identity"-RZ (vgl. Abschn. 2.3.2) mit verbalen und rechnerischen Fähigkeiten. Bei Jackson und Myers (1982) korrelierte eine Buchstaben-Benennungs-RZ-Aufgabe erwartungsgemäß –0,39 mit der Leseleistung, aber nicht viel geringer (–0,32) mit dem räumlich-visuellen Wechsler-Mosaiktest. Eine verbale ECT zum Langzeitgedächtnisabruf war bei Ford und Keating (1981) nicht nur signifikant mit Verbalfähigkeit, sondern auch mit Ravens SPM assoziiert. Wie bereits an anderer Stelle referiert, fand Jenkinson (1983) beinahe gleich hohe Zusammenhänge der RZen aus dem (eigentlich verbal-linguistischen) Satz-Verifikations-Test mit einem nonverbalen und einem verbalen Intelligenztest (Ravens Matrizen und Mill Hill Vocabulary Scale). Ebendieser Satz-Verifikations-Test war bei Neubauer und Freudenthaler (1994) sogar höher mit Ravens APM als mit verbalen und visuellen I-S-T 70-Subtests korreliert. Die bereits ausführlich vorgestellte Studie von Levine et al. (1987) (s. Abschn. 4.1.1) erbrachte bei Anwendung verbaler, numerischer und räumlicher ECTs und Intelligenztests nur geringfügig höhere inhaltsspezifische Korrelationen im Vergleich zu den ECT-Intelligenz-Korrelationen verschiedener Modalitäten. Darüber hinaus führten die relativ hohen Interkorrelationen der sechs ECTs (von 0,39 bis 0,66) zur Extraktion eines varianzstarken RZ-Generalfaktors. Bei Lindley et al. (1993) (vgl Abschn. 4.1.1) korrelierten zwei Umkodierungsaufgaben (alphanumerisch und geometrisch) nahezu gleich hoch mit verbaler Intelligenz und mit schlußfolgerndem Denken. Eine Kombination beider ECTs lieferte keine bessere Intelligenzvorhersage als die einzelnen Tests.

Aus diesen Studien lassen sich recht eindeutige Hinweise auf die Gültigkeit der Generalitätsannahme schließen. Eine weitere Unterstützung derselben folgt auch aus den vielfach nachgewiesenen, bedeutsamen Zusammenhängen zwischen ECTs, die überwiegend visuelle Enkodierungsprozesse ansprechen (wie Hick-Paradigma und Inspection Time), und verbalen Intelligenztests (vgl. die Überblicksarbeiten von Jensen, 1987a; Kranzler und Jensen, 1989; Lubin und Fernandez, 1986; Nettelbeck, 1987). Beauducel und Brocke (1993) (vgl. Abschn. 4.3) konnten zeigen, daß das Hick-Paradigma signifikant mit allen drei inhaltsspezifischen Komponenten und drei der vier operativen Fähigkeiten des Berliner Intelligenz-Struktur-Modells korreliert. In Anbetracht dieser Evidenz zugunsten der Generalitätshypothese verwundert es nicht, daß in verschiedenen Studien immer wieder höhere Zusammenhänge von ECTs mit einem – aus Intelligenztestbatterien – abgeleiteten *g*-Faktor als mit einzelnen Intelligenztests oder inhaltsspezifischen Faktoren berichtet wurden (z. B. Larson et al., 1988; Smith und Stanley, 1987; Vernon, 1983).

Im Vergleich zu dieser beeindruckenden Befundlage lassen sich in der einschlägigen Literatur vergleichweise weitaus weniger Hinweise auf die Gültigkeit der Spezifitätsannahme finden: In der Studie von Mackenzie et al. (1991) (vgl. Abschn. 4.1.1) wurden inhaltsspezifische ECT-Intelligenz-Korrelationen dahingehend berichtet, daß eine verbale IT-Aufgabe höher mit verbaler Intelligenz korrelierte; die klassische, nonverbale IT-Aufgabe war hingegen stärker mit Ravens SPM assoziiert, wobei die Unterschiede zwischen den Korrelationskoeffizienten allerdings nicht Signifikanz erreichten. Bei Deary (1993) wies das IT-Paradigma nur bedeutsame Zusammenhänge mit den Wechsler-Handlungstests, nicht mit den Verbaltests auf. In einer Studie zu individuellen Differenzen in arithmetischen Rechenleistungen konnten Geary und Widaman (1987) die diskriminante Validität der hierfür relevanten elementaren kognitiven Prozesse insofern nachweisen, als diese Prozesse nicht mit räumlichen Fähigkeiten korrelierten. Zwar gelang Sternberg und Gardner (1983) ein ähnlicher Nachweis diskriminanter Validität einer Testbatterie zur Erfassung elementarer Komponenten beim induktiven Schließen im Hinblick auf die Intelligenzfaktoren „schlußfolgerndes Denken" und „Wahrnehmungsgeschwindigkeit" (nur für den ersten Faktor waren bedeutsame Zusammenhänge zu beobachten); dieses Ergebnis überrascht allerdings kaum, handelte es sich doch bei den verwendeten „elementaren" Aufgaben um Analogie-, Reihen- und Klassifikationsaufgaben, wie sie auch in Intelligenztests zu finden sind. Mit Bearbeitungszeiten von mehreren Sekunden pro Aufgabe entsprechen diese „ECTs" sicher nicht mehr Jensens Test-Speed-Paradoxon (vgl. 5.2). Die gleiche Einschränkung muß auch für Lansman et al.'s (1982) Nachweis inhaltsspezifischer ECT-Intelligenz-Zusammenhänge gelten (s. Abschn. 4.2).

Zusammenfassend läßt sich aus der berichteten Evidenz die Schlußfolgerung ziehen, daß Befunde inhaltsspezifischer ECT-Intelligenz-Zusammenhänge doch eher die Ausnahme als die Regel darstellen (vgl. auch Larson und Saccuzzo, 1989). Die Beziehung zwischen Intelligenz und Geschwindigkeit der Durchführung elementarer kognitiver Prozesse ist daher nach Ansicht des Verfassers auf der (höchsten) Ebene der allgemeinen Intelligenz anzusiedeln. Daraus könnte geschlossen werden, daß im wesentlichen *eine* elementare Informationsverarbeitungsgeschwindigkeit als Ursache für ECT-Intelligenz-Zusammenhänge anzunehmen sei. Die berichtete massive Evidenz gegen inhaltsspezifische RZ-Intelligenz-Korrelationen läßt jedoch auch die Möglichkeit offen, daß – unabhängig vom jeweiligen Inhalt – *verschiedene* elementare Prozesse (wie externe Informationsaufnahme, Abruf aus und Einspeicherung in Kurz- und Langzeitgedächtnis und vielleicht noch andere Prozesse) zusätzliche Varianzanteile psychometrischer Intelligenz aufklären können. Die Tatsache, daß RZ-Intelligenz-Korrelationen nicht inhaltsspezifisch sind, läßt noch keine stringente Schlußfolgerung bezüglich des Beitrags verschiedener elementarer Prozesse zur Intelligenzvorhersage zu und ermöglicht daher noch nicht die Beantwortung der Frage nach der „unity of *g*".

Eine Beantwortung dieser Frage erfordert zwei Schritte: Erstens ist zu klären, inwieweit die Annahme unabhängiger, d. h. unkorrelierter, Prozesse in diversen ECTs überhaupt gerechtfertigt ist. Nahezu alle elementaren kognitiven Aufgaben (mit Ausnahme der einfachen RZ) erfordern die Wahrnehmung und Diskrimination von Stimuli und die Wahl und Durchführung einer motorischen Reaktion (diese werden im folgenden Basisprozesse genannt); bei komplexeren ECTs sind darüber hinaus Zugriffe auf das Kurz- oder das Langzeitgedächtnis notwendig. Folgt man Jensens ursprünglicher Annahme interindividueller Unterschiede einer zentralnervösen Oszillationsfrequenz, so sollten Indikatoren dieser Prozesse grundsätzlich hoch interkorreliert sein; nicht-perfekte Interkorrelationen sollten nur durch den Meßfehler, unterschiedlich hohe Interkorrelationen nur durch die unterschiedliche Anzahl beanspruchter „Entscheidungsknoten" im Gehirn bedingt sein. In jedem Fall sollte das Niveau der Interkorrelationen so hoch sein, daß bei einer Faktorenanalyse diverser ECT-Parameter ein varianzstarker RZ-Generalfaktor resultiert. Dieser Frage soll im folgenden Abschnitt nachgegangen werden. Läßt sich die Annahme eines RZ-Generalfaktors nicht aufrechterhalten, d. h., es lassen sich verschiedene elementare Verarbeitungsprozesse empirisch trennen, so stellt sich in der Folge die Frage nach dem Beitrag verschiedener „Subprozesse" (wie z. B. Stimulusdiskrimination, Zugriff auf Kurz-

oder Langzeitgedächtnis) zur Vorhersage psychometrischer Intelligenz. Sind im wesentlichen die allen ECTs gemeinsamen Prozesse (Basisprozesse) für den Zusammenhang mit psychometrischer Intelligenz verantwortlich, so spräche dies für die „unity of *g*". Leisten unabhängige Prozesse, wie Zugriffszeiten auf Kurz- und Langzeitgedächtnis, eigenständige Beiträge zur IQ-Vorhersage, so wäre die „unity of *g*"-Annahme nicht aufrechtzuerhalten.

7.2 Leistungen in elementaren kognitiven Aufgaben: eine Informationsverarbeitungsgeschwindigkeit oder mehrere unabhängige Prozesse?

Für die folgende Übersicht über Untersuchungen zur Korreliertheit vs. Unabhängigkeit elementarer kognitiver Prozesse werden nur solche berücksichtigt, in denen zumindest zwei apparativ (in den meisten Fällen computergestützt) dargebotene ECTs mit psychometrischer Intelligenz in Beziehung gesetzt wurden. Neuere Studien mit Papier-Bleistift-Tests für Informationsverarbeitungsgeschwindigkeit werden nicht in die Übersicht aufgenommen, da sie zumeist keine Trennung verschiedener Subprozesse der Informationsverarbeitung erlauben (wie z. B. im Hick-Paradigma, wo sensomotorische Schnelligkeit und eigentliche Informationsverarbeitungsgeschwindigkeit durch die regressionsanalytische Ermittlung von Schnittpunkt und Anstieg der RZ mit dem Informationsgehalt konzeptuell und statistisch getrennt werden können).

Die meisten der Untersuchungen, die als Hinweis auf die Gültigkeit der „unity of *g*"-Annahme betrachtet werden, kommen aus P. A. Vernons Labor (siehe seinen Überblick, 1989b, über fünf eigene, unabhängige Studien). In ihnen wurden zumeist Aufgaben zur einfachen und Wahl-RZ, sowie verschiedene Varianten des Sternberg- und des Posner-Paradigmas vorgegeben. Die Interkorrelationen der ECT-Variablen lagen dabei zumeist im Bereich von 0,15 bis 0,90, mit Mittelwerten zwischen 0,50 und 0,70. Faktorenanalysen der ECT-Variablen führten – bei Anwendung des Eigenwertekriteriums (> 1,0) – in allen fünf untersuchten Stichproben (von Berufsschülern über High-School- und Universitätsstudenten bis hin zu monozygoten und dizygoten Zwillingen, Gesamt-$N = 674$) – jeweils zur Extraktion nur eines varianzstarken RZ-Generalfaktors, der zwischen 65,5 % und 83,4 % der Varianz aufklärte. Diese Befunde würden ein eindeutiges Argument zugunsten der „unity of *g*" darstellen, es ist aber zu berücksichtigen, daß für diese Faktorenanalysen durchwegs „primäre" ECT-Variablen, wie Median-RZen und RZ-Variabilitäten, und nicht sogenannte Verarbeitungsvariablen, wie RZ-Anstiege aus Hick- und Sternberg-Paradigma oder das (NI – PI)-Maß im Posner-Versuch, verwendet wurden. Während die Varianz der Median-RZen zu wesentlichen Teilen auch durch die allen ECTs gemeinsamen Prozesse (Stimulus-Wahrnehmung und -Diskrimination und Reaktionswahl und -durchführung) determiniert ist, stellen die Verarbeitungsvariablen (die aus den, unter verschiedenen Bedingungen gemessenen, mittleren RZen errechnet werden) die eigentlichen Indikatoren für die kognitiven Prozesse (wie z. B. Zugriffszeiten auf Kurzzeit- und Langzeitgedächtnis) dar. In der Studie von 1983 hat Vernon auch diese Maße einer separaten Faktorenanalyse unterworfen. Geringere Interkorrelationen (zwischen –0,40 und +0,77, im Mittel 0,16) ergaben nun nicht mehr einen varianzstarken Generalfaktor, sondern drei sinnvoll zu interpretierende bzw. zu extrahierende Geschwindigkeitsfaktoren (mit Eigenwerten > 1,0): 1. einen Kurzzeitgedächtnisfaktor, 2. einen Langzeitgedächtnisfaktor und 3. einen Informationsverarbeitungsgeschwindigkeitsfaktor (mit dem RZ-Anstieg aus dem Hick-Paradigma als der am höchsten ladenden Variable). Die geringeren Interkorrelationen dieser Variablen sind zwar auch durch deren vermutlich geringere Reliabilitäten (ein inhärentes Problem abgeleiteter Maße) zu erklären; die wichtigere Ursache scheint aber doch zu sein, daß die allen ECTs gemeinsamen Prozesse (s. o.) hier nicht zum Tragen kommen.

Auf der Basis dieser Ergebnisse ist kritisch zu hinterfragen, ob die Beobachtung eines RZ-Generalfaktors bzw. eines allgemeinen Informationsverarbeitungsgeschwindigkeitsfaktors bei Berücksichtigung vor allem der Primärvariablen (wie mittlere oder Median-RZen und intraindividuelle Streuungen) nicht durch die diesen Variablen gemeinsamen Prozesse (s. o.) gleichsam erzwungen wird. Anders gefragt: Resultieren bei Berücksichtigung nur der abgeleiteten Variablen (Indikatoren der Verarbeitungsprozesse) deutlich niedrigere Interkorrelationen, die gegen die Annahme eines RZ-Generalfaktors sprechen würden? Frühere Studien liefern das folgende, differenzierte Bild: Bei Chiang und Atkinson (1976) korrelierten die RZ-Schnittpunkte aus dem Sternberg-Paradigma und einer visuellen Suchaufgabe (Umkehrung des Sternberg-Paradigmas), die die gemeinsamen Prozesse reflektieren, sehr hoch miteinander (0,97); überraschenderweise waren aber auch die RZ-Anstiege (Zugriffszeit auf Kurzzeitgedächtnis und visuelles Absuchen eines Elements) stark assoziiert (0,83). Hingegen wiesen die Parameter untereinander nur sehr geringe Zusammenhänge auf: Schnittpunkt und Anstieg der Regression korrelierten weder innerhalb, noch zwischen den Aufgaben bedeutsam (zwischen –0,29 und +0,43, durchwegs nicht signifikant). Eine Bestätigung von Chiang und Atkinsons Befunden berichtet Jensen (1987b), der darüber hinaus zeigen konnte, daß primäre Variablen aus Sternberg-Paradigma und visueller Suche (Median-RZ und Schnittpunkt der Regression) substantiell mit den gleichen Parametern aus dem Hick-Paradigma korreliert sind (zwischen 0,38 und 0,57); der RZ-Anstieg im Hick-Paradigma war hingegen sogar leicht negativ mit den gleichen Parametern aus dem Sternberg-Versuch und der Suchaufgabe assoziiert (–0,15 und –0,30 in dieser Reihenfolge). In einer Studie des Verfassers (Neubauer, 1990a) (vgl. 2.1.1) fiel der Zusammenhang der RZ-Anstiege einer diskriminativen RZ-Aufgabe und einer dem Sternberg-Paradigma sehr ähnlichen RZ-Aufgabe ebenfalls gering aus (0,17), wogegen die Median-RZen im Mittel zu 0,56 interkorreliert waren.

Wie schon diese letzteren Ergebnisse nahelegen, ist der hohe Zusammenhang der RZ-Anstiege aus Sternberg- und Suchaufgabe nicht auf eine allgemeine Verarbeitungsgeschwindigkeit, sondern eher auf die Ähnlichkeit der Anforderungen dieser beiden ECTs zurückzuführen. Auch bei Keating und Bobbitt (1978) waren die Verarbeitungsvariablen verschiedener ECTs (Wahl-RZ minus einfacher RZ, RZ-Anstieg im Sternberg-Test und die NI-PI-Differenz im Posner-Versuch) nur gering assoziiert (zwischen 0,19 und 0,35, im Mittel 0,27). Bei Analyse der Interkorrelationen der ECT-Maße, denen Wahrnehmungs-, Entscheidungs- und Reaktionsprozesse gemeinsam sind (Wahl-RZ, Schnittpunkt im Sternberg-Versuch und Physical-Identity-RZ im Posner-Test), ergaben sich hingegen die erwartet hohen Zusammenhänge (zwischen 0,65 und 0,81, im Mittel 0,75; vgl. auch Hunt et al., 1975). Eine Bestätigung dieser Befunde läßt sich auch aus Vernon (1983) ersehen: Korrelierten die primären Variablen, wie oben berichtet, hoch untereinander, so waren für die Verarbeitungsvariablen (NI-PI-Differenz, RZ-Anstiege im Hick- und Sternberg-Paradigma) nur Zusammenhänge zwischen 0,04 und 0,24 zu beobachten; lediglich die Korrelation der RZ-Anstiege in Hick- und Sternberg-Paradigma lag etwas höher (0,39). Daß die Zugriffe auf das Kurzzeit-

und auf das Langzeitgedächtnis unabhängige Prozesse darstellen, legen auch die von Vernon et al. (1985) berichteten niedrigen Interkorrelationen zwischen (NI – PI)-Maßen und RZ-Anstiegen im Sternberg-Test nahe (zwischen –0,002 und 0,06).

Im Gegensatz zu dieser Evidenz läßt sich ein Hinweis auf Korreliertheit von Zugriffszeiten auf Kurzzeit- und Langzeitgedächtnis nur einer Studie von McGue et al. (1984) entnehmen (vgl. auch McGue und Bouchard, 1989). Sie analysierten die Interkorrelationen einer Batterie aus drei ECTs (Posner- und Sternberg-Versuch sowie mentale Rotationsaufgaben nach Shepard und Metzler, 1971) mittels Faktorenanalyse und extrahierten drei orthogonale Faktoren (mit Eigenwerten über 1): Auf dem ersten Faktor (29,8 % Varianz) luden der Schnittpunkt im Sternberg-Paradigma und die (NI + PI)-RZ im Posner-Test, auf dem zweiten (20,8 % Varianz) der Anstieg im Sternberg-Paradigma und die NI-PI-Differenz im Posner-Paradigma und der dritte Faktor (16,7 % Varianz) war nur durch Variablen aus dem mentalen Rotationstest definiert. Die Autoren interpretierten diese drei Faktoren als 1. allgemeine Reaktionsgeschwindigkeit, 2. Geschwindigkeit der Informationsverarbeitung und 3. Geschwindigkeit räumlich-visueller Verarbeitung. Die Zusammensetzung des zweiten Faktors überrascht auf dem Hintergrund der vorher angeführten Evidenz zuungunsten einer Korreliertheit von Kurzzeit- und Langzeitgedächtniszugriff; bei näherer Inspektion der Interkorrelationsmatrix tritt allerdings zutage, daß das (NI – PI)-Maß mit den RZ-Anstiegen für positive und negative Items im Sternberg-Versuch nur zu 0,17 und 0,23 assoziiert war; die gemeinsame Ladung auf dem zweiten Faktor war lediglich ein Resultat der noch niedrigeren Korrelationen des (NI – PI)-Maßes mit allen anderen Variablen.

Aus der referierten Evidenz lassen sich folgende Schlußfolgerungen ziehen:

1. Die Annahme eines RZ-Generalfaktors läßt sich nur aufrechterhalten, solange man sich dabei auf die allen ECTs zugrundeliegenden Basisprozesse, wie Stimulus-Wahrnehmung und -Diskrimination und Reaktionswahl und -durchführung, bezieht. Die Tatsache, daß mittlere (oder Median-RZen) wie auch die regressionsanalytisch ermittelten RZ-Schnittpunkte zumeist mittel bis hoch interkorrelieren, kann im Sinne einer konvergenten Validität dieser Maße interpretiert werden.

2. Die aus den ECTs abgeleiteten Verarbeitungsvariablen (vor allem RZ-Anstieg aus dem Sternberg-Paradigma und die NI-PI-Differenz aus dem Posner-Paradigma weisen a) nur geringe Beziehungen zu den Median-RZen und RZ-Schnittpunkten (und damit zu den Basisprozessen) und b) nur geringe Zusammenhänge untereinander auf. Zugriffsgeschwindigkeiten auf das Kurzzeit- und das Langzeitgedächtnis sind demzufolge nicht nur voneinander unabhängig, sie sind auch nicht direkt von der Geschwindigkeit der Basisprozesse abhängig.*

7.3 Intelligenzvorhersage aus ECTs: der Beitrag unabhängiger Prozesse

Nachdem im vorangegangenen Abschnitt gezeigt werden konnte, daß eine Unabhängigkeit verschiedener Subprozesse in der Bearbeitung elementarer kognitiver Aufgaben angenommen werden kann, soll hier, im Hinblick auf die Analyse der Zusammenhänge verschiedener ECTs mit psychometrischer Intelligenz, ein einfaches Stufenmodell zur Erklärung individueller Leistungen in elementaren kognitiven Aufgaben entwickelt werden. Dieses Stufenmodell beinhaltet die Annahme sukzessiver bzw. serieller, also nicht-überlappender Stufen, wobei die jeweils vorhergehende Stufe den „Output" für die folgende Stufe bereitstellt. Der Verfasser ist sich zwar der Kritik an diesem Ansatz (vgl. Smith, 1980) bewußt, es läßt sich aber argumentieren, daß die alternativen parallelen Verarbeitungsmodelle vorwiegend aufgrund von schlechten Übereinstimmungen der seriellen Modelle mit spezielleren Phänomenen aus der allgemein-psychologischen RZ-Forschung (z. B. Effekten der Stimulus-Wahrscheinlichkeit, der Stimulus-Reaktions-Kompatibilität etc., vgl. Smith, 1980) entwickelt wurden. Da im Bereich der differentialpsychologischen Mental-speed-Forschung hierzu noch fast keine Ergebnisse vorliegen, erscheint es dem Verfasser sinnvoll, beim gegenwärtigen Wissensstand ein sukzessives Stufenmodell für das zu diskutierende Problem der „unity of *g*" zu entwerfen.

Zunächst soll hier von Donders' (1868/1969) frühem Modell zur Erklärung der Verarbeitungsstufen in Wahl-RZ-Aufgaben ausgegan-

* Eine indirekte Abhängigkeit ist natürlich in der Sukzession der Informationsverarbeitung dahingehend gegeben, daß der Gedächtniszugriff auf den „Output" der vorgelagerten Prozesse angewiesen ist.

gen werden. Für diese nahm Donders die folgenden Verarbeitungsschritte an: 1. *Wahrnehmung* des Stimulus, 2. *Diskrimination* des Stimulus, 3. Wahl der motorischen Reaktion (*Reaktionswahl*) und 4. die motorische *Reaktion* selber. Einfache RZ-Aufgaben (in Donders Terminologie *a*-Reaktionen) erfordern nur Stimuluswahrnehmung und motorische Reaktion, Wahl-RZ-Aufgaben (*b*-Reaktionen) umfassen alle vier Prozesse. Für die getrennte Abschätzung der Dauer der vier einzelnen Prozesse verwendete Donders noch einen dritten Typ von RZ-Aufgaben, sogenannte diskriminative RZ-Aufgaben, bei denen die Versuchsperson zwar zwischen mehreren Stimuli diskriminieren muß, aber nur auf einen bestimmten Reiz reagieren muß (*c*-Reaktionen). Bei diesen *c*-Reaktionen sind daher alle Prozesse mit Ausnahme der Reaktionswahl angesprochen. Aus der RZ-Differenz zwischen *b*- und *c*-Reaktionen läßt sich somit die Dauer der Reaktionswahl, aus der Differenz zwischen *c*- und *a*-Reaktionen die Dauer der Stimulus-Diskrimination abschätzen. Angewandt auf das Hick-Paradigma, entspricht die 0 bit-RZ (und der RZ-Schnittpunkt) den Dondersschen *a*-Reaktionen, in der 1-bit-Bedingung sind zusätzlich die Prozesse der Stimulus-Diskrimination und Reaktionswahl erforderlich, in den komplexeren bit-Bedingungen sind diese Prozesse entsprechend der Anzahl dichotomer Entscheidungen zu wiederholen (z. B. kann für die 3-bit-Bedingung angenommen werden, daß drei dichotome Stimulusdiskriminationen und Reaktionswahlen erforderlich sind). Auch das IT-Paradigma läßt sich auf Basis der Dondersschen Stufen erklären, obwohl es sich hierbei nicht um einen RZ-Test handelt. Da bei der Ermittlung der individuellen IT die Darbietungszeit tachistoskopisch variiert wird und als abhängiges Maß die Darbietungszeit, bei der eine vorher definierte Diskriminationsgenauigkeit erzielt wird, als IT herangezogen wird, kann dieses Maß nur durch die Prozesse der Stimulus-Wahrnehmung und -Diskrimination determiniert sein.

Hingegen muß für die beiden anderen in der Mental-speed-Forschung noch vergleichsweise häufig verwendeten ECTs, Sternberg- und Posner-Paradigma, noch eine zusätzliche Verarbeitungsstufe, nämlich der Zugriff auf das Kurzzeit- oder das Langzeitgedächtnis angenommen werden. Dieser zusätzliche Verarbeitungsschritt soll in Anlehnung an Keating und Bobbitt (1978) im folgenden mit dem Terminus „Operation" bezeichnet werden. Diese Bezeichnung wurde bewußt allgemein gewählt, da es sich hierbei nicht um einen allen

ECTs gemeinsamen Prozeß handelt, sondern um eine Variable, die je nach elementarer Aufgabe einen unterschiedlichen Verarbeitungsschritt darstellt. Im Falle des Sternberg-Paradigmas stellt der Zugriff auf das Kurzzeitgedächtnis, beim Posner-Paradigma der Zugriff auf das Langzeitgedächtnis diese Operation dar. Es bleibt die Frage zu klären, wo dieser Prozeß in der seriellen Abfolge der Verarbeitungsschritte zu lokalisieren ist. In beiden Paradigmen (Sternberg und Posner) wäre ein Zugriff auf Kurz- oder Langzeitgedächtnis bereits vor der Stimulus-Wahrnehmung und -Diskrimination sinnlos: Im Sternberg-Versuch muß der dargebotene Stimulus auf Vorhandensein vs. Nicht-Vorhandensein im Kurzzeitgedächtnis überprüft werden; im Posner-Test kann erst nach der Stimulus-Diskrimination eine Beurteilung der semantischen Gleichheit/Ungleichheit erfolgen. Auf der anderen Seite erfordert die Entscheidung über Vorhandensein/Nicht-Vorhandensein eines Zielreizes im Kurzzeitspeicher (Sternberg) bzw. die Entscheidung über die semantische Gleichheit zweier Reize (Posner), daß der Gedächtniszugriff bereits stattgefunden hat. Daher muß die *Operation* noch vor der Reaktionswahl durchgeführt werden. Diese Überlegungen ergeben das folgende einfache Stufenmodell:

1. Stimulus-Wahrnehmung
2. Stimulus-Diskrimination
3. Operation
4. Reaktionswahl
5. motorische Reaktion

Für den Versuch einer Beantwortung der Frage nach der „unity of *g*" soll im folgenden versucht werden, den Beitrag der verschiedenen Subprozesse zur Vorhersage psychometrischer Intelligenz zu analysieren. Hierzu werden in einer Übersicht die aus den ECTs üblicherweise gewonnenen Variablen hinsichtlich folgender Aspekte gegenübergestellt (s. Tabelle 12):

a) die angesprochenen Subprozesse,
b) Mittelwert des Parameters,
c) Reliabilität des Parameters (Split-Half- und Retest-Reliabilität, soweit Angaben hierüber verfügbar)
d) Korrelation mit psychometrischer Intelligenz.

Tabelle 12. Prozesse, deskriptive Statistiken, Reliabilitäten und Korrelationen mit Intelligenz (IQ) für Hick-, IT-, Sternberg- und Posner-Paradigma

ECT (Variable)	Prozesse[a, b]	RZ	Korr. mit IQ	r_{tt}[c]	SD	Korr. mit IQ	r_{tt}[c]
Hick-Paradigma							
0 bit RZ	1+5	335	–0,18	0,94/0,68[d]	46	–0,26	
1 bit RZ	1+2+4+5	373	–0,19	0,94/0,82	47	–0,21	0,66/0,40[e]
2 bit RZ	1+2*(2+4)+5	401	–0,22	0,93/0,77	58	–0,28	
3 bit RZ	1+3*(2+4)+5	439	–0,23	0,91/0,77	84	–0,25	
RZ-Schnittp.	1+5	337	–0,12	0,95/0,72			
RZ-Anstieg	2+4	34	–0,12	0,81/0,39			
IT	1+2	kA	–0,29	–/0,75[f]			
Sternberg-Paradigma							
Mittlere RZ	1+2+x*3+4+5	738	–0,27	0,63/0,74	131	–0,35	–/–
RZ-Schnittp.	1+2+4+5	603	–0,30	0,90/0,86			
RZ-Anstieg	3	62	–0,11	0,94/0,86			
Posner-Paradigma							
PI-RZ	1+2+4+5	697	–0,23	0,84/0,40			
NI-RZ	1+2+3+4+5	916	–0,33	0,91/0,50			
NI – PI	3	97	–0,27	0,88/ –			

Die RZ-Werte, Reliabilitäten und Korrelationen mit Intelligenz wurden folgenden Quellen entnommen: *Hick-Paradigma:* Jensen (1987a; vgl. Abschn. 2.1); *IT-Paradigma:* Kranzler und Jensen (1989; vgl. Absch. 2.2); *Sternberg-Paradigma:* s. Tabelle 5; *Posner-Paradigma:* s. Tabelle 6

[a] +, Additive Verknüpfung von Subprozessen

[b] *, Ein/mehrere Subprozesse müssen mehrfach wiederholt werden (z. B. sind die Prozesse 2 und 4 in der 2-bit-Bedingung des Hick-Paradigmas zweimal, in der 3-bit-Bedingung dreimal zu wiederholen; im Sternberg-Paradigma ist der Abruf aus dem Kurzzeitgedächtnis entsprechend der Anzahl der Elemente *x* zu wiederholen)

[c] Split-Half-Reliabilität/Retest-Reliabilität

[d] Die gemittelten Reliabilitäten für das Hick-Paradigma sind Jensen (1987a) entnommen: Für RZ- Schnittpunkt und RZ-Anstieg siehe Tabelle 19 aus Jensen (1987a); die Split-half-Reliabilitäten für die einzelnen Bit-Stufen wurden durch Mittelung mit N-Gewichtung aus den fünf von Jensen (1987a) angeführten Studien errechnet; die Retest-Reliabilitäten der einzelnen Bit-Stufen entstammen der laut Jensen (1987a) einzigen Studie, die derartige Kennwerte berichtet (Paul, 1984; zitiert nach Jensen, 1987a)

[e] Reliabilitätsschätzungen sind nur für die über bit-Bedingungen gemittelten intraindividuellen Streuungen verfügbar (Jensen, 1987a)

[f] Aus Nettelbeck (1987)

kA Eine Angabe der mittleren IT erscheint hier – da mit RZen nicht vergleichbar – nicht sinnvoll

Bei näherer Inspektion der Wechselbeziehungen zwischen den für die einzelnen ECT-Variablen angenommenen Prozessen und den mittleren RZen (Tabelle 12) kann auf den ersten Blick leicht der Eindruck widersprüchlicher Ergebnisse entstehen. So mag es widersinnig erscheinen, daß die 1-bit-RZ im Hick-Paradigma, der RZ-Schnittpunkt im Sternberg-Versuch und die PI-RZ trotz gleicher angenommener Prozesse (1 + 2 + 4 + 5) deutlich unterschiedliche mittlere RZen aufweisen. Gleiche mittlere RZen für diese ECT-Variablen würden implizieren, daß die Prozesse 1, 2, 4 und 5 in allen ECTs gleich viel Zeit beanspruchen. Diese Annahme mag für die Prozesse der Wahl und Durchführung der motorischen Reaktion (4 und 5) noch plausibel sein, hingegen wird die Dauer der Stimulus-Wahrnehmung und vor allem der Stimulus-Diskrimination deutlich von der Art und Anzahl der Stimuli abhängen.

Beim Hick-Paradigma wird die Wahrnehmung und Diskrimination eines Lämpchens auf der Hick-Apparatur (s. Abb. 1) deutlich weniger Zeit beanspruchen als die Diskrimination einer Ziffer im Sternberg-Paradigma oder gar die Diskrimination zweier Buchstaben oder Wörter im Posner-Versuch. Gerade für das letztere Paradigma besteht zudem das Problem, daß dieses in einer Reihe von Studien (vor allem jenen von Vernon) nicht in der klassischen Form mit zwei Buchstaben, sondern mit sinnhaftem verbalem Material (zwei physikalisch gleichen oder ungleichen Wörtern in der PI-Bedingung, zwei Synonymen oder Antonymen in der NI-Bedingung) realisiert wurde. Nichtsdestoweniger ist die Logik hinter der Aufgabe dieselbe wie beim klassischen Posner-Paradigma. Die Tatsache, daß eine unterschiedliche Dauer selbst gemeinsamer Subprozesse angenommen werden muß, ändert nichts an der Sinnhaftigkeit einer derartigen Prozeßanalyse.

Kommen wir nun zur Frage, welche elementaren kognitiven Prozesse wie mit psychometrischer Intelligenz zusammenhängen. Aus Tabelle 12 lassen sich zunächst folgende allgemeine Beobachtungen ableiten:

1. Mittlere RZen, die die Basisprozesse (1, 2, 4 und 5) widerspiegeln, korrelieren in nahezu allen drei ECTs zwischen –0,20 und –0,30 mit psychometrischer Intelligenz (die 1 bit-RZ im Hick-Paradigma liegt mit –0,19 nur knapp darunter). Die Prozesse der Stimulus-Wahrnehmung und -Diskrimination, der Wahl und motorischen Durchführung der Reaktion klären also zwischen 4 und 9 Prozent der intellek-

tuellen Varianz auf. Es ist wahrscheinlich, daß nicht alle diese Prozesse einen gleich hohen Beitrag zu dieser Varianzaufklärung leisten. Welche Informationen liefern uns dazu die anderen ECT-Variablen?

2. ECT-Variablen, die nur die Prozesse der Stimulus-Wahrnehmung und der motorischen Reaktion (1 und 5) umfassen (0-bit-RZ und RZ-Schnittpunkt im Hick-Paradigma), weisen eine vergleichsweise geringe Beziehung zu psychometrischer Intelligenz auf. Der unerwartete Unterschied im Zusammenhang dieser Parameter mit Intelligenz dürfte auf die unterschiedlichen zugrundeliegenden Stichproben zurückzuführen sein (vgl. Jensen, 1987a): Während für den mittleren Zusammenhang der 0-bit-RZ mit Intelligenz nur 10 von 31 gemittelten Stichproben Universitätsstudentengruppen mit eingeschränkter intellektueller Varianz sind, ist dieser Anteil beim RZ-Schnittpunkt deutlich höher (12 von 20 Stichproben). In jedem Fall legen diese Ergebnisse nahe, daß Prozessen der Stimulus-Wahrnehmung und der motorischen Reaktion eine geringe Rolle für die intellektuelle Leistungsfähigkeit einer Person zukommt.

3. Somit verbleiben die Prozesse 2 (Stimulus-Diskrimination) und 4 (Reaktionswahl) als mögliche Kandidaten. Der RZ-Anstieg aus dem Hick-Paradigma sollte diese Prozesse widerspiegeln, auch diese Variable korreliert allerdings nur gering (–0,12) mit psychometrischer Intelligenz. Verschiedene Ursachen können für diesen niedrigen Zusammenhang verantwortlich gemacht werden: 1. die niedrige Stabilität (Retest-Reliabilität) dieses Parameters (im Mittel 0,39), 2. die bereits in Abschn. 2.1 diskutierte mangelhafte Anpassung eines nicht unbeträchtlichen Teils der Personenstichproben an das Hicksche Gesetz; für diese Personen können fehlerhafte Schätzungen der RZ-Anstieges resultieren, die in der Folge eine Unterschätzung des Zusammenhangs mit psychometrischer Intelligenz nach sich ziehen. Aufgrund dieser Unzulänglichkeiten erlaubt der RZ-Anstieg im Hick-Paradigma keine brauchbare Abschätzung des Beitrages der Prozesse 2 und 4 zur IQ-Vorhersage.

4. Die IT-Aufgabe erfordert nur die Wahrnehmung und Diskrimination des Stimulus (Prozesse 1 und 2). Sie liefert zudem psychometrisch zufriedenstellende Kennwerte (Retest-Reliabilität bzw. Stabilität von 0,75). Die – gemessen an den geringen Anforderungen an die Informationsverarbeitung der Person – überraschend hohe mittlere Korrelation mit psychometrisch erfaßter Intelligenz (–0,29) legt nahe, daß einer der beiden in dieser Aufgabe angesprochenen Prozesse Stimulus-

Wahrnehmung und -Diskrimination für den allgemeinen Zusammenhang zwischen „Mental-speed" und Intelligenz verantwortlich sein muß. Daß die Stimulus-Wahrnehmung als Kandidat ausscheidet, wurde unter Punkt 2 demonstriert. Somit liegt es nahe, daß unter den Prozessen 1, 2, 4 und 5 der *Prozeß der Stimulus-Diskrimination (2)* im wesentlichen als *verantwortlich für Zusammenhänge zwischen ECT-Leistungen und psychometrischer Intelligenz* angesehen werden kann. Hier muß lediglich die Einschränkung gemacht werden, daß der Beitrag der Reaktionswahl (4) aufgrund der vorliegenden Daten nicht abschätzbar ist, da keiner der analysierten ECT-Parameter diesen isolierten Prozeß widerspiegelt. Die Tatsache, daß die IT (als „reinstes" Maß für Stimulus-Diskrimination) aber nahezu gleich hoch oder höher mit Intelligenz korreliert als alle unter Punkt 1 aufgeführten Parameter (die die Prozesse 1, 2, 4 und 5 ansprechen), läßt die Bedeutsamkeit der Reaktionswahl (4) für die Intelligenzvorhersage aber als eher gering erscheinen.

5. Unter den Basisprozessen hätten wir somit einen Teilprozeß (Stimulus-Diskrimination) als eine wesentliche Quelle intellektueller Varianz identifiziert. Nun stellt sich die Frage, inwieweit die in den komplexeren ECTs angesprochenen Prozesse (Zugriffszeiten auf Kurz- und Langzeitgedächtnis) zur Vorhersage psychometrischer Intelligenz beitragen. Die Indikatoren dieser Operationen unterscheiden sich deutlich hinsichtlich ihres Zusammenhangs mit Intelligenz. Die Zugriffszeit auf das Kurzzeitgedächtnis (RZ-Anstieg im Sternberg-Versuch) ist trotz hoher Reliabilität nur gering mit Intelligenz assoziiert (–0,11 im Mittel). Daß die bedeutsame Beziehung zwischen Leistungen im Sternberg-Paradigma und psychometrischer Intelligenz auch in erster Linie auf den Prozeß des Stimulus-Diskrimination zurückzuführen sein dürfte, legt auch die geringfügig höhere RZ-Intelligenz-Korrelation für den RZ-Schnittpunkt als für die mittlere RZ nahe. Die Varianz der ersteren Variable ist zu einem größeren Teil durch Stimulus-Diskrimination determiniert, für die letztere Variable scheint der – mit Intelligenz praktisch unkorrelierte – zusätzliche Prozeß des Zugriffs auf das Kurzzeitgedächtnis einen höheren Zusammenhang zu verhindern.

Im Gegensatz zur Zugriffszeit auf das Kurzzeitgedächtnis scheint jene auf das Langzeitgedächtnis (NI – PI im Posner-Paradigma) doch einen mäßigen, aber bedeutungsvollen Zusammenhang mit psychometrischer Intelligenz aufzuweisen. Allerdings muß hier eine – vielleicht nicht unwichtige – Einschränkung angebracht werden: Dieser mittlere Zusammenhang basiert auf fünf Studien, von denen zwei das (NI – PI)-Maß nur mit verbalen Intelligenzmaßen und eine nur mit faktorenanalytisch abgeleiteter „kristallisierter" Intelligenz korrelierte (siehe Überblick in Abschn. 2.3.2). Dies steht im Gegensatz zu den anderen, in Tabelle 12 referierten, mittleren ECT-Intelligenz-Korrelationen, die überwiegend auf Studien mit Maßen für allgemeine Intelligenz zurückgriffen. Auch die in Abschn. 2.3.2 referierten (NI – PI)-Vergleiche hoch versus niedrig begabter Personen bezogen sich ausschließlich auf Verbalfähigkeiten; andere intellektuelle Teilfähigkeiten wurden in diesen Studien nicht untersucht. Die bedeutsame Korrelation zwischen Zugriffszeit auf das Langzeitgedächtnis und verbaler Intelligenz kann allerdings auch durch den verbalen Charakter nahezu aller verwendeter Varianten des Posner-Paradigmas bedingt sein. Eine nähere Betrachtung der Studien, die das (NI – PI)-Maß nicht nur mit verbaler Intelligenz in Beziehung setzten (vgl. Tabelle 6), zeigt das folgende Bild: In der Studie von McGue et al. (1984), die allerdings den niedrigsten Zusammenhang zwischen (NI – PI)-Maß und allgemeiner Intelligenz berichtete (–0,12 mit dem Wechsler-Test, nichtsignifikant), erreichten nur die Zusammenhänge mit diversen zusätzlich zur Wechsler-Skala administrierten verbalen Intelligenztests Signifikanz, überschritten allerdings nie einen Wert von –0,19. Tests für räumliche Fähigkeiten, Wahrnehmungsgeschwindigkeit und visuelles Gedächtnis wiesen keinerlei bedeutsame Beziehung zum (NI – PI)-Maß auf. Eine eindrucksvollere Bestätigung der Vermutung, daß das (NI – PI)-Maß primär mit verbalen Fähigkeiten assoziiert ist, läßt sich aus Vernon et al.'s (1985) Beobachtung einer beträchtlich höheren Korrelation mit dem MAB-Verbal-IQ (–0,58 und –0,56 in zwei experimentellen Gruppen) als mit dem MAB-Handlungs-IQ (–0,18 und –0,19) ableiten.* Diese Ergebnisse legen nahe, daß das (NI – PI)-Maß primär mit verbaler Intelligenz assoziiert zu sein scheint.

Die Beziehung zwischen ECTs und *allgemeiner Intelligenz* scheint somit überwiegend durch den Prozeß der Stimulus-Diskrimination determiniert zu sein, womit wir die hier problematisierte Frage nach der „unity of *g*" auf Basis der bestehenden Evidenz so beantworten

* Für die ebenfalls in Tabelle 6 angeführte Studie von Lansman et al. (1982) wird bezüglich der Korrelationen anderer Intelligenzfaktoren (als kristallisierte Intelligenz) mit dem (NI – PI)-Maß auf ein nicht verfügbares „unpublished paper" von Donaldson (1980) verwiesen.

können: Es lassen sich aus der obigen Prozeßanalyse der am häufigsten verwendeten ECTs (und der mittleren Korrelationen derselben mit psychometrischer Intelligenz) *keine* plausiblen Hinweise ableiten, daß die Beziehung zwischen mentaler Geschwindigkeit in elementaren kognitiven Aufgaben und *g* (allgemeiner Intelligenz) *nicht* auf einen einzigen („unitary") Prozeß zurückzuführen ist.

Für diese Schlußfolgerung sprechen auch Befunde aus anderen Untersuchungen, die zum Teil nicht in den obigen Überblick eingegangen sind (da keine originalen Korrelationen zwischen den ECT-Variablen und Maßen für allgemeine Intelligenz berichtet werden): So wurde bereits in Abschn. 2.7 darauf hingewiesen, daß in Untersuchungen von Vernon (1983) und Jensen (1987b) die Intelligenzvorhersage aus einer Batterie multipler ECTs nur unwesentlich höhere multiple Korrelationen lieferte als Parameter einzelner ECTs, was als Hinweis darauf gewertet wurde, daß die Zusammenhänge im wesentlichen auf die grundlegende Informationsverarbeitungsgeschwindigkeit und nicht auf spezifische Verarbeitungskomponenten zurückzuführen seien.

Lediglich die Ergebnisse einer bedeutsamen IQ-Vorhersage (R= 0,72) aus den unkorrelierten Verarbeitungsvariablen aus Hick-, Sternberg- und Posner-Paradigma bei Keating und Bobbitt (1978) widersprechen der „unity of *g*"-Annahme. Vor dem Hintergrund der referierten Evidenz zugunsten dieser Hypothese scheint dieses kontradiktorische Einzelergebnis doch der Zusammensetzung der Stichprobe (Heranwachsende im Alter von 9 bis 17 Jahren) zuzuschreiben sein.

Eine zusätzliche – wenn auch indirekte – Unterstützung der Hypothese, daß elementare Gedächtnisprozesse keinen Beitrag zur RZ-Intelligenz-Beziehung liefern, läßt sich auch aus Versuchen mit sogenannten Doppelaufgaben („dual tasks") ableiten, bei denen eine Wahl-RZ-Aufgabe mit einer Kurzzeitgedächtnisaufgabe kombiniert wird: Larson und Saccuzzo (1989) konnten an zwei unabhängigen Stichproben keine signifikante Erhöhung des Zusammenhangs mit psychometrischer Intelligenz beobachten, wenn der Kombination dreier ECT-Variablen eine Wahl-RZ-Aufgabe hinzugefügt wurde, bei der die Reaktionsregeln im Kurzzeitgedächtnis zu behalten waren. Matthews und Dorn (1989) verglichen die Zusammenhänge von Cattells Culture-Fair-Intelligenztest mit Dreifach-Wahl-RZ-Aufgaben in einer Kontrollbedingung und verschiedenen experimentellen Bedingungen, darunter einer „memory load"-Variante, bei der den Personen vor jedem RZ-Trial sieben zu merkende Ziffern dargeboten wurden, die nach dem Trial zu reproduzieren waren. In der Kontrollbedingung korrelierten die verschiedenen Wahl-RZ-Aufgaben zwischen –0,41 und –0,52 (beide $p < 0{,}01$) mit Intelligenz, die Differenz der RZ aus „memory load"-Bedingung und Kontrollbedingung (als Index für die zusätzlichen Anforderungen durch das Memorieren) wies keine substantielle Beziehung zur Intelligenz auf (–0,15, nicht signifikant).

Die stärkste Unterstützung der „unity of *g*"-Annahme läßt sich schließlich einem Buchbeitrag von McGue und Bouchard (1989) entnehmen, der auf einer Erweiterung der Zwillingsstichprobe von McGue et al. (1984) (vgl. Abschn. 2.3.1, 2.3.2 und 7.2) basiert und zusätzliche statistische Analysen enthält. Die Autoren konnten dabei zeigen, daß die Indikatoren für Basisprozesse (1 + 2 + 4 + 5) *keine* diskriminanten Korrelationsmuster mit insgesamt 15 Tests für Verbalfähigkeiten, räumlich-visuelle Intelligenz, Wahrnehmungsgeschwindigkeit und visuelles Gedächtnis aufweisen. Tabelle 13 zeigt, daß die (NI + PI)-RZ im Posner-Paradigma und die RZ-Schnittpunkte aus Sternberg- und mentalem Rotationstest mit zumindest drei der vier psychometrisch erfaßten Fähigkeitsbereiche bedeutsam korrelieren. Ein ganz anderes Bild konvergenter und diskriminanter Zusammenhänge resultiert hingegen für die Verarbeitungsvariablen: Zugriffszeiten auf Lang- und Kurzzeitgedächtnis (NI – PI, RZ-Anstiege für positive und negative Items im Sternberg-Versuch) sind nur mit Verbalfähigkeiten überzufällig assoziiert; die Geschwindigkeit visueller Verarbeitung (RZ-Anstieg im Rotationstest) korreliert signifikant nur mit räumlicher Intelligenz und Wahrnehmungsgeschwindigkeit.

Tabelle 13. Korrelationen zwischen intellektuellen Fähigkeiten und ECT-Variablen aus McGue und Bouchard (1989)

	Posner-P.		Sternberg-P.				Mentale Rotat.	
	NI + PI	NI – PI	RZ-Schnittp.		RZ-Anst.		RZ-Schnittp.	RZ-Anst.
			+	–	+	–		
Verbalfähigk.	–0,39*	–0,13*	–0,21*	–0,24*	–0,16*	–0,13*	–0,19*	0,04
Räuml. Intell.	–0,21*	0,07	–0,16*	–0,16*	–0,04	–0,05	–0,29*	–0,13*
Wahrnehmungsg.	–0,31*	0,00	–0,19*	–0,21*	–0,03	–0,10	–0,30*	–0,22*
Vis. Gedächtnis	–0,17*	–0,06	–0,07	–0,11	–0,03	0,01	–0,12	–0,05

* $p < 0{,}05$

Diese Ergebnisse bestätigen die oben angesprochenen Vermutungen, daß Basisprozesse (wahrscheinlich die Stimulus-Diskrimination) eine wesentliche Grundlage allgemeiner Intelligenz darstellen; die Zugriffszeit auf das Langzeitgedächtnis hingegen eher auf einer niedrigeren Generalitätsebene mit Intelligenz korreliert, nämlich nur im Bereich verbaler Fähigkeiten.

Das für die hier vertretene Argumentation zugunsten der „unity of *g*" noch weitaus wichtigere Ergebnis dieser Untersuchung betrifft die Analyse der Erblichkeit der Leistungen in elementaren kognitiven Aufgaben (dem eigentlichen Ziel der Studie von McGue und Bouchard). Ohne hier näher auf die Methoden der Verhaltensgenetik eingehen zu wollen, zeigte sich nämlich aus dem Vergleich der sogenannten Intraklassen-Korrelationen eineiiger vs. zweieiiger Zwillinge und daraus abgeleiteter Heritabilitätsschätzungen (h^2), daß die Basisprozeßvariablen (NI + PI und RZ-Schnittpunkt im Sternberg-Versuch) eine beträchtliche genetische Determination (um 50 %) aufweisen: Die h^2-Werte betrugen 0,43 für das (NI + PI)-Maß und 0,53 bzw. 0,57 für die beiden RZ-Schnittpunkte im Sternberg-Versuch. Für die Zugriffszeiten auf Kurz- und Langzeitgedächtnis ergaben sich hingegen kaum bedeutsame Heritabilitäten: 0,17 für das (NI – PI)-Maß und 0,25 für den RZ-Anstieg im Sternberg-Versuch.

Die Ergebnisse dieser und einer anderen Studie (Vernon, 1987b), die ähnliche Resultate lieferte, lassen (auch nach Ansicht von McGue und Bouchard) den folgenden Schluß zu: Basisprozesse in elementaren kognitiven Aufgaben reflektieren vermutlich ererbte Aspekte der neurologischen Struktur, die für eine Vielzahl unterschiedlicher kognitiver Aufgaben von Bedeutung sind, wogegen die Verarbeitungsvariablen eher erworbene kognitive Verarbeitungsstrategien widerspiegeln, die nur für spezifische kognitive Fähigkeiten eine Rolle spielen. Diese Interpretation steht nicht nur im Einklang mit der „unity of *g*"-Annahme, aus ihr läßt sich auch eine deutliche Unterstützung biologisch begründeter Bottom-Up-Erklärungen des Mental-speed-Ansatzes ableiten.

Bevor wir der „unity of *g*"-Annahme auf der Grundlage des derzeitigen Wissensstandes zustimmen können, verbleibt noch ein augenscheinlicher Widerspruch aufzuklären: Wie kann die Annahme, daß ein einziger Prozeß für ECT-Intelligenz-Korrelationen verantwortlich zeichnet, erklären, daß die Höhe dieser Zusammenhänge in Abhängigkeit von der ECT-Komplexität variiert? Als eine mögliche Erklärung für die (empirisch mehrfach nachgewiesene) Komplexitätsannahme wurde in Abschn. 2.8 der strukturelle Ansatz vorgestellt, demzufolge ECT-Intelligenz-Korrelationen davon abhängen, wieviele elementare kognitive Operationen von einer Aufgabe angesprochen werden. Der Widerspruch zur „unity of *g*"-Annahme ist offensichtlich, daher wird im folgenden dargelegt, warum auch die „sparsame" Annahme eines einzelnen Prozesses zur Erklärung des Komplexitätsphänomens ausreicht. Zunächst wollen wir aber überprüfen, ob die in einer Reihe empirischer Studien nachgewiesene Komplexitätsannahme auch für die über viele Studien aggregierten Daten aus der Übersicht in Tabelle 12 haltbar ist. Korreliert man über die ECTs die mittleren RZen (für die vier bit-Stufen im Hick-Paradigma, die mittlere Sternberg-RZ und die PI- und NI-RZ aus dem Posner-Paradigma) mit den korrespondierenden RZ-Intelligenz-Korrelationen, so resultiert eine Spearman-Rangkorrelation von –0,99 ($df = 5$, $p < 0{,}01$), d. h., je länger die mittlere RZ einer ECT-Variable (und damit je höher die Komplexität), desto höher ist auch ihr (negativer) Zusammenhang mit psychometrischer Intelligenz. Diese Art des Nachweises der Komplexitätshypothese ist mit jenen vergleichbar, wie sie auch von anderen Autoren vorgeschlagen wurden (s. 2.8). Wollen wir hingegen wissen, ob die Komplexitätsannahme auch unter der „unity of *g*"-Annahme aufrechtzuerhalten ist (d. h., nur die Stimulus-Diskrimination ist für den Zusammenhang mit Intelligenz ausschlaggebend), dürfen nur die ECT-Variablen herangezogen werden, deren Varianz nicht durch „Operationen", wie Zugriff auf Kurz- und Langzeitgedächtnis, mitdeterminiert ist (also die 0- bis 3-bit-Bedingungen im Hick-Paradigma, der RZ-Schnittpunkt im Sternberg-Paradigma und die PI-RZ im Posner-Versuch). Bei dieser Vorgangsweise resultiert noch immer eine hochsignifikante Rang-Korrelation von –0,94 ($df = 4$, $p < 0{,}01$). Auch unter der „unity of *g*"-Annahme erfährt die Komplexitätshypothese eine Bestätigung, muß also im Rahmen des hier vertretenen Ansatzes erklärt werden.

Für eine Erklärung dieses Phänomens auf der Basis eines einzigen elementaren Prozesses (der Stimulus-Diskrimination) müssen wir uns zunächst vor Augen halten, daß sich die in verschiedenen ECTs dargebotenen (und zu diskriminierenden) Stimuli hinsichtlich a) des möglichen Stimulusrepertoires, b) der Anzahl der Stimuli und c) der visuellen Komplexität unterscheiden. Im Hick-Paradigma variiert nur das mögliche Stimulusrepertoire (zwischen einer und acht Alternativen, entprechend 0 bis 3 bit Information); der dargebotene Stimulus (aufleuchtendes Lämpchen bzw. LED) ist visuell denkbar einfach. Beim Sternberg-Paradigma ist nicht nur das Stimulusrepertoire größer (10 Ziffern entsprechend 3,32 bit Information), auch der Stimulus (Ziffer zwischen 0 und 9) ist visuell komplexer. Beim Posner-Paradigma müssen gleich zwei (zumeist simultan dargebotene) Stimuli diskriminiert werden, in der klassischen Version meistens die Buchstaben A, a, B und b (was bei vier Alternativen einem Informationsgehalt von 2 bit pro Stimulus, insgesamt also 4 bit Information entspräche), in den neueren Untersuchungen wurde jedoch häufig sinnhaftes verbales Material verwendet (PI-Bedingung: Beurteilung der physikalischen Gleichheit zweier Wörter, NI-Bedingung: Urteil über Synonymität/Antonymität zweier Wörter; eine Abschätzung des Informationsgehaltes ist hier nahezu unmöglich).

Für die Erklärung der Komplexitätsannahme auf der Basis eines einzigen elementaren Prozesses (der Stimulus-Diskrimination) müßte also nachgewiesen werden, daß ECT-Intelligenz-Zusammenhänge primär in Abhängigkeit von der Komplexität bzw. des Informationsgehaltes des Stimulus variieren. Ein solcher Nachweis sollte idealerweise für die ECT erbracht werden, die unter allen ECTs als das „reinste" Maß für den Prozeß der Stimulus-Diskrimination anzusehen ist, nämlich für die Inspection-Time-Aufgabe. Bislang ist (dem Verfasser) eine einzige Studie bekannt, in der die Abhängigkeit der Höhe des IT-Intelligenz-Zusammenhangs von einer experimentellen Variation des Informationsgehalts der zu diskriminierenden Reize untersucht wurde. Holohan und Smith (1992) realisierten vier Bedingungen mit IT-Stimuli unterschiedlichen Informationsgehalts: 1 bit entsprach der Wahl zwischen zwei Farben (gelb und schwarz); für die Bedingung mit 2,58 bit wurden die sechs Seiten eines Spielwürfels verwendet; die 52 Karten eines Kartenspiels dienten zur Realisierung einer Bedingung mit 5,70 bit und ein Informationsgehalt von 9,49 bit pro Item wurde erzielt, indem Ziffernblätter einer Uhr mit minutengenauer Anzeige der Uhrzeit (12 Stunden mal 60 Minuten = 720 Alternativen) dargeboten wurden. Die Vorgabe dieser vier IT-Aufgaben und von Ravens Standard-Matrizen-Test an einer zwar sehr kleinen ($N = 18$), aber nicht allzu homogenen Stichprobe (Reserve-Armee-Angehörige und Studenten) zeigt tatsächlich den vermuteten systematischen Anstieg der IT-Intelligenz-Korrelation mit zunehmendem Informationsgehalt: –0,02 (bei 1 bit), –0,38 (2,58 bit), –0,74 (5,70 bit) und –0,85

(9,49 bit). Diese Ergebnisse bedürfen sicher einer Replikation an einer größeren Stichprobe, liefern aber trotzdem einen ersten Hinweis auf die Sinnhaftigkeit der Annahme, derzufolge der Informationsgehalt der zu diskriminierenden Stimuli im wesentlichen die Höhe von ECT-Intelligenz-Zusammenhängen determiniert. Diese Argumentation abschließend, kann daher festgehalten werden, daß die „unity of *g*"-Annahme durch die Studie von Holohan und Smith eine weitere Unterstützung erfahren hat.

Kehren wir zur Übersicht von Tabelle 12 zurück, verbleiben die bedeutsamen Zusammenhänge zwischen intraindividuellen RZ-Variabilitäten (SDRZ = Standard Deviation der RZ) und psychometrischer Intelligenz zu erklären. Wie schon an anderer Stelle vermerkt (2.1), korrelieren diese Parameter zumeist etwas höher mit Intelligenz als mittlere RZen, was vor allem in Anbetracht ihrer geringen Reliabilität/Stabilität überrascht. Das zweite paradox erscheinende Phänomen läßt sich ebenfalls aus Tabelle 12 ersehen: SDRZ-Intelligenz-Zusammenhänge weisen – zumindest im Hick-Paradigma – keinerlei systematische Beziehung zum Informationsgehalt bzw. zur Aufgabenkomplexität auf*, was mit theoretischen Erklärungen zum Mental-speed-Ansatz (z. B. Jensens, s. 5.2) überhaupt nicht in Einklang zu bringen ist und auch von Jensen (1992b) in einem großangelegten Versuch zur Erklärung der unterschiedlichen Bedeutung von mittlerer RZ versus RZ-Variabilität nicht einmal zu erklären versucht wird. In Jensens Publikation werden die Daten früherer und neuer Untersuchungen mit dem Hick- und Odd-Man-Out-Paradigma im Hinblick auf die Frage reanalysiert, ob mittlere bzw. Median-RZ und RZ-Variabilität ein und dieselbe Varianzquelle widerspiegeln oder ob unabhängige Prozesse für diese beiden RZ-Parameter angenommen werden müssen. Für diese Reanalysen berechnete Jensen die Median-RZen (im folgenden als RZ abgekürzt) und RZ-Variabilitäten (SDRZ) aus experimentell unabhängigen Daten, nämlich aus verschiedenen Trials, um damit das Problem korrelierter Meßfehler zu vermeiden, die bei früheren Berechnungen des Zusammenhangs beider Parameter zu Überschätzungen geführt haben könnten. Eine Schätzung des wahren Zusammenhangs zwischen

* Die höhere SDRZ-IQ-Korrelation für das komplexere Sternberg-Paradigma ist mit Vorsicht zu interpretieren, da diese mittlere Korrelation nur auf zwei Studien beruht (vgl. Tabelle 5). Für das Posner-Paradigma konnte keine einzige Studie ausfindig gemacht werden, die unkorrigierte Korrelationen nullter Ordnung zwischen SDRZ-Parametern und Intelligenz berichtet.

RZ und SDRZ (nach einer Formel von Spearman, bei der auch die Reliabilitäten berücksichtigt werden) ergab noch immer einen Wert von 0,81, was von Jensen so interpretiert wird, daß beide Parameter zwar hoch korreliert sind, aber auch eine nicht unbeträchtliche Spezifität, nämlich 34,4 % der wahren Varianz ($1 - 0{,}81^2 = 0{,}344$) aufweisen. Diese Spezifität ist nach Jensen auch dafür verantwortlich, daß die Kombination beider Maße in einer multiplen Regression zu einer besseren Vorhersage ($R = 0{,}44$) führt als die isolierte Verwendung eines der beiden Maße; die partiellen Korrelationen betragen –0,16 für die RZ (unter Konstanthaltung der SDRZ) und –0,23 für die SD (bei Auspartialisierung der RZ). Schließlich zeigt Jensen, daß RZ und SDRZ auch unterschiedliche Abhängigkeiten von Personencharakteristika, wie Alter, Geschlecht und Rassenzugehörigkeit, aufweisen. Bereits in der Vorstellung seines theoretischen Erklärungsmodells zum Mental-speed-Ansatz (1982) hat Jensen auf die unterschiedliche Beziehung von RZ und SDRZ zur Aufgabenkomplexität hingewiesen: Die RZ wächst linear mit dem Informationsgehalt (in bit), die SDRZ mit der Anzahl der Antwortalternativen (vgl. 5.2). Zusammengenommen sprechen alle diese Ergebnisse nach Jensen dafür, daß RZ und SDRZ, obwohl untereinander hoch korreliert, unabhängige Varianzquellen widerspiegeln, nämlich Geschwindigkeit und Konsistenz der Informationsverarbeitung (und sie widersprächen somit der „unity of *g*“-Annahme).

Als physiologische Substrate dieser beiden Prozesse schlägt Jensen die „nerve conduction velocity“ (vgl. 3.3, im speziellen die Studie von Reed und Jensen, 1992) für Geschwindigkeit und die „neuronale Oszillationsrate“ seines Modells (vgl. 5.2) für Konsistenz der Informationsverarbeitung vor: „Over a number of trials of RS [reaction stimulus] presentations that occur at random with respect to the oscillations in excitatory potentials, an individual with a slow rate of oscillation would produce some very short RTs (when the RS coincides with the superthreshold phase of oscillation in excitatory potential) and some quite long RTs (when the RS coincides with the subthreshold phase of oscillation).“ (Jensen, 1992b, S. 879). Der Anstieg der SDRZ mit zunehmender Aufgabenkomplexität sei dadurch zu erklären, daß zunehmend mehr neuronale Elemente involviert seien. Eine langsame Oszillationsfrequenz führe aber auch zu einer mit der Aufgabenkomplexität bzw. Anzahl involvierter neuronaler Elemente steigenden Akkumulation von Verzögerungen in der neuronalen Informationsübertragung, was die hohe Interkorrelation von RZ und SDRZ erklären könne.

Die Annahme der Oszillationsrate als Grundlage *der RZ-Variabilität* stellt allerdings eine wesentliche Abkehr von Jensens ursprünglichem Modell dar, in dem er die lineare Beziehung der *mittleren RZen* zum Informationsgehalt unter Rückgriff auf seine Hypothese der Oszillationsfrequenz recht plausibel erklärte (vgl. 5.2). Jetzt wird auf einmal dargelegt, warum die RZ-Variabilität, die ja nicht linear mit der Anzahl dichotomer Entscheidungen (bit), sondern mit der Anzahl der Stimulus-Alternativen variiert, der Indikator für die Oszillationsrate sei. Dieser Wechsel in den hypothetischen Annahmen stellt aber nicht das Hauptproblem von Jensens neuem Modell dar. Im Ansatz von 1982 konnte Jensen das Ansteigen der RZ-Intelligenz-Korrelation mit zunehmendem Informationsgehalt noch recht plausibel (wenn auch empirisch nicht fundiert) mit der Annahme einer Isomorphie zwischen der Anzahl binärer Entscheidungen im Hick-Paradigma und der involvierten „Erregungsknoten" erklären (vgl. 5.2). Warum im neuen Ansatz mit zunehmender Anzahl involvierter neuronaler Elemente die RZ-Variabilität steigt, nicht aber die Korrelation dieses Parameters mit Intelligenz (vgl. Tabelle 12), wird von Jensen nicht einmal zu erklären versucht; wahrscheinlich ist dieses Phänomen so auch nicht erklärbar. Jensens Begründung für die unterschiedliche Bedeutung von mittlerer RZ und RZ-Variabilität erscheint somit wenig plausibel.

Ein alternativer Ansatz müßte vor allem erklären können, warum Korrelationen zwischen SDRZ und Intelligenz *nicht* systematisch in Abhängigkeit vom Informationsgehalt im Hick-Paradigma variieren. Ein möglicher Kandidat für die Erklärung interindividueller Unterschiede wurde bereits in Abschn. 6.2 vorgestellt: Aufmerksamkeitszuwendung bzw. Konzentrationsfähigkeit. In einer „worst performance"-Reanalyse von Daten einer Diplomarbeit von Bauer (1991) konnte die von Krupski (1980) abgeleitete Hypothese bestätigt werden, derzufolge die schnellsten RZen in einer Reihe von Trials weitgehend unabhängig von der Aufmerksamkeitszuwendung sind, während die längeren RZen (und damit die intraindividuelle Variabilität der RZ) stärker durch Aufmerksamkeit determiniert sind. Hingegen fand sich in dieser Untersuchung kein Hinweis auf die Gültigkeit der „Worst Performance Rule" für Korrelationen zwischen RZ und Intelligenz (vgl. 2.1): Langsamere RZen in einer Serie von Trials korrelierten nicht höher mit Intelligenz als die schnellsten RZen. Für die aggregierten Parameter führten diese Verhältnisse zum Befund einer diskriminanten

Validität von Median-RZ und intraindividueller RZ-Variabilität: Erstere korreliert höher mit psychometrischer Intelligenz, und dieser Zusammenhang bleibt auch nach Auspartialisierung der Konzentrationsfähigkeit signifikant; hingegen weist die SDRZ eine stärkere Beziehung zur Konzentrationsfähigkeit auf; der ebenfalls bedeutsame Zusammenhang dieses Parameters mit Intelligenz sinkt bei Konstanthaltung der Aufmerksamkeitswerte bedeutsam ab.

Diese Ergebnisse legen die folgende unterschiedliche Interpretation von Median-RZ und RZ-Variabilität nahe: Der erstgenannte Parameter würde eher die – der allgemeinen Intelligenz zugrundeliegende – Geschwindigkeit der Informationsverarbeitung widerspiegeln; der zweitgenannte wäre eher als Indikator für Aufmerksamkeitszuwendung anzusehen. Dieser Erklärungsansatz erscheint auch geeignet, die von Jensen (1992b) beschriebenen Phänomene zu erklären: Daß RZ und SDRZ untereinander hoch korreliert sind, wäre damit erklärbar, daß hohe Aufmerksamkeitszuwendung (geringe RZ-Variabilität) im Mittel auch zu kürzeren RZen führt. Daß in den meisten früheren Studien auch die RZ-Variabilität bedeutsam mit Intelligenz korreliert, läßt sich dadurch begründen, daß hohe Konzentrationsleistung bzw. Aufmerksamkeitszuwendung auch für eine erfolgreiche Bearbeitung von Intelligenztestitems erforderlich ist, wie bedeutsame Zusammenhänge zwischen Intelligenz- und Konzentrationstests nahelegen (Westhoff und Kluck, 1983). Die bessere Vorhersage psychometrischer Intelligenz aus der regressionsanalytischen Kombination von mittlerer RZ und SDRZ wäre nach diesem Modell dahingehend zu interpretieren, daß beide Variablen unterschiedliche Teile der IQ-Varianz aufklären: Den Beitrag, der durch *mentale Geschwindigkeit* erklärt wird, liefert die *mittlere RZ*, wogegen die *SDRZ* der Aufklärung *aufmerksamkeitsspezifischer IQ-Varianz* dient.

Vorsicht ist allerdings noch bezüglich der Generalisierbarkeit dieser Befunde angebracht, stehen doch die Ergebnisse der referierten Analysen im Widerspruch zur „Entdeckung“ der „Worst Perfomance Rule“ durch Larson und Alderton (1990) und der erfolgreichen Replikation durch Kranzler (1992a) (vgl. 2.1). Ob diese Diskrepanz durch die Verwendung verschiedener Wahl-RZ-Aufgaben (Larson und Alderton: Wahl-RZ-Aufgabe mit Kurzzeitgedächtnisbelastung; Kranzler: klassisches Hick-Paradigma; Neubauer/Bauer: modifiziertes Hick-Paradigma), durch die Auswahl verschiedenartiger Stichproben (Larson und Alderton: 332 Navy-Rekruten; Kranzler: 101 Studenten;

Neubauer/Bauer: 125 Schüler im Alter von 11 bis 15 Jahren) oder durch andere Faktoren bedingt sein könnten, müssen zukünftige „worst performance"-Analysen auch unter Einbeziehung verschiedener Maße für Konzentrationsfähigkeit/Aufmerksamkeit zeigen.

Nichtsdestoweniger erscheint es dem Verfasser beim derzeitigen Wissensstand sinnvoller, eine Determination der RZ-Variabilität primär durch Konzentrationsfähigkeit aus folgenden Gründen anzunehmen:

Erstens erfordert eine derartige Annahme (im Gegensatz zu physiologischen Modellen wie z. B. das Jensens) *nicht unbedingt* ein Ansteigen der SDRZ-IQ-Korrelationen mit zunehmendem Informationsgehalt. Zwar läßt sich argumentieren, daß eine höhere Aufgabenkomplexität auch höhere Anforderungen an die Konzentrationsfähigkeit stellt, also ein Ansteigen der SDRZ-IQ-Korrelationen mit dem Informationsgehalt (bit) zur Folge haben müßte; daß dies nicht der Fall ist (s. Tabelle 12), kann aber auch ein Artefakt der klassischen Variante des Hick-Paradigmas sein. In Abschn. 2.1.1 wurde als ein wesentlicher Kritikpunkt das Problem der Reihenfolgeeffekte angeführt. Es kann vermutet werden, daß die in nahezu allen früheren Studien realisierte Darbietung der bit-Stufen in ansteigender Reihenfolge dazu führt, daß die Anforderungen an die Konzentrationsfähigkeit beim 1. Durchgang noch besonders hoch sind, was die vergleichsweise hohe Korrelation der 0-bit-SDRZ mit Intelligenz in Tabelle 12 erklären könnte.

Zweitens erfordert diese Hypothese nicht die Annahme unabhängiger Informationsverarbeitungsprozesse in der Determination von *g* oder allgemeiner Intelligenz. Aufmerksamkeit spielt zwar eine Rolle für erfolgreiches Problemlösen in psychometrischen Intelligenztests; dieses Merkmal wäre aber nicht im Bereich elementarer kognitiver Prozesse anzusiedeln, weshalb – im Gegensatz zu Jensens neuem Modell – ein Abgehen von der „unity of *g*"-Annahme nicht erforderlich wäre (die den für wissenschaftliche Theorien erwünschten Vorteil einer „parsimonious assumption" hat).

Zusammenfassend läßt sich festhalten, daß die vorliegende Evidenz eher den Schluß nahelegt, Zusammenhänge zwischen RZen in elementaren kognitiven Aufgaben mit allgemeiner Intelligenz auf einen „unitary process", nämlich den der Stimulus-Diskrimination zurückzuführen. Die unterschiedliche Höhe von RZ-Intelligenz-Korrelationen in Abhängigkeit der ECT-Komplexität läßt sich allein auf der Basis des Informationsgehalts bzw. der Komplexität der Stimuli erklären. Daß Kombinationen multipler ECTs etwas höhere Zusammenhänge mit Intelligenz liefern, kann nach diesem Ansatz auch mit der Reliabilitätserhöhung durch die Testverlängerung erklärt werden. Ein Rückgriff auf die Annahme mehrerer (unabhängiger) Prozesse ist nicht notwendig, da oben gezeigt werden konnte, daß die in komplexeren ECTs miterfaßten Prozesse wie Gedächtnisabrufe entweder kaum bedeutsame Zusammenhänge mit Intelligenz aufweisen (Zugriffszeit auf das Kurzzeitgedächtnis) oder eher mit spezielleren Fähigkeiten, wie z. B. verbaler Intelligenz, assoziiert sein dürften (Abrufzeit aus dem Langzeitgedächtnis). Hieraus darf natürlich nicht der Schluß gezogen werden, daß Gedächtnisprozesse beim erfolgreichen Lösen von Intelligenztestaufgaben keine Rolle spielen. Daß gerade die Kapazität des Kurzzeitgedächtnisses eine eminente Bedeutung hat, legt nicht nur der Ansatz von Lehrl und Fischer (vgl. 5.4), sondern auch eine Reihe neuerer Studien nahe (Just und Carpenter, 1992; Kyllonen und Christal, 1990; Miller und Vernon, 1992; Necka, 1992). In diesen Untersuchungen (wie auch in Lehrl und Fischers Modell) geht es allerdings primär um den Kapazitätsaspekt des Kurzzeit- bzw. Arbeitsspeichers, weniger um die Geschwindigkeit von Gedächtnisprozessen, weshalb diese hier auch nicht ausführlicher behandelt werden. Nichtsdestoweniger zeigen diese Zugänge eine sinnvolle Richtung zukünftiger Forschungsbemühungen zur Erklärung der kognitiven Grundlagen menschlicher Intelligenz an: Die Kombination von elementar-kognitiven Geschwindigkeitsaspekten mit Kapazitätsmerkmalen, vor allem denen des Kurzzeitspeichers.

Schließlich ist noch eine Antwort auf die einleitende Frage dieses Buches ausständig: Können wir uns vom Mental-speed-Ansatz die Entwicklung von Intelligenztests erhoffen, die dem Ziel einer weitgehenden Kulturfairness besser gerecht werden als unsere bekannten psychometrischen Verfahren? Es erscheint schwer, diese Frage beim gegenwärtigen Wissensstand eindeutig mit Ja oder Nein zu beantworten. Die Höhe der Zusammenhänge einzelner ECTs übersteigt nur selten Werte von 0,40, über die Kombination multipler ECTs lassen sich – vermutlich primär über den Effekt der Testverlängerung – höhere Assoziationsgrade um 0,50, gelegentlich auch darüber erzielen. Es läßt sich argumentieren, daß auch verschiedenartige psychometrische Intelligenztests kaum höher interkorrelieren, der entscheidendere Aspekt betrifft aber die Validität von ECTs im Hinblick auf Außenkriterien, wie Erfolg in Ausbildung und Beruf etc. Ein erster Versuch in diese Richtung (Kirby und Nettelbeck, 1989) konnte zumindest für die Diskrimination dreier (Extrem-)Gruppen (56 geistig Behinderte, 82 College-Studenten und 41 Universitätsstudenten) zeigen, daß eine Kombination mehrerer ECT-Variablen (aus dem Hick-Paradigma) mit 88,8 % korrekten Klassifikationen sogar eine etwas bessere Diskrimination ermöglicht als Ravens Matrizen-Test (82,7 %); eine nahezu perfekte Klassifikationsrate resultierte interessanterweise aus der Kombination chronometrischer und psychometrischer Tests (96,7 %). Diese erstaunlichen Ergebnisse sind sicher mit dem hohen IQ-Streubereich der Gesamtstichprobe (von 43 bis 136) erklärbar, lassen aber für die Zukunft die Hoffnung auf neue Intelligenzmaße mit einer höheren Kulturfairness doch nicht ganz unbegründet erscheinen. Replikationen dieser Befunde von Kirby und Nettelbeck an repräsentativen Stichproben aus der Normalbevölkerung stellen ein wünschenswertes Ziel der zukünftigen Mental-speed-Forschung dar.

Abschließend muß folgendes festgehalten werden: Es ist dem Verfasser bewußt, daß die in diesem Kapitel entwickelten Erklärungsansätze nicht den Rang einer fundierten psychologischen Theorie beanspruchen können. Dazu ist gegenwärtig die Wissensbasis der Mental-speed-Forschung noch zu dürftig. Die vorgeschlagenen Annahmen sind daher eher als „Stimulans" für zukünftige Forschungsbemühungen gedacht, welche nach Ansicht des Verfassers auch verstärkt physiologische Zugänge bzw. deren Kombination mit elementar-kognitiven Methoden berücksichtigen sollten. Gerade was die Physiologie der Intelligenz betrifft, ist der derzeitige Wissensstand durch eine beträchtliche Uneinheitlichkeit der Ergebnisse gekennzeichnet (vgl. Kap. 3). Unter dem Eindruck des in jüngster Zeit beobachtbaren „Zusammenwachsens" von Mental-speed-Forschung und physiologischen Zugängen zur menschlichen Intelligenz muß aber an eine diesbezügliche Intelligenztheorie der Anspruch einer Erklärung sowohl von RZ-Intelligenz-Zusammenhängen als auch von physiologischen Korrelaten menschlicher Intelligenz gestellt werden. Daher erhebt sich die Frage, inwieweit theoretische Weiterentwicklungen zum gegenwärtigen Zeitpunkt überhaupt sinnvoll sind. In der Conclusio ihres Überblicks zu elektrophysiologischen Korrelaten der Intelligenz verneinen Deary und Caryl (1993) diese Frage: „... in the short term the most successful approach will be atheoretical" (S. 309).

Der Verfasser schließt sich dieser Einschätzung an. Gerade die jüngeren Weiterentwicklungen bildgebender Verfahren, wie PET, RCBF und verschiedene EEG-Mapping-Methoden, und deren experimentelle Kombination mit elementar-kognitiven Methoden, lassen für die „decade of the brain“ auf eine Klärung vieler ungelöster Fragen nach dem physiologischen Substrat menschlicher Intelligenz hoffen.

Literatur

Ackerman, P. L. (1986) Individual differences in information processing: an investigation of intellectual abilities and task performance during practice. Intelligence 10: 101–140

Ackerman, P. L. (1987) Individual differences in skill learning: an integration of psychometric and information processing perspectives. Psychological Bulletin 102: 3–27

Ackerman, P. L. (1988) Determinants of individual differences during skill acquisition: Cognitive abilities and information processing. Journal of Experimental Psychology: General 117: 288–318

Ackerman, P. L., Schneider, W. (1985) Individual differences in automatic and controlled information processing. In: Dillon, R. (Hrsg.) Individual differences in cognition, Bd. 2. Academic Press, New York, S. 35–66

Ahern, S., Beatty, J. (1979) Pupillary responses vary with scholastic aptitude test scores. Science 205: 1289–1292

Amelang, M. (1980) Der Zusammenhang zwischen Intelligenz und der Geschwindigkeit von Informationsverarbeitung. Unveröffentlichtes Manuskript

Baddeley, A. D. (1968) A 3-minute reasoning test based on grammatical tranformations. Psychonomic Science 10: 341–342

Barrett, P. T., Eysenck, H. J. (1992a) Brain electrical potentials and intelligence. In: Gale, A., Eysenck, M. W. (Hrsg.) Handbook of individual differences: biological perspectives. Wiley, New York, S. 255–285

Barrett, P. T., Eysenck, H. J. (1992b) Brain evoked potentials and intelligence: the Hendrickson paradigm. Intelligence 16: 361–381

Barrett, P. T., Eysenck, H. J. (1993) Sensory nerve conduction and intelligence – a replication. Personality and Individual Differences 15: 249–260

Barrett, P. T., Eysenck, H. J. (1994) The relationship between evoked potential component amplitude, latency, contour length, variability, zero-crossings, and psychometric intelligence. Personality and Individual Differences 16: 3–32

Barrett, P. T., Eysenck, H. J., Lucking, S. (1986) Reaction time and intelligence: a replicated study. Intelligence 10: 9–40

Barrett, P. T., Daum, I., Eysenck, H. J. (1990) Sensory nerve conduction and intelligence: a methodological study. Journal of Psychophysiology 4: 1–13

Bates, T., Eysenck, H. J. (1993) String length, attention and intelligence: focussed attention reverses the string length-IQ relationship. Personality and Individual Differences 15: 363–371

Bauer, C. (1991) Geschlechtsspezifische Motivationsunterschiede und ihr Einfluß auf die Beziehung zwischen Intelligenz, Konzentration und Informationsverarbeitungsgeschwindigkeit. Diplomarbeit an der Karl-Franzens-Universität Graz, Graz, Österreich

Baumeister, A. A., Kellas, G. (1968) Distribution of reaction times of retardates and normals. American Journal of Mental Deficiency 72: 715–718

Beauducel, A., Brocke, B. (1993) Intelligence and speed of information processing: further results and questions on Hick's paradigm and beyond. Personality and Individual Differences 15: 627–636

Bennett, W.F.(1972) The Fourier analysis of evoked responses. Nature 239:407–408

Berent, S., Giordani, B., Lehtinen, S., Markel, D., Penney, J. B., Buchtel, R. M., Starosta-Rubinstein, S., Hichwa, R., Young, A. B. (1988) Positron emission tomographic scan investigation of Huntington's disease: cerebral metabolic correlates of cognitive function. Annals of Neurology 23: 541–546

Blinkhorn, S. F., Hendrickson, D. E. (1982) Averaged evoked responses and psychometric intelligence. Nature 295: 596–597

Block, J., Block, H. J., Harrington, D. (1974) Some misgivings about the matching familiar figures test as a measure of reflection-impulsivity. Developmental Psychology 10: 611–632

Boivin, M. J., Giordani, B., Berent, S., Amato, D. A., Lehtinen, S., Koeppe, R. A., Buchtel, H. A., Foster, N. L., Kuhl, D. E. (1992) Verbal fluency and positron emission tomographic mapping of regional cerebral glucose mechanism. Cortex 28: 231–239

Brand, C. R., Deary, I. J. (1982) Intelligence and „inspection time". In: Eysenck, H. J. (Hrsg.) A model for intelligence. Springer, Berlin, S. 133–148

Bucik, V. (1993) „Speed", „Power", or both? Speed of information processing and Spearman's *g*. Poster vorgelegt am 3rd European Congress of Psychology, Tampere, Finnland

Bucik, V., Brenk, K. (1993) Convergent validity of five mental speed paradigms. Poster vorgelegt am 3rd European Congress of Psychology, Tampere, Finnland

Buckhalt, J. A. (1991) Reaction time measures of processing speed – are they yielding new information about intelligence. Personality and Individual Differences 12: 683–689

Buckhalt, J. A., Jensen, A. R. (1989) The British Ability Scales Speed of Information Processing subtest: what does it measure? British Journal of Educational Psychology 59: 100–107

Butler, M. S., Dickinson, W. A., Katholi, C., Halsey, J. H. (1983) The comparative effects of organic brain disease on cerebral blood flow and measured intelligence. Annals of Neurology 13: 155–159

Callaway, E. (1973) Correlations between averaged evoked potentials and measures of intelligence. Archives of General Psychiatry 29: 553–558

Carlson, J. S., Widaman, K. F. (1987) Elementary cognitive correlates of *g*: progress and prospects. In: Vernon, P. A. (Hrsg.) Speed of information processing and intelligence. Ablex, Norwood, S. 69–99

Carlson, J. S., Jensen, C. M., Widaman, K. (1983) Reaction time, intelligence and attention. Intelligence 7: 329–344

Carpenter, P. A., Just, M. (1975) Sentence comprehension: a psycholinguistic processing model of verification. Psychological Review 82: 45–73

Carroll, J. B. (1991a) No demonstration that *g* is not unitary, but there's more to the story – comment. Intelligence 15: 423–436

Carroll, J. B. (1991b) Still no demonstration that *g* is not unitary – further comment. Intelligence 15: 449–453

Carroll, J. B. (1993) The unitary *g* problem once more: on Kranzler and Jensen. Intelligence 17: 15–16

Carver, R. P. (1992) Reliability and validity of the Speed of Thinking Test. Educational and Psychological Measurement 52: 125–134

Caryl, P. G., Fraser, I. J. (1985) The Hendrickson „string length" measure and intelligence – a replication. Paper vorgelegt an Psychophysiology Society Scottish Conference, September 1985

Cattell, J. McK. (1890) Mental tests and measurements. Mind 15: 373–380

Cattell, R. B. (1971) Abilities: their structure, growth and action. Houghton Mifflin, Boston

Cavanagh, J. P. (1972) Relation between the immediate memory span and the memory search rate. Psychological Review 79: 525–530

Ceci, S. J. (1990) On the relation between microlevel processing efficiency and macrolevel measures of intelligence – some arguments against current reductionism. Intelligence 14: 141–150

Chalke, F., Ertl, J. P. (1965) Evoked potentials and intelligence. Life Sciences 4: 1319–1322

Chan, J. W. C., Eysenck, H. J., Lynn, R. (1991) Reaction times and intelligence among Hong-Kong children. Perceptual and Motor Skills 72: 427–434

Chase, T. N., Fedio, P., Foster, N. L., Brooks, R., DiChiro, G., Mansi, L. (1984) Wechsler Adult Intelligence Scale performance: cortical localization by fluorodeoxyglucose F18-positron emission tomography. Archives of Neurology 41: 1244–1247

Chiang, A., Atkinson, R. C. (1976) Individual differences and interrelationships among a select set of cognitive skills. Memory and Cognition 4: 661–672

Clark, H. H., Chase, W. G. (1972) On the process of comparing sentences against pictures. Cognitive Psychology 3: 472–517

Cohen, J., Cohen, P. (1975) Applied multivariate regression/correlation analysis for the behavioral sciences. Erlbaum, Hillsdale

Cohn, S. J., Carlson, J. S., Jensen, A. R. (1985) Speed of information processing in academically gifted youths. Personality and Individual Differences 6: 621–629

de Leon, M. J., Ferris, S. H., George, A. E., Christman, D. R., Fowler, J. S., Gentes, C., Reisberg, B., Gee, B., Emmerich, M., Yonekura, Y., Brodie, J., Kritcheff, I. I., Wolf, A. P. (1983) Positron emission tomographic studies of aging and Alzheimer disease. American Journal of Neuroradiology 4: 568–571

Deary, I. J. (1993) Inspection time and WAIS-R IQ subtypes – a confirmatory factor analysis study. Intelligence 17: 223–236

Deary, I. J., Caryl, P. (1993) Intelligence, EEG, and evoked potentials. In: Vernon, P. A. (Hrsg.) Biological approaches to human intelligence. Ablex, Norwood, S. 259–315

Deary, I. J., Caryl, P. G., Egan, V., Wight, D. (1989a) Visual and auditory inspection time – their interrelationships and correlations with IQ in high ability subjects. Personality and Individual Differences 10: 525–534

Deary, I. J., Head, B., Egan, V. (1989b) Auditory inspection time, intelligence and pitch discrimination. Intelligence 13: 135–148

Deary, I. J., Langan, S. J., Graham, K. S., Hepburn, D., Frier, B. M. (1992) Recurrent severe hypoglycemia, intelligence, and speed of information processing. Intelligence 16: 337–359

Detterman, D. K. (1986) Human intelligence is a complex system of separate processes. In: Sternberg, R. J., Detterman, D. K. (Hrsg.) What is intelligence? Ablex, Norwood, S. 57–61

Detterman, D. K. (1987) What does reaction time tell us about intelligence. In: Vernon, P. A. (Hrsg.) Speed of information processing and intelligence. Ablex, Norwood, S. 177–200

Detterman, D. K. (1989) The future of intelligence research. Intelligence 13: 199–204

Detterman, D. K., Andrist, C. G. (1990) Effect of instructions on elementary cognitive tasks sensitive to individual differences. American Journal of Psychology 103: 367–390

Detterman, D. K., Daniel, M. H. (1989) Correlations of mental tests with each other and with cognitive variables are highest for low IQ groups. Intelligence 13: 349–360

Dickman, S. J., Meyer, D. E. (1988) Impulsivity and speed accuracy tradeoffs in information processing. Journal of Personality and Social Psychology 54: 274–290

Donchin, E., Lindsley, D. B. (1966) Average evoked potentials and reaction time to visual stimuli. Electroencephalography and Clinical Neurophysiology 20: 217–223

Donders, F. C. (1969) On the speed of mental processes (translation and reprint of Donders' original article from 1868). Acta Psychologica 30: 412–431

Dugas, J. L., Kellas, G. (1974) Encoding and retrieval processes in normal children and retarded adolescents. Journal of Experimental Child Psychology 17: 177–185

Dustman, R. E., Beck, E. C. (1965) Phase of alpha brain waves, reaction time, and visually evoked potentials. Electroencephalography and Clinical Neurophysiology 18: 433–440

Dustman, R. E., Schenkenberg, T., Beck, E. C. (1976) The development of the evoked response as a diagnostic and evaluative procedure. In: Karrer, K. (Hrsg.) Developmental psychophysiology in mental retardation and learning disability. C. C. Thomas, Springfield, S. 247–310

Dwyers, P. S. (1937) The determination of factor loadings of a given test from the known factor loadings of other tests. Psychometrika 2: 173–178

Edwards, C. (1984) Inspection time in three sensory modalities and its relation to measures of intelligence. Thesis for the Honours Degree (B. A.) in Psychology, University of Adelaide, Adelaide, South Australia

Egan, V., Deary, I. J. (1992) Are specific inspection time strategies prevented by concurrent tasks? Intelligence 16: 151–169

Engel, R., Henderson, N. B. (1973) Visual evoked responses and I.Q. scores at school age. Developmental Medicine and Child Neurology 15: 136–145

Ertl, J., Schafer, E. (1969) Brain response correlates of psychometric intelligence. Nature 223: 421–422

Evans, G., Nettelbeck, T. (1993) Inspection time: a flash mask to reduce apparent movement effects. Personality and Individual Differences 15: 91–94

Eysenck, H. J. (1967) Intelligence assessment: a theoretical and experimental approach. British Journal of Educational Psychology 37: 81–98

Eysenck, H. J. (1973) The measurement of intelligence. MTP, Lancaster
Eysenck, H. J. (1984) The theory of intelligence and the psychophysiology of cognition. In: Sternberg, R. J. (Hrsg.) Advances in the psychophysiology of human cognition, Bd. 3. Erlbaum, Hillsdale, S. 1–34
Eysenck, H. J. (1986) Intelligence: the new look. Psychologische Beiträge 28: 332–365
Eysenck, H. J. (1987) Speed of information processing, reaction time, and the theory of intelligence. In: Vernon, P. A. (Hrsg.) Speed of information processing. Ablex, Norwood, S. 21–67
Eysenck, H. J., Barrett, P. (1985) Psychophysiology and the measurement of intelligence. In: Reynolds, C. R., Willson, V. L. (Hrsg.) Methodological and statistical advances in the study of individual differences. Plenum, New York, S. 1–49
Farnsworth, P. R., Seashore, R. H., Tinker, M. A. (1927) Speed in simple and serial action as related to performance in certain „intelligence" tests. Pedagogical Seminary and Journal of Genetic Psychology 34: 537–551
Federico, P. A. (1984) Event-related potential (ERP) correlates of cognitive styles, abilities and aptitudes. Personality and Individual Differences 5: 575–585
Ferris, S. H., de Leon, M. J., Wolf, A. P., Farkas, T., Christman, D. R., Reisberg, B., Fowler, J. S., MacGregor, R., Goldman, A., George, A. E., Rampal, S. (1980) Positron emission tomography in the study of aging and senile dementia. Neurobiology of Aging 1: 127–131
Fidelman, U. (1993) Intelligence and the brain's energy consumption: what is intelligence? Personality and Individual Differences 14: 283–286
Fleishman, E. A., Hempel, W. E. Jr. (1955) The relation between abilities and improvement with practice in a visual discrimination reaction task. Journal of Experimental Psychology 49: 301–316
Flynn, J. R. (1991) Reaction times show that both Chinese and British children are more intelligent than one another. Perceptual and Motor Skills 72: 544–546
Ford, M. E., Keating, D. P. (1981) Developmental and individual differences in long-term memory retrieval: process and organization. Child Development 52: 234–241
Frank, H. G. (1959) Informationsästhetik – Grundlagenprobleme und erste Anwendung auf die Mime pure. Hess, Waiblingen
Frearson, W., Eysenck, H. J. (1986) Intelligence, reaction time (RT) and a new odd-man-out RT paradigm. Personality and Individual Differences 7: 807–818
Frearson, W., Barrett, P., Eysenck, H. J. (1988) Intelligence, reaction time and the effects of smoking. Personality and Individual Differences 9: 497–518
Galton, F. (1869) Hereditary genius: an inquiry into its laws and consequences. Appleton, New York
Galton, F. (1883) Inquiries into human faculty and its development. Macmillan, London
Galton, F. (1908) Memories of my life. Methuen, London
Gasser, T., Jennen-Steinmetz, C., Verleger, R. (1987) EEG coherence at rest and during a visual task in two groups of children. Electroencephalography and Clinical Neurophysiology 67: 151–158
Gasser, T., Pietz, J., Schellberg, D., Köhler, W. (1988) Visually evoked potentials of mildly retarded and control children. Developmental Medicine and Child Neurology 30: 638–645

Gaußmann, A., Hochhausen, R., Schmidt-Rogge, I. (1978) Der Mehrfachwahl-Wortschatz-Test (MWT) und der Zahlen-Verbindungs-Test (ZVT) als Maße der allgemeinen Intelligenz. Diagnostica 24: 50–77

Geary, D. C., Widaman, K. F. (1987) Individual differences in cognitive arithmetic. Journal of Experimental Psychology: General 116: 154–171

Goldberg, R. A., Schwartz, S., Stewart, M. (1977) Individual differences in cognitive processes. Journal of Educational Psychology 69: 9–14

Griesel, R. D. (1973) A study of cognitive test performance in relationship to measures of speed in the encephalogram. Psychologia Africana 15: 41–52

Griesel, R. D., Bartel, P. R. (1976) The visual evoked response in relation to measures of intelligence and development in a group of four-year old children. South African Journal of Psychology 6: 33–42

Gucker, D. K. (1973) Correlating visual evoked potentials with psychometric intelligence, variation in technique. Perceptual and Motor Skills 37: 189–190

Gustafsson, J. E. (1984) A unifying model for the structure of intellectual abilities. Intelligence 8: 179–203

Haier, R. J. (1990) The end of intelligence research. Intelligence 14: 371–374

Haier, R. J. (1993) Cerebral glucose metabolism and intelligence. In: Vernon, P. A. (Hrsg.) Biological approaches to the study of human intelligence. Ablex, Norwood, S. 317–332

Haier, R. J., Robinson, D. L., Braden, W., Williams, D. (1983) Electrical potentials of the cerebral cortex and psychometric intelligence. Personality and Individual Differences 4: 591–599

Haier, R. J., Siegel, B. V., Nuechterlein, K. H., Hazlett, E., Wu, J. C., Paek, J., Browning, H. L., Buchsbaum, M. S. (1988) Cortical glucose metabolic rate correlates of abstract reasoning and attention studied with positron emission tomography. Intelligence 12: 199–218

Haier, R. J., Siegel, B. V., MacLachlan, A., Soderling, E., Lottenberg, S., Buchsbaum, M. S. (1992a) Regional glucose metabolic changes after learning a complex visuospatial/motor task: a positron emission tomographic study. Brain Research 570: 134–143

Haier, R. J., Siegel, B., Tang, C., Abel, L., Buchsbaum, M. S. (1992b) Intelligence and changes in regional cerebral glucose metabolic rate following learning. Intelligence 16: 415–426

Harris, G. J., Fleer, R. E. (1974) High speed memory scanning in mental retardates: evidence for a central processing deficit. Journal of Experimental Child Psychology 17: 452–459

Harwood, E., Naylor, G. F. K. (1969) Rates and information transfer in elderly subjects. Australian Journal of Psychology 2: 126–136

Haxby, J. V., Grady, C. L., Duara, R., Robertson-Tchabo, E. A., Koziarz, B., Cutler, N. R., Rapoport, S. I. (1986) Relations among age, visual memory, and resting cerebral metabolism in 40 healthy men. Brain and Cognition 5: 412–427

Hebb, D. (1949) The organization of behavior. Wiley, New York

Hemmelgarn, T. E., Kehle, T. J. (1984) The relationship between reaction time and intelligence in children. School Psychology International 5: 77–84

Hendrickson, A. E. (1982) The biological basis of intelligence. Part I: theory. In: Eysenck, H. J. (Hrsg.) A model for intelligence. Springer, Berlin, S. 151–196

Hendrickson, D. E. (1972) An examination of individual differences in the cortical evoked response. Doctoral thesis, University of London, London, England

Hendrickson, D. E. (1982) The biological basis of intelligence. Part II: measurement. In: Eysenck, H. J. (Hrsg.) A model for intelligence. Springer, Berlin, S. 197–228

Hendrickson, D. E., Hendrickson, A. E. (1980) The biological basis of individual differences in intelligence. Personality and Individual Differences 1: 3–33

Hick, W. E. (1952) On the rate of gain of information. Quarterly Journal of Experimental Psychology 4: 11–26

Holohan, P., Smith, H. V. (1992) Individual differences in immediate recall, inspection time and intelligence. The Irish Journal of Psychology 13: 98–110

Horn, J. L., Cattell, R. B. (1966) Refinement and test of the theory of fluid and crystallized ability intelligence. Journal of Educational Psychology 57: 253–270

Hunt, E. (1980) Intelligence as an information processing concept. British Journal of Psychology 71: 449–474

Hunt, E., MacLeod, C. (1978) The sentence-verification paradigm: a case study of two conflicting approaches to individual differences. Intelligence 2: 129–144

Hunt, E. B., Frost, N., Lunneborg, C. (1973) Individual differences in cognition: a new approach to intelligence. In: Bower, G. H. (Hrsg.) The psychology of learning and motivation, Bd. 7. Academic Press, New York, S. 87–122

Hunt, E. B., Lunneborg, C., Lewis, J. (1975) What does it mean to be high verbal? Cognitive Psychology 7: 194–227

Hunt, E., Davidson, J., Lansman, M. (1981) Individual differences in long-term memory access. Memory and Cognition 9: 599–608

Hussy, W. (1989) Intelligenz und komplexes Problemlösen. Diagnostica 35: 1–16

Hussy, W. (1990) Eine experimentelle Analyse des Intelligenzfaktors „Bearbeitungsgeschwindigkeit". Diagnostica 36: 283–298

Jackson, M. D., McClelland, J. L. (1979) Processing determinants of reading speed. Journal of Experimental Psychology: General 108: 151–181

Jackson, M. D., Myers, M. G. (1982) Letter naming time, digit span, and precocious reading achievement. Intelligence 6: 311–329

Jäger, A. O. (1982) Mehrmodale Klassifikation von Intelligenzleistungen: experimentell kontrollierte Weiterentwicklung eines deskriptiven Intelligenzstrukturmodells. Diagnostica 28: 195–225

Jäger, A. O. (1988) Zur Weiterentwicklung des BIS. Hier: Konzeptualisierung des „Bearbeitungsgeschwindigkeit" (B) im BIS-Kontext. Unveröffentlichtes Arbeitspapier

Jenkinson, J. C. (1983) Is speed of information processing related to fluid or to crystallized intelligence? Intelligence 7: 91–106

Jensen, A. R. (1979) *g*: outmoded theory or unconquered frontier? Creative Science, Technology 2: 16–29

Jensen, A. R. (1980) Bias in mental testing. The Free Press, New York

Jensen, A. R. (1982) Reaction time and psychometric *g*. In: Eysenck, H. J. (Hrsg.) A model for intelligence. Springer, Berlin, S. 93–132

Jensen, A. R. (1985) The nature of the black-white difference on various psychometric tests: Spearman's hypothesis. The Behavioral and Brain Sciences 8: 193–263

Jensen, A. R. (1986) *g*: artifact or reality? Journal of Vocational Behavior 29: 301–331

Jensen, A. R. (1987a) Individual differences in the Hick paradigm. In: Vernon, P. A. (Hrsg.) Speed of information processing and intelligence. Ablex, Norwood, S. 101–175

Jensen, A. R. (1987b) Process differences and individual differences in some cognitive tasks. Intelligence 11: 107–136

Jensen, A. R. (1989) Raising IQ without increasing *g*? A review of the Milwaukee Project: Preventing Mental Retardation in children at risk. Developmental Review 9: 234–258

Jensen, A. R. (1992a) Understanding *g* in terms of information processing. Educational Psychology Review 4: 271–308

Jensen, A. R. (1992b) The importance of intraindividual variation in reaction time. Personality and Individual Differences 13: 869–881

Jensen, A. R. (1993a) Why is reaction time correlated with psychometric *g*? Current Directions in Psychological Science 2: 53–56

Jensen, A. R. (1993b) Spearman's hypothesis tested with chronometric information processing tasks. Intelligence 17: 47–78

Jensen, A. R., Munro, E. (1979) Reaction time, movement time, and intelligence. Intelligence 3: 121–126

Jensen, A. R., Reed, T. E. (1990) Simple reaction time as a suppressor variable in the chronometric study of intelligence. Intelligence 14: 375–388

Jensen, A. R., Vernon, P. A. (1986) Jensen's reaction time studies: a reply to Longstreth. Intelligence 10: 153–179

Jensen, A. R., Whang, P. A. (1993) Reaction times and intelligence – a comparison of Chinese-American and Anglo-American children. Journal of Biosocial Science 25: 397–410

Jensen, A. R., Schafer, E. W. P., Crinella, F. M. (1981) Reaction time, evoked brain potentials and psychometric *g* in the severely retarded. Intelligence 5: 179–197

Jensen, A. R., Larson, G. E., Paul, S. M. (1988) Psychometric *g* and mental processing speed on a semantic verification test. Personality and Individual Differences 9: 243–256

Jensen, A. R., Cohn, S. J., Cohn, C. M. G. (1989) Speed of information processing in academically gifted youths and their siblings. Personality and Individual Differences 10: 29–34

Jöreskog, K. G., Sörbom, D. (1984) LISREL VI: analysis of linear structural relationships by maximum likelihood, instrumental variables and least squares methods. Scientific Software, Mooresville

Juhel, J. (1993) Should we take the shape of reaction time distributions into account when studying the relationship between RT and psychometric intelligence? Personality and Individual Differences 15: 357–360

Just, M. A., Carpenter, P. A. (1992) A capacity theory of comprehension: individual differences in working memory. Psychological Review 99: 122–149

Kail, R., Pellegrino, J. W. (1988) Menschliche Intelligenz. Spektrum, Heidelberg

Kamin, L. J., Grant-Henry, S. (1987) Reaction time, race, and racism. Intelligence 11: 299–304

Keating, D. P., Bobbitt, B. L. (1978) Individual and developmental differences in cognitive-processing components of mental ability. Child Development 49: 155–167

Kintsch, W. (1982) Gedächtnis und Kognition. Springer, Berlin
Kirby, N. H., Nettelbeck, T. (1989) Reaction time and inspection time as measures of intellectual ability. Personality and Individual Differences 10: 11–14
Kranzler, J. H. (1991) Reaction time, response errors, and *g*. Perceptual and Motor Skills 73: 1035–1043
Kranzler, J. H. (1992a) A test of Larson and Alderton's worst performance rule of reaction time variability. Personality and Individual Differences 13: 255–262
Kranzler, J. H. (1992b) The skewness of the distribution of RT trials does not correlate with psychometric *g*. Personality and Individual Differences 13: 945–946
Kranzler, J. H., Jensen, A. R. (1989) Inspection time and intelligence: a meta-analysis. Intelligence 13: 329–348
Kranzler, J. H., Jensen, A. R. (1991a) The nature of psychometric *g*: unitary process or a number of independent processes? Intelligence 15: 397–422
Kranzler, J. H., Jensen, A. R. (1991b) Unitary *g*: unquestioned postulate or empirical fact? Intelligence 15: 437–448
Kranzler, J. H., Jensen, A. R. (1993) Psychometric *g* is still not unitary after eliminating supposed „impurities“: further comment on Carroll. Intelligence 17: 11–14
Kranzler, J. H., Whang, P. A., Jensen, A. R. (1988) Jensen's use of the Hick paradigm: visual attention and order effects. Intelligence 12: 379–392
Krupski, A. (1980) Attention processes: research, theory, and implications for special education. In: Keough, B. (Hrsg.) Advances in special education, Bd. 1. JAI Press, Greenwich, S. 101–140
Kutas, M., McCarthy, G., Donchin, E. (1977) Augmenting mental chronometry: the P300 as a measure of stimulus evaluation time. Science 197: 792–795
Kyllonen, P. C., Christal, R. E. (1990) Reasoning ability is (little more than) working memory capacity. Intelligence 14: 389–433
Lansman, M., Donaldson, G., Hunt, E., Yantis, S. (1982) Ability factors and cognitive processes. Intelligence 6: 347–386
Larson, G. E., Alderton, D. L. (1990) Reaction time variability and intelligence – a worst performance analysis of individual differences. Intelligence 14: 309–326
Larson, G. E., Saccuzzo, D. P. (1986a) Jensen's reaction-time experiments: another look. Intelligence 10: 231–238
Larson, G. E., Saccuzzo, D. P. (1986b) Gender, neuroticism and speed-accuracy tradeoffs on a choice RT-task. Personality and Individual Differences 7: 919–922
Larson, G. E., Saccuzzo, D. P. (1989) Cognitive correlates of general intelligence: toward a process theory of *g*. Intelligence 13: 5–32
Larson, G. E., Merritt, C. R., Williams, S. E. (1988) Information processing and intelligence: some implications of task complexity. Intelligence 12: 131–148
Lehrl, S., Fischer, B. (1988) The basic parameters of human information processing – their role in the determination of intelligence. Personality and Individual Differences 9: 883–896
Lehrl, S., Fischer, B. (1990) A basic information processing psychological parameter (BIP) for the reconstruction of concepts of intelligence. European Journal of Personality 4: 259–286
Lehrl, S., Gallwitz, A., Blaha, L. (1980) Kurztest für Allgemeine Intelligenz KAI. Handanweisung. Vless, Vaterstetten, München

Lehrl, S., Gallwitz, A., Blaha, L., Fischer, B. (1992) Geistige Leistungsfähigkeit – Theorie und Messung der biologischen Intelligenz mit dem Kurztest KAI. Vless, Ebersberg

Lemmon, V. W. (1927) The relation of reaction time to measures of intelligence, memory and learning. Archives of Psychology 15: 5–38

Levine, G., Preddy, D., Thorndike, R. L. (1987) Speed of information processing and level of cognitive ability. Personality and Individual Differences 8: 599–608

Levy, P. (1992) Inspection time and its relation to intelligence: issues of measurement and meaning. Personality and Individual Differences 13: 987–1002

Liberson, W. T. (1985) Regional spectral analysis of EEG and „active" and „passive" intelligence. In: Giannitrapani, D. (Hrsg.) The electrophysiology of intellectual functions. Karger, Basel, S. 153–176

Lindley, R. H., Smith, W. R. (1992) Coding tests as measures of IQ: cognition or motivation. Personality and Individual Differences 13: 25–29

Lindley, R. H., Smith, W. R., Thomas, T. J. (1988) The relationship between speed of information processing as measured by timed paper-and-pencil tests and psychometric intelligence. Intelligence 12: 17–26

Lindley, R. H., Bathurst, K., Smith, W. R., Wilson, S. M. (1993) Hick's law, IQ, and singularity or specificity of mind – a psychometric analysis. Personality and Individual Differences 15: 129–135

Longstreth, L. E. (1984) Jensen's reaction time investigations of intelligence: a critique. Intelligence 8: 139–160

Longstreth, L. E. (1986) The real and the unreal: a reply to Jensen and Vernon. Intelligence 10: 181–191

Lubin, M. P., Fernandez, J. M. (1986) The relationship between psychometric intelligence and inspection time. Personality and Individual Differences 7: 653–657

Lunneborg, C. E. (1977) Choice reaction time: what role in ability measurement. Applied Psychological Measurement 1: 309–330

Lynn, R., Wilson, R. G., Gault, A. (1989) Simple musical tests as measures of Spearman's *g*. Personality and Individual Differences 10: 25–28

Lynn, R., Chan, J. W. C., Eysenck, H. J. (1991) Reaction times and intelligence in Chinese and British children. Perceptual and Motor Skills 72: 443–452

McCauley, C., Dugas, J., Kellas, G., DeVellis, R. F. (1976) Effects of serial rehearsal training on memory search. Journal of Educational Psychology 68: 474–481

McGarry-Roberts, P. A., Stelmack, R. M., Campbell, K. B. (1992) Intelligence, reaction time, and event-related potentials. Intelligence 16: 289–313

McGue, M., Bouchard, T. J. Jr. (1989) Genetic and environmental determinants of information processing and special mental abilities: a twin analysis. In: Sternberg, R. J. (Hrsg.) Advances in the psychology of human intelligence, Bd. 5. Erlbaum, Hillsdale, S. 7–45

McGue, M., Bouchard, T. J. Jr., Lykken, D. T., Feuer, D. (1984) Information processing abilities in twins reared apart. Intelligence 8: 239–258

Mackenzie, B., Bingham, E. (1985) IQ, inspection time, and response strategies in a university population. Australian Journal of Psychology 37: 257–268

Mackenzie, B., Molloy, E., Martin, F., Lovegrove, W., McNicol, D. (1991) Inspection time and the content of simple tasks – a framework for research on speed of information processing. Australian Journal of Psychology 43: 37–44

Mackintosh, N. J. (1986) The biology of intelligence? British Journal of Psychology 77: 1–18

MacLeod, C. M., Hunt, E., Mathews, N. N. (1978) Individual differences in the verification of sentence-picture relationships. Journal of Verbal Learning and Verbal Behavior 17: 493–507

Malle, B. F., Neubauer, A. C. (1991) Impulsivity, reflection and questionnaire response latencies: no evidence for a broad impulsivity trait. Personality and Individual Differences 12: 865–871

Marr, D. B., Sternberg, R. J. (1987) The role of mental speed in intelligence: a triarchic perspective. In: Vernon, P. A. (Hrsg.) Speed of information processing and intelligence. Ablex, Norwood, S. 271–294

Marshalek, B., Lohman, D. F., Snow, R. E. (1983) The complexity continuum in the radex and hierarchic models of intelligence. Intelligence 7: 107–127

Matthews, G., Dorn, L. (1989) IQ and choice reaction time: an information processing analysis. Intelligence 13: 299–318

Miller, G. A. (1956) The magical number seven, plus or minus two: some limits on our capacity for processing information. Psychological Review 63: 81–97

Miller, L. T., Vernon, P. A. (1992) The general factor in short-term memory, intelligence, and reaction time. Intelligence 16: 5–29

Mittenecker, E., Raab, E. (1973) Informationstheorie für Psychologen. Hogrefe, Göttingen

Morrell, L. K., Morrell, F. (1966) Evoked potentials and reaction times: a study of intraindividual variability. Electroencephalography and Clinical Neurophysiology 20: 567–575

Nährer, W. (1986) Geschwindigkeit und Güte als Dimensionen kognitiver Leistungen. Springer, Berlin

Necka, E. (1989) Beyond mental speed: in search for alternative information-processing characteristics of intellect. Poster vorgelegt am 4th meeting of ISSID, Heidelberg, Bundesrepublik Deutschland

Necka, E. (1992) Cognitive analysis of intelligence: the significance of working memory processes. Personality and Individual Differences 13: 1031–1046

Nettelbeck, T. (1987) Inspection time and intelligence. In: Vernon, P. A. (Hrsg.) Speed of information processing and intelligence. Ablex, Norwood, S. 295–346

Nettelbeck, T., Kirby, N. H. (1983) Measures of timed performance and intelligence. Intelligence 7: 39–52

Nettelbeck, T., Vita, P. (1992) Inspection time in 2 childhood age cohorts – a constant or a developmental function. British Journal of Developmental Psychology 10: 189–197

Neubauer, A. C. (1990a) Selective reaction times and intelligence. Intelligence 14: 79–96

Neubauer, A. C. (1990b) Coping with novelty and automatization of information processing: an empirical test of Sternberg's two-facet subtheory of intelligence. Personality and Individual Differences 11: 1045–1052

Neubauer, A. C. (1990c) Speed of information processing in the Hick paradigm and response latencies in a psychometric intelligence test. Personality and Individual Differences 11: 147–152

Neubauer, A. C. (1991) Intelligence and RT: a modified Hick paradigm and a new RT paradigm. Intelligence 15: 175–193

Neubauer, A. C. (1993) Intelligenz und Geschwindigkeit der Informationsverarbeitung: Stand der Forschung und Perspektiven. Psychologische Rundschau 44: 90–105

Neubauer, A. C., Freudenthaler, H. H. (1994) Reaction times in a sentence-picture verification test and intelligence: individual strategies and effects of extended practice. Intelligence 19: 193–218

Neubauer, A. C., Höller, G. (1990) Was mißt das Hick-Paradigma: Intelligenz oder Konzentrationsfähigkeit? Berichte aus dem Institut für Psychologie der Karl-Franzens-Universität Graz 1990/4

Neubauer, A. C., Bauer, C., Höller, G. (1992) Intelligence, attention, motivation and speed-accuracy trade-off in the Hick paradigm. Personality and Individual Differences 13: 1325–1332

Oswald, W. D. (1971) Über Zusammenhänge zwischen Informationsverarbeitungsgeschwindigkeit, Alter und Intelligenzstruktur beim Kartensortieren. Psychologische Rundschau 22: 197–202

Oswald, W. D., Roth, E. (1974) Zusammenhänge zwischen EEG- und Intelligenzvariablen. Psychologische Beiträge 16: 1–47

Oswald, W. D., Roth, E. (1987) Der Zahlen-Verbindungs-Test (ZVT). Hogrefe, Göttingen

Paisey, T. J. H. (1983) The diffuse thalamocortical system and Pavlovian theory: let sleeping dogs lie. Personality and Individual Differences 4: 527–534

Parks, R. W., Loewenstein, D. A., Dodrill, K. L., Barker, W. W., Yoshii, F., Chang, J. Y., Emran, A., Apicella, A., Sheramata, W. A., Duara, R. (1988) Cerebral metabolic effects of a verbal fluency test: a PET scan study. Journal of Clinical and Experimental Neuropsychology 10: 565–575

Paul, S. M. (1986) The Advanced Raven's Progressive Matrices: normative data for an American university population and an examination of the relationship with Spearman's *g*. Journal of Experimental Education 54: 95–100

Peak, H., Boring, E. G. (1926) The factor of speed in intelligence. Journal of Experimental Psychology 9: 71–94

Phelps, M. E., Mazziotta, J. C., Huang, S. C. (1982) Study of cerebral function with positron computed tomography. Journal of Cerebral Blood Flow and Metabolism 2: 113–162

Poffenberger, A. T. (1912) Reaction time to retinal stimulation with special reference to the time lost in conduction through nerve centers. Archives of Psychology 23: 1–73

Posner, M. I., Mitchell, R. F. (1967) Chronometric analysis of classification. Psychological Review 74: 392–409

Posner, M. I., Boies, S., Eichelman, W., Taylor, R. (1969) Retention of visual and name codes of single letters. Journal of Experimental Psychology, Monograph 79: 1–16

Raven, J. C. (1958) Advanced Progressive Matrices. Lewis, London

Raven, J. C. (1960) Standard Progressive Matrices. Lewis, London

Raz, N., Willerman, L., Ingmundson, P., Hanlon, M. (1983) Aptitude-related differences in auditory recognition masking. Intelligence 7: 71–90

Raz, N., Willerman, L., Yama, M. (1987) On sense and senses: intelligence and auditory information processing. Personality and Individual Differences 8: 201–210

Raz, N., Moberg, P. J., Milman, D. (1990) Effects of age and age-related differences in auditory information processing on fluid and crystallized intelligence. Personality and Individual Differences 11: 1147–1152

Ree, M. J., Earles, J. A. (1991) The stability of *g* across different methods of examination. Intelligence 15: 271–278

Reed, T. E. (1984) Mechanisms for the heritability of intelligence. Nature 311: 417

Reed, T. E., Jensen, A. R. (1991) Arm nerve conduction velocity (NCV), brain NCV, reaction time, and intelligence. Intelligence 15: 33–48

Reed, T. E., Jensen, A. R. (1992) Conduction velocity in a brain nerve pathway of normal adults correlates with intelligence level. Intelligence 16: 259–272

Reed, T. E., Jensen, A. R. (1993) Choice reaction time and visual pathway nerve conduction velocity both correlate with intelligence but appear not to correlate with each other – implications for information processing. Intelligence 17: 191–203

Rhodes, L., Dustman, R., Beck, E. (1969) The visual evoked response: a comparison of bright and dull children. Electroencephalography and Clinical Neurophysiology 27: 364–372

Risberg, J. (1986) Regional cerebral blood flow in neuropsychology. Neuropsychologia 24: 135–140

Roberts, R. D., Beh, H. C., Stankov, L. (1988) Hick's law, competing-task performance, and intelligence. Intelligence 12: 111–130

Robinson, D. L. (1982) Properties of the diffuse thalamocortical system, human intelligence and differentiated vs. integrated modes of learning. Personality and Individual Differences 3: 393–405

Robinson, D. L. (1993) The EEG and intelligence: an appraisal of methods and theories. Personality and Individual Differences 15: 695–716

Robinson, D. L., Haier, R. J., Braden, W., Krengel, M. (1984) Psychometric intelligence and visual evoked potentials: a replication. Personality and Individual Differences 5: 487–489

Roth, E. (1964) Die Geschwindigkeit der Verarbeitung von Information und ihr Zusammenhang mit Intelligenz. Zeitschrift für experimentelle und angewandte Psychologie 11: 616–622

Roznowski, M., Smith, M. L. (1993) A note on some psychometric properties of Sternberg task performance: modifications to content. Intelligence 17: 389–399

Ruchalla, E., Schalt, E., Vogel, F. (1985) Relations between mental performance and reaction time: new aspects of an old problem. Intelligence 9: 189–205

Rust, J. (1975) Cortical evoked potentials, personality and intelligence. Journal of Comparative and Physiological Psychology 89: 1220–1226

Sandman, C. A., Barron, J. L. (1986) Parameters of the event-related potential are related to functioning in the mentally retarded. International Journal of Neuroscience 29: 37–44

Schafer, E. W. P. (1979) Cognitive neural adaptability: a biological basis for individual differences. Psychophysiology 16: 199

Schafer, E. W. P. (1982) Neural adaptability: a biological determinant of behavioral intelligence. International Journal of Neuroscience 17: 183–191

Schafer, E. W. P. (1984) Habituation of evoked cortical potentials correlates with intelligence. Psychophysiology 5: 597

Schafer, E. W. P. (1985) Neural adaptability: a biological determinant of *g* factor intelligence. Behavioral and Brain Sciences 8: 240–241

Schneider, W., Shiffrin, R. M. (1977) Controlled and automatic human information processing: I. Detection, search, and attention. Psychological Review 84: 1–66

Schweizer, K. (1989) Relating reaction time components and intelligence. Personality and Individual Differences 10: 701–708

Schweizer, K. (1991) On the replicability of the relation between reaction time components and intelligence. Personality and Individual Differences 12: 857–864

Schweizer, K. (1993a) The contribution of access to external information, stimulus complexity, and variability to cognitive abilities. Personality and Individual Differences 14: 87–95

Schweizer, K. (1993b) The effect of two information-processing skills on the speed-ability relationship. Personality and Individual Differences 14: 713–722

Sen, A., Jensen, A. R., Sen, A. K., Arora, I. (1983) Correlation between reaction time and intelligence in psychometrically similar groups in America and India. Applied Research in Mental Retardation 4: 139–152

Shagass, C., Roemer, R. A., Straunanis, J. J., Josiassen, R. C. (1981) Intelligence as a factor in evoked potential studies in psychopathology: 1. Comparison of low- and high-IQ subjects. Biological Psychiatry 11: 1007–1029

Shannon, C. E., Weaver, W. (1949) The mathematical theory of communication. University of Illinois Press, Urbana

Shepard, R. N., Metzler, J. (1971) Mental rotation of three-dimensional objects. Science 171: 701–703

Shiffrin, R. M., Schneider, W. (1977) Controlled and automatic human information processing: II. Perceptual learning, automatic attending, and a general theory. Psychological Review 84: 127–190

Shigehisa, T., Lynn, R. (1991) Reaction times and intelligence in Japanese children. International Journal of Psychology 25: 195–202

Shucard, D., Horn, J. (1972) Evoked cortical potentials and measurement of human abilities. Journal of Comparative and Physiological Psychology 78: 59–68

Smith, G. A. (1980) Models of choice reaction time. In: Welford, A. T. (Hrsg.) Reaction times. Academic Press, London, S. 173–214

Smith, G. A. (1989) Strategies and procedures affecting the accuracy of reaction time parameters and their correlations with intelligence. Personality and Individual Differences 10: 829–836

Smith, G. A., Stanley, G. (1983) Clocking *g*: relating intelligence and measures of timed performance. Intelligence 7: 353–368

Smith, G. A., Stanley, G. (1987) Comparing subtest profiles of *g* loadings and correlations with RT measures. Intelligence 11: 291–298

Snow, R. E., Marshalek, B., Lohman, D. F. (1976) Correlation of selected cognitive abilities and cognitive processing parameters: an exploratory study. Technical Report 3, aptitude research project. School of Education, Stanford University, Palo Alto, California

Snow, R. E., Kyllonen, P. C., Marshalek, B. (1984) The topography of ability and learning correlations. In: Sternberg, R. J. (Hrsg.) Advances in the psychology of human intelligence, Bd. 2. Erlbaum, Hillsdale, S. 47–103

Spearman, C. E. (1904) „General intelligence" objectively determined and measured. American Journal of Psychology 15: 201–293

Spearman, C. E. (1927) The abilities of man. Macmillan, New York

Spielberger, C. D., Sydeman, S. J. (1993) Anxiety and intelligence. Eingereicht zur Publikation

Stabler, J., Dyal, J. (1963) Discriminative reaction-time as a joint function of manifest anxiety and intelligence. American Journal of Psychology 76: 484–487

Stelmack, R. M., Houlihan, M., McGarry-Roberts, P. A. (1993) Personality, reaction time, and event-related potentials. Journal of Personality and Social Psychology 65: 399–409

Sternberg, R. J. (1977) Component processes in analogical reasoning. Psychological Review 84: 353–378

Sternberg, R. J. (1984) Toward a triarchic theory of human intelligence. The Behavioral and Brain Sciences 7: 269–315

Sternberg, R. J. (1985) Beyond IQ: a triarchic theory of human intelligence. Cambridge University Press, New York

Sternberg, R. J., Gardner, M. K. (1983) Unities in inductive reasoning. Journal of Experimental Psychology: General 112: 80–116

Sternberg, S. (1966) High-speed scanning in human memory. Science 153: 652–654

Sternberg, S. (1969) Memory-scanning: mental processes revealed by reaction-time experiments. American Scientist 57: 421–457

Stough, C. K. K., Nettelbeck, T., Cooper, C. J. (1990) Evoked brain potentials, string length and intelligence. Personality and Individual Differences 11: 401–406

Teichner, W. H., Krebs, M. J. (1974) Laws of visual choice reaction time. Psychological Review 81: 75–98

Thatcher, R. W., McAlaster, R., Lester, M. L., Horst, R. L., Cantor, D. S. (1983) Hemispheric EEG asymmetries related to cognitive functioning in children. In: Perecman, E. (Hrsg.) Cognitive processing in the right hemisphere. Academic Press, New York, S. 126–146

Thorndike, R. L. (1949) Personnel selection. Wiley, New York

Thurstone, L. L. (1937) Ability, motivation and speed. Psychometrika 2: 249–254

Tiedemann, J. (1983) Der kognitive Stil Impulsivität-Reflexivität: eine kritische Bestandsaufnahme. Zeitschrift für Entwicklungpsychologie und Pädagogische Psychologie 15: 66–74

Truschnig, M. K. J. (1990) Der Zusammenhang von psychometrischer Intelligenz und Informationsverarbeitungsgeschwindigkeit unter Berücksichtigung von Impulsivität, Extraversion und Neurotizismus. Diplomarbeit an der Karl-Franzens-Universität Graz, Graz, Österreich

Tversky, B. (1975) Pictorial encoding of sentences in sentence-picture comparison. Quarterly Journal of Experimental Psychology 27: 405–410

van der Vijver, F. J. R., Willemse, G. R. (1990) Are reaction time tasks better suited for cultural minorities than paper-and-pencil tests. In: Bleichrodt, N., Drenth, P. J. D. (Hrsg.) Contemporary issues in cross-cultural psychology. Swets, Zeitlinger, Amsterdam, S. 450–464

Vernon, P. A. (1983) Speed of information processing and general intelligence. Intelligence 7: 53–70

Vernon, P. A. (1985) Individual differences in general cognitive ability. In: Hartlage, L. C., Telzrow, C. F. (Hrsg.) The neuropsychology of individual differences. Plenum Press, New York, S. 125–150

Vernon, P. A. (1986) The *g*-loadings of intelligence tests and their relationship with reaction times: a comment on Ruchalla et al. Intelligence 10: 93–100

Vernon, P. A. (Hrsg.) (1987a) Speed of information processing and intelligence. Ablex, Norwood

Vernon, P. A. (1987b) New developments in reaction time research. In: Vernon, P. A. (Hrsg.) Speed of information processing and intelligence. Ablex, Norwood, S. 1–20

Vernon, P. A. (1989a) The heritability of measures of speed of information-processing. Personality and Individual Differences 10: 573–576

Vernon, P. A. (1989b) The generality of *g*. Personality and Individual Differences 10: 803–804

Vernon, P. A. (1990) The use of biological measures to estimate behavioral intelligence. Educational Psychologist 25: 293–304

Vernon, P. A. (1993a) Der Zahlen-Verbindungs-Test and other trail-making correlates of general intelligence. Personality and Individual Differences 14: 35–40

Vernon, P. A. (1993b) Intelligence and neural efficiency. In: Detterman, D. K. (Hrsg.) Current topics in human intelligence, Bd. 3. Ablex, Norwood, S. 171–187

Vernon, P. A., Jensen, A. R. (1984) Individual and group differences in intelligence and speed of information processing. Personality and Individual Differences 5: 411–423

Vernon, P. A., Kantor, L. (1986) Reaction time correlations with intelligence test scores obtained under either timed or untimed conditions. Intelligence 10: 315–330

Vernon, P. A., Mori, M. (1989) Intelligence, reaction times, and nerve conduction velocity. Behavior Genetics 19: 779

Vernon, P. A., Mori, M. (1992) Intelligence, reaction times, and peripheral nerve conduction velocity. Intelligence 16: 273–288

Vernon, P. A., Weese, S. E. (1993) Predicting intelligence with multiple speed of information-processing tests. Personality and Individual Differences 14: 413–419

Vernon, P. A., Nador, S., Kantor, L. (1985) Reaction times and speed of information processing: their relationship to timed and untimed measures of intelligence. Intelligence 9: 357–374

Vernon, P. E. (1979) Intelligence, heredity and environment. Freeman, San Francisco

Vernon, P. E. (1984) Special review of H.J. Eysenck's „A model for intelligence". Personality and Individual Differences 5: 125–128

Vetterli, C. F., Furedy, J. J. (1985) Evoked potential correlates of intelligence: some problems with Hendrickson's string measure of evoked potential complexity and error theory of intelligence. International Journal of Psychophysiology 3: 1–3

Vickers, D. (1970) Evidence for an accumulator model of psychophysical discrimination. Ergonomics 13: 37–58

Vickers, D. (1979) Decision processes in visual perception. Academic Press, New York

Vickers, D., Nettelbeck, T., Willson, R. J. (1972) Perceptual indices of performance, the measurement of inspection time and noise in the visual system. Perception 1: 263–295

Vogel, F., Krüger, J., Schalt, E., Schnobel, R., Hassling, L. (1987) No consistent relationship between oscillations and latencies of visual and auditory evoked EEG potentials and measures of mental performance. Human Neurobiology 6: 173–182

Warren, J. L. (1978) Syndrome differences in the cognitive processing of mildly retarded children and adolescents. Doctoral dissertation. University of Washington, Seattle, Washington

Weinberg, H. (1969) Correlation of frequency spectra of averaged visual evoked potentials with verbal intelligence. Nature 224: 62–68

Weiss, V. (1986) From memory span and mental speed toward the quantum mechanics of intelligence. Personality and Individual Differences 7: 737–749

Weiss, V. (1987) The quantum mechanics of EEG-brain dynamics and short-term memory. Biologisches Zentralblatt 106: 407–408

Weiss, V. (1989) From short-term memory capacity toward the EEG resonance code. Personality and Individual Differences 10: 501–508

Weiss, V. (1992a) The relationship between short-term memory capacity and EEG power spectral density. Biological Cybernetics 68: 165–172

Weiss, V. (1992b) Major genes of general intelligence. Personality and Individual Differences 13: 1115–1134

Welford, A. T. (1980) Reaction times. Academic Press, New York

Welford, A. T. (1986) Longstreth versus Jensen and Vernon on reaction time and IQ: an outsider's view. Intelligence 10: 193–195

Westhoff, K., Kluck, M.-L. (1983) Zusammenhang zwischen Intelligenz und Konzentration. Diagnostica 29: 310–319

Widaman, K. F., Carlson, J. S. (1989) Procedural effects on performance on the Hick paradigm: bias in reaction time and movement time parameters. Intelligence 13: 63–85

Widaman, K. F., Carlson, J. S., Saetermoe, C. L., Galbraith, G. C. (1993) The relationship of auditory evoked potentials to fluid and crystallized intelligence. Personality and Individual Differences 15: 205–217

Wissler, C. (1901) The correlation of mental and physical tests. Psychological Review Monographs 3 Nr. 16

Woodworth, R. S., Schlosberg, H. (1954) Experimental psychology. Holt, Rinehart and Winston, New York

Wundt, W. (1874) Grundzüge der physiologischen Psychologie. Engelmann, Leipzig

Wundt, W. (1911) Grundzüge der physiologischen Psychologie III. Engelmann, Leipzig

Yerkes, R. M., Dodson, J. D. (1908) The relation of strength of stimulus to rapidity of habit-formation. Journal of Comparative Neurology and Psychology 18: 458–482

Zhang, Y. (1991) Inspection time correlation with IQ in Chinese students. Personality and Individual Differences 12: 217–219

Zhang, Y., Caryl, P. G., Deary, I. J. (1989a) Evoked potentials, inspection time and intelligence. Personality and Individual Differences 10: 1079–1094

Zhang, Y., Caryl, P. G., Deary, I. J. (1989b) Evoked potential correlates of inspection time. Personality and Individual Differences 10: 379–384

Sachverzeichnis

Springer-Verlag und Umwelt

Als internationaler wissenschaftlicher Verlag sind wir uns unserer besonderen Verpflichtung der Umwelt gegenüber bewußt und beziehen umweltorientierte Grundsätze in Unternehmensentscheidungen mit ein.

Von unseren Geschäftspartnern (Druckereien, Papierfabriken, Verpackungsherstellern usw.) verlangen wir, daß sie sowohl beim Herstellungsprozeß selbst als auch beim Einsatz der zur Verwendung kommenden Materialien ökologische Gesichtspunkte berücksichtigen.

Das für dieses Buch verwendete Papier ist aus chlorfrei hergestelltem Zellstoff gefertigt und im pH-Wert neutral.

GPSR Compliance

The European Union's (EU) General Product Safety Regulation (GPSR) is a set of rules that requires consumer products to be safe and our obligations to ensure this.

If you have any concerns about our products, you can contact us on ProductSafety@springernature.com

In case Publisher is established outside the EU, the EU authorized representative is:

Springer Nature Customer Service Center GmbH
Europaplatz 3
69115 Heidelberg, Germany

Batch number: 10815964

Printed by Printforce, the Netherlands